航空发动机基础与教学丛书

航空发动机结构强度设计与分析

陆 山 唐俊星 赵 明 景 鑫 编著

科 学 出 版 社

北 京

内 容 简 介

本书共分 6 章,内容分别为:转子叶片强度、轮盘强度、叶片振动、轮盘振动、转子振动与平衡、航空发动机零件的疲劳强度与寿命。本书重点针对航空发动机的三大关键件、重要件:叶片、轮盘、主轴,从工作条件载荷入手,在适当的假设条件下,推导建立其应力、振动特性常规计算的基本理论与公式,结合相应的结构强度设计准则,形成关键件结构强度与减振设计及分析方法。大部分章还给出了相应算法的 FROTRAN 源程序。

本书可供航空发动机设计专业作为《航空发动机强度》课教材,也可供航空发动机设计所和主机厂、航天弹用涡喷涡扇发动机设计制造单位、民航,以及空军有关人员参考。由于航空发动机与舰船用燃气轮机、地面燃气轮机、蒸汽轮机有很多类似之处,故其也可供这方面有关人员参考。

图书在版编目(CIP)数据

航空发动机结构强度设计与分析 / 陆山等编著. —
北京:科学出版社,2022.11
(航空发动机基础与教学丛书)
ISBN 978 - 7 - 03 - 073005 - 3

Ⅰ.①航… Ⅱ.①陆… Ⅲ.①航空发动机—结构强度
Ⅳ.①V231.91

中国版本图书馆 CIP 数据核字(2022)第 156486 号

责任编辑:胡文治 / 责任校对:谭宏宇
责任印制:黄晓鸣 / 封面设计:殷 靓

科 学 出 版 社 出版
北京东黄城根北街 16 号
邮政编码:100717
http://www.sciencep.com

南京展望文化发展有限公司排版
广东虎彩云印刷有限公司印刷
科学出版社发行 各地新华书店经销

*

2022 年 11 月第 一 版 开本:B5(720×1000)
2024 年 12 月第十次印刷 印张:19 1/4
字数:376 000
定价:70.00元
(如有印装质量问题,我社负责调换)

丛书序

航空发动机是"飞机的心脏",被誉为现代工业"皇冠上的明珠"。航空发动机技术涉及现代科技和工程的许多专业领域,集流体力学、固体力学、热力学、燃烧学、材料学、控制理论、电子技术、计算机技术等学科最新成果的应用为一体,对促进一国装备制造业发展和提升综合国力起着引领作用。

喷气式航空发动机诞生以来的 80 多年时间里,航空发动机技术经历了多次更新换代,航空发动机的技术指标实现了很大幅度的提高。随着航空发动机各种参数趋于当前所掌握技术的能力极限,为满足推力或功率更大、体积更小、质量更轻、寿命更长、排放更低、经济性更好等诸多严酷的要求,对现代航空发动机发展所需的基础理论及新兴技术又提出了更高的要求。

目前,航空发动机技术正在从传统的依赖经验较多、试后修改较多、学科分离较明显向仿真试验互补、多学科综合优化、智能化引领"三化融合"的方向转变,我们应当敢于面对由此带来的挑战,充分利用这一创新超越的机遇。航空发动机领域的学生、工程师及研究人员都必须具备更坚实的理论基础,并将其与航空发动机的工程实践紧密结合。

西北工业大学动力与能源学院设有"航空宇航科学与技术"(一级学科)和"航空宇航推进理论与工程"(二级学科)国家级重点学科,长期致力于我国航空发动机专业人才培养工作,以及航空发动机基础理论和工程技术的研究工作。这些年来,通过国家自然科学基金重点项目、国家重大研究计划项目和国家航空发动机领域重大专项等相关基础研究计划支持,并与国内外研究机构开展深入广泛合作研究,在航空发动机的基础理论和工程技术等方面取得了一系列重要研究成果。

正是在这种背景下,学院整合师资力量、凝练航空发动机教学经验和科学研究成果,组织编写了这套"航空发动机基础与教学丛书"。丛书的组织和撰写是一项具有挑战性的系统工程,需要创新和传承的辩证统一,研究与教学的有机结合,发展趋势同科研进展的协调论述。按此原则,该丛书围绕现代高性能航空发动机所涉及的空气动力学、固体力学、热力学、传热学、燃烧学、控制理论等诸多学科,系统介绍航空发动机基础理论、专业知识和前沿技术,以期更好地服务于航空发动机领域的关键技术攻关和创新超越。

　　丛书包括专著和教材两部分,前者主要面向航空发动机领域的科技工作者,后者则面向研究生和本科生,将两者结合在一个系列中,既是对航空发动机科研成果的及时总结,也是面向新工科建设的迫切需要。

　　丛书主事者嘱我作序,西北工业大学是我的母校,敢不从命。希望这套丛书的出版,能为推动我国航空发动机基础研究提供助力,为实现我国航空发动机领域的创新超越贡献力量。

2020 年 7 月

前　言

　　本书是在西北工业大学航空发动机结构强度教研室老师主编的《航空发动机强度计算》一书基础上,结合编著者在航空发动机结构强度设计与分析领域 20 多年的教学及科研经验积累编写而成的。全书共分六章,主要涉及航空发动机转子三大部件:盘、轴、叶的强度、振动与寿命分析相关理论与设计方法。

　　本书在内容安排上,从发动机主要零件的工作条件出发,基于必要的基本假设,建立经适当简化的力学模型,并依此建立基本控制方程与边界条件。再通过适当的算法求解,获得主要零构件应力、振动特性和寿命的理论解或数值解。本书着重在基础知识、基本概念、基本方法以及主要结论的讲授。关于更通用、精确的数值分析方法——有限元方法将在另一门专门课程中讲授。为学习理解方便,在第1、2、3、5章后附有相应的计算程序源代码。

　　本书内容适合 40 学时教学计划要求。作为教学用书时,各教学单位可根据实际学时酌情取舍内容。

　　本书由陆山、唐俊星、赵明、景鑫编著。

　　由于作者水平和资料有限,书中难免存在不妥之处,敬请读者批评指正。

作　者

2022 年 3 月

目　录

第 2 章　轮 盘 强 度

第 3 章　叶 片 振 动

第4章　轮盘振动

第5章　转子振动与平衡

第6章 航空发动机零件的疲劳强度与寿命

第 1 章
转子叶片强度

【学习要点】
- 熟悉转子叶片受力特征、典型工作状态。
- 掌握叶身离心拉伸、弯曲、合成应力常规计算方法及应力分布特征。
- 熟悉叶片强度失效模式及应力评定标准。
- 掌握叶身结构强度设计要点。
- 了解影响叶片强度的其他因素。
- 了解榫头应力概念、常规计算方法及强度设计基本要求。

1.1 概　　述

　　转子叶片是压气机和涡轮中完成功能转换的重要零件,在发动机工作时承受着巨大的负荷。若转子叶片强度不足,将产生有害变形、裂纹、断裂等故障,碎片飞出还会打坏邻近的叶片和机匣,甚至打穿机匣外的管路,造成严重的事故。发动机中转子叶片的数量很大,少则几百片,多达几千片。如果能减小转子叶片的质量,则轮盘、转子和承力机匣等构件的质量也随之减小,从而将使整台发动机的质量大为减小。转子叶片强度设计分析的目的是保证所设计的转子叶片能可靠工作,又使其尽可能轻。

　　设计叶片时,① 首先要进行压气机或涡轮叶片的气动设计。根据设计的气动参数,选取一定的叶型,确定叶身各个截面的弦长 b、最大厚度 C_{max}、进出气角、前后缘小圆半径等叶型构造参数;② 然后进行叶身结构强度设计。通过调整叶片各个截面的面积和各个截面形心之间的相对位置(即叶片各截面形心沿叶高的变化),进行多次叶片强度计算及设计方案比较,以实现叶身结构优化,质量尽可能小;③ 还要结合叶片振动特性分析设计,考虑是否加装阻尼结构(如叶冠、凸台、轮缘阻尼结构等);④ 根据加工工艺和积叠叶型须平滑过渡等要求进行叶片外形修整。为了满足气动、强度、振动、工艺等各方面的综合要求,且力求质量小,上述计算分析和结构设计修整过程往往需要进行多次迭代。

本章重点讨论转子叶片的强度分析问题。应该指出,压气机和涡轮转子叶片的强度计算公式和方法是基本相同的,只是在受力方向、叶片形状等方面有差异。

1.1.1　转子叶片受力分析

航空发动机工作时,转子叶片受到下列几种负荷(参见图1-1)。

1. 叶片自身质量产生的离心力

由于发动机的转速很高,故叶片自身的质量离心力很大。例如一个质量为 $0.7\,\mathrm{kg}$ 的转子叶片在最大转速($11\,000\,\mathrm{r/min}$)工作时产生的离心力高达 $70\,000\,\mathrm{N}$,接近叶片自重的 1 万倍。叶片在其自身离心力的作用下,将产生很大的拉伸应力和弯曲应力,还能引起扭转应力。

2. 气流的横向气体力

压气机或涡轮的转子叶片都处于流量大、流速高的气流中,无论是燃气驱动

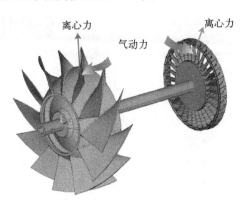

图1-1　作用在转子叶片上的力

涡轮转子叶片做功,或是压气机转子叶片压缩空气,都有很大的横向气体力作用在叶片表面,使叶片受到较大的气动弯矩。气体力使叶片产生弯曲应力,还会引起扭转应力。

3. 热负荷

在涡轮中,燃气温度可达到 $1\,700\,℃$ 或更高,涡轮转子叶片的表面温度也将接近这个数值。压气机末几级转子叶片的温度可达 $400\sim550\,℃$ 或更高。这不仅使材料的许用应力降低,而且叶片由于温度分布不均匀还会产生热应力。涡轮转子叶片中的热应力较大,特别是在发动机起动及停车过程更为严重,叶片往往因热机械疲劳而损坏。

4. 振动负荷

由于气流扰动等原因会激起叶片振动,这将在叶片中产生交变的弯曲应力和扭转应力。在某些情况下,这种振动应力还会很大。

在上述各种负荷同时作用的情况下,叶片的应力状态十分复杂,也难以精确计算。为了使问题简化,在方案设计或初步设计时可只计算叶片的主要的应力成分,并求出其代数和,得到近似的总应力。然后根据叶片材料的许用应力,计算出安全系数。至于那些被忽略的和难以计算的应力成分,在强度储备系数中加以考虑。

1.1.2　计算模型简化和坐标系

计算转子叶片的应力时,通常作如下假设。

（1）把转子叶片看作根部完全固装的悬臂梁。忽略叶片承受各种负荷后产生的变形。

（2）转子叶片仅承受自身质量离心力和横向气体力，只计算由离心力产生的拉伸应力和弯曲应力，以及由气体力引起的弯曲应力，不计叶片上的扭转应力、热应力和振动应力。

（3）设转子叶片各截面的扭转中心（刚心）、气体力压力中心与形心（质心）三者重合，则离心力和气体力均作用于截面形心（质心），忽略其对叶片其他截面产生的扭转应力。

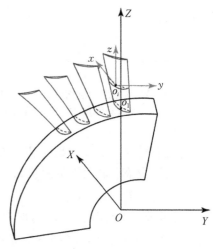

转子叶片的轴线（各截面形心连线）通常是略有弯曲的空间曲线，因此计算叶片的强度时可采用如图 1-2 所示 $X-Y-Z$ 总体直角坐标系和 $x-y-z$ 截面局部坐标系。取转子的旋转轴线为 OX 轴，以发动机排气方向为正；通过叶根截面形心 o_1 作 OX 轴的垂线即为 OZ 轴，以指向叶尖方向为正，垂足 O 即为坐标系原点；将 OX 轴绕 OZ 轴顺钟向旋

图 1-2　叶片的坐标系

转 90°（沿 OZ 轴向下看）即为 OY 轴的正向。截面局部坐标系的原点 o_i 为转子叶片第 i 截面的形心，其 x、y、z 轴分别与 X、Y、Z 轴平行。

1.1.3　计算状态的选择

航空发动机，特别是军用航空发动机的工作范围宽，任务剖面变化大，这也是军用航空发动机区别于民用航空发动机以及地面燃机的主要差异之一。飞行速度 V 和高度 H 不同，则进入发动机的空气温度、压力、密度会随之改变，进而影响发动机空气流量。发动机的转速也时常改变。这都将引起叶片上所受的负荷发生变化。另外，叶片工作温度的变化对叶片材料的许用应力也有影响。因此，转子叶片上的应力情况及安全系数将随各工作状态不同而变化。一般来讲，只需要选取叶片几种最危险的典型状态进行强度校核，即可保证在各种飞行状态下叶片能可靠工作。

如前所述，作用于转子叶片上的最主要负荷是叶片自身的离心力和气体力。离心力与发动机转速有关，显然在最大转速 n_{max} 时的离心力最大。气体力的变化主要与发动机流量有关。由于叶片结构设计时通常要求尽可能使离心力弯矩和气体力弯矩相互抵消，这就要求对叶片最大和最小气体力两种极端情况加以重点考虑。因此在对转子叶片进行强度设计分析时，需在如图 1-3 飞机飞行包线内选择

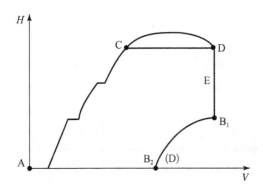

图 1-3　航空发动机高度 H~速度 V
（或马赫数 Ma）包线示意图

下列若干典型计算状态。

A 状态：设计状态（即地面试车状态），取 $H=0,V=0,n=n_{max}$，作为叶片强度计算的基本计算状态。

B_2 状态：低空高速飞行（最大气动）状态，这时发动机空气流量最大，取 $H=0,V_{max}^{H=0},n=n_{max}$，进气温度可按夏季地面最高温度计算，如 $T_0=313\,K$。

C 状态：高空低速飞行（最小气动）状态，这时发动机空气流量最小，取 $H=H_{max},V=V_{min}^{H\,max},n=n_{巡航},T_0=T_{H\,max}$ 进行计算。$T_{H\,max}$ 为高度 H_{max} 处的大气温度。

D、B_1 状态：最大热负荷状态——热端件温度最高（若开加力状态，限制使用时间），$T_4=T_{max},n=n_{max}$。

E 状态：中间以上状态，可取 $H=H_z,V=V_z,n=n_{max}$ 进行计算，中间以上状态工作总时间 $Time=Time_C$（约占总寿命 10%~35%）。可以近似按最大转速状态估算叶片应力及持久强度，它们的机械及热负荷差别不大。

1.1.4　叶片截面的主要几何参数

进行叶片应力常规计算时，需要知道叶片各截面的面积、形心坐标、主惯矩轴和主惯性矩。由于叶片截面形状特殊，一般难以解析计算，早期采用近似估算法。现在可借助有限元分析通用软件（如 ANSYS），直接计算叶片截面积、形心位置，叶片体积、叶片重心位置等。此处介绍一种近似估算法（参见图 1-4），计算误差为 8%~10%。

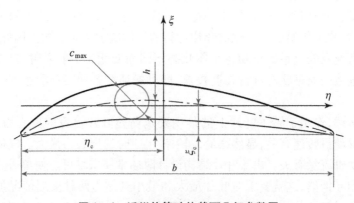

图 1-4　近似估算叶片截面几何参数图

对于薄叶型：

$$面\quad积\qquad A = 0.693bc_{max}$$

$$形心坐标\qquad \eta_c = 0.429b$$

$$\xi_c = 0.811h$$

$$主惯性矩\qquad J_\eta = 0.04bc_{max}^3 + 0.03bc_{max}h^2$$

$$J_\xi = 0.038b^3c_{max}$$

最小主惯矩轴 η 与叶弦平行。

对于较厚的大曲度叶型：

$$面\quad积\qquad A = 0.7bc_{max}$$

$$重心坐标\qquad \eta_c = 0.429b$$

$$\xi_c = 0.762h$$

$$主惯性矩\qquad J_\eta = 0.041bc_{max}(h^2 + c_{max}^2)$$

$$J_\xi = 0.038b^3c_{max}$$

最小主惯矩轴 η 与叶弦平行。

1.2　离心拉伸应力计算

转子叶片在自身质量离心力的作用下,将产生拉伸应力。显然,叶片任一垂直于 Z 轴的横截面上的平均离心拉伸应力等于该截面以上的叶片质量离心力沿 Z 轴方向的分量与该截面面积之比。使用常规算法计算叶片拉应力时假设在一个截面上的离心拉伸应力是均匀分布的。

1.2.1　一般积分公式

如图 1-5 所示,在叶片上取一个高度为 dZ 的微元段,并在该微元段上取一个微元体 $dXdYdZ$,令微元体的面积 $dXdY = dA$,则微元体的离心力 dP 为

$$dP = \rho\omega^2 Z'dAdZ$$

式中,ρ 为叶片材料密度;ω 为转子旋转角速度;Z' 为微元体重心到旋转轴 X 的距离。

注意到 $Z = Z'\cos\varphi$,则离心力 dP 沿 Z 轴方向的分量为

$$dP_Z = dP\cos\varphi = \rho\omega^2 ZdAdZ$$

因此,截面积为 $A(Z)$ 的叶片微元段质量所产生的沿 Z 轴方向的离心力为

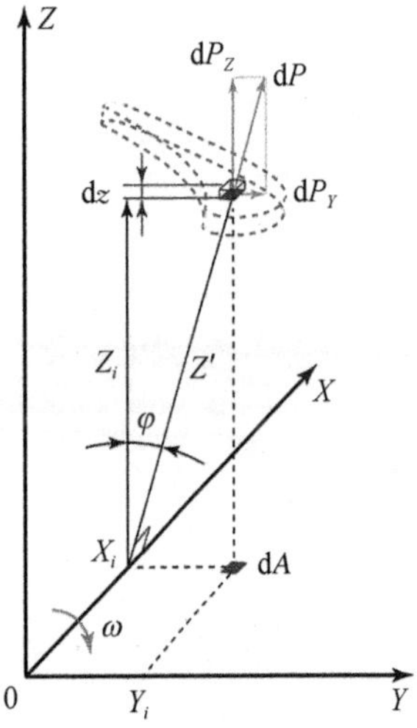

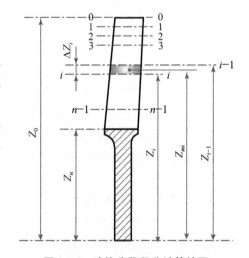

图1-5 叶片微元体所产生的离心力

$$\int_{A(Z)} \mathrm{d}P_Z = \rho\omega^2 Z\mathrm{d}Z \int_{A(Z)} \mathrm{d}A = \rho\omega^2 A(Z)Z\mathrm{d}Z$$

这样,就可求出转子叶身任一截面($Z = Z_i$)上的叶片质量的离心力沿 Z 轴方向的分量为

$$P_{i,离} = \int_{Z_i}^{Z_T} \rho\omega^2 A(Z)Z\mathrm{d}Z$$

式中,Z_T 为叶尖处的 Z 坐标值;$A(Z)$ 为叶片横截面面积,是随 Z 坐标变化的函数。

则叶片任一截面($Z = Z_i$)以上的离心力作用在 Z_i 截面上的平均拉伸应力如下:

$$\sigma_{i,离} = \rho\omega^2 \frac{\int_{Z_i}^{Z_T} A(Z)Z\mathrm{d}Z}{A(Z_i)} \tag{1-1}$$

1.2.2 数值积分法

按照式(1-1)求叶片任一截面上的平均离心拉伸应力,必须知道叶片横截面积随叶高变化的规律 $A(Z)$。一般这一规律比较复杂,常不易用解析式表达并求积分,所以通常可采用数值积分法。

如图1-6所示,将叶片沿叶高分成 n 段,则从叶尖到叶根有第 $0, 1, 2, \cdots, n$ 共 $n+1$ 个截面。先研究第一段,即第 $0-1$ 叶片段,该段叶片质量离心力沿 Z 轴方向的分量为

$$\Delta P_1 = \rho\omega^2 A_{m1} Z_{m1} \Delta Z_1$$

图1-6 叶片分段积分计算简图

式中,$A_{m1} = \dfrac{1}{2}(A_0 + A_1)$ 为第一段叶片的平均截面积;$Z_{m1} = \dfrac{1}{2}(Z_0 + Z_1)$ 为第一段叶片的平均 Z 坐标;$\Delta Z_1 = Z_0 - Z_1$ 为第一段叶片的 Z 向高度。

同理,可求出 $\Delta P_2, \Delta P_3, \cdots, \Delta P_n$。

设叶片第 i 截面面积为 A_i,则该截面以上叶身的离心拉伸应力为

$$\sigma_{i,\text{离}} = \frac{1}{A_i}(\Delta P_1 + \Delta P_2 + \cdots + \Delta P_i) = \frac{1}{A_i}\sum_{j=1}^{i}\Delta P_j \qquad (1-2)$$

由式(1-2)可求得叶片各截面上的离心拉伸应力。叶片分段数越多,离心应力结果越精确,一般至少分为 5 段。

1.2.3　平均离心拉伸应力随截面积变化规律

在叶片方案设计时,叶片各截面积分布是影响叶片平均离心拉伸应力(即影响叶片强度)的最重要结构参数,应根据叶片截面面积变化设计获得合理的叶片离心拉伸应力分布。特别是在保证叶身强度达标的条件下,使叶片质量最小。叶片截面弯矩引起的应力理论上不影响叶片截面平均离心拉伸应力,仅影响叶片截面弯曲应力。因此在设计叶片截面积引起的平均离心拉伸应力时,不需考虑弯曲应力的影响。

1)等截面叶片

对于等截面叶片,$A(Z) = A(Z_i) = $ 常数,代入式(1-1)变为

$$\sigma_{i,\text{离}} = \frac{1}{2}\rho\omega^2(Z_T^2 - Z_i^2) \qquad (1-3)$$

从式(1-3)可知,截面所在的坐标 Z_i 越小,则该截面上的离心拉伸应力越大,在叶根截面上的离心拉伸应力达到最大,而在叶尖处离心拉应力为零。图 1-7 示

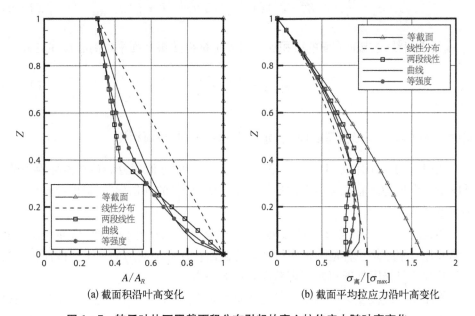

(a) 截面积沿叶高变化　　　　　　(b) 截面平均拉应力沿叶高变化

图 1-7　转子叶片不同截面积分布引起的离心拉伸应力随叶高变化

出等截面转子叶片离心拉伸应力随叶高 Z 的变化。一般叶片强度的危险截面在叶根，而叶根平均离心拉伸应力 σ_R 正比于叶片所在环形流道截面积及转速平方乘积。

$$\sigma_R = \frac{S\omega^2\rho}{2\pi} \tag{1-4}$$

式中，S 为叶片所在流道截面环形面积。

较长的叶片(如一级风扇叶片)对应流道面积很大，因此就需要限制风扇转速在合理的范围，以便使叶片根部应力满足叶片强度设计要求。由图 1-7 还可以明显看出，等截面叶片的应力分布不够合理，在叶根截面达到最大拉伸应力时，叶片材料利用率较低。

2) 截面积线性变化叶片

对截面积沿叶高线性变化的叶片，在 i 截面和叶尖之间的截面积 $A(Z)$ 可表示为

$$A(Z) = A_i\left[1 - \left(1 - \frac{A_T}{A_i}\right) \times (Z - Z_i)/(Z_T - Z_i)\right] \tag{1-5}$$

按一段的数值积分公式(1-2)计算，可得到任意 i 截面平均离心拉伸应力公式(1-6)：

$$\sigma_i = \frac{1}{2}\rho\omega^2(Z_T^2 - Z_i^2)(1 + \eta)/2 = \frac{1}{2}(1 + \eta)\sigma_{i\text{等截面}} \tag{1-6}$$

其中，η 为叶尖与当前截面的面积比。由此可推得叶根截面平均离心拉伸应力：

$$\sigma_R = \frac{S\omega^2\rho(1 + \eta)}{4\pi} \tag{1-7}$$

式中，S 为发动机环形流道截面积；$\eta = \dfrac{A_T}{A_R}$ 为叶尖、叶根面积比。

式(1-6)是采用式(1-2)的梯形公式简化后的近似积分表达式推导得到的，其叶根最大平均离心拉伸应力估算值可能产生约 5% 的高估误差，但由此设计的叶根强度是偏安全的。

比较式(1-3)和式(1-6)可见，在叶片应力最大的叶根截面，截面积线性变化的叶片叶根平均拉伸应力最多可减至等截面叶片叶根应力的一半。截面积线性变化叶片质量极限情况可减至等截面叶片的一半。

截面积为线性变化的叶身设计比等截面叶片拉应力分布合理，因此在发动机上采用得比较多，尤其在中小流量的压气机叶片设计中。这种叶片沿叶高表面较

光滑,也便于制造。

　　3)截面积分两段线性变化叶片

　　对截面积分段线性变化的叶片,其截面积可用下式表示:

$$A(Z) = \begin{cases} A_1 \left[1 - \left(1 - \dfrac{A_T}{A_1} \right) \times (Z - Z_1)/(Z_T - Z_1) \right], Z_1 \leqslant Z \leqslant Z_T \\ A_R \left[1 - \left(1 - \dfrac{A_1}{A_R} \right) \times (Z - Z_R)/(Z_1 - Z_R) \right], Z_R \leqslant Z \leqslant Z_1 \end{cases} \quad (1-8)$$

其中,A_1 为两段面积线性变化叶片的转折截面面积。

　　截面积分段线性变化叶身平均离心拉伸应力分布沿叶高为两段二次曲线构成,在近叶根段平均离心拉伸应力分布会呈现在叶根截面稍小、往上一段拉伸应力逐渐变大的应力分布,这种近叶根段拉应力分布对叶根强度设计是有利的,因为它避免了叶片一弯危险截面与通常叶根拉伸应力最大截面的重叠,而且减少了由于叶片在叶根断裂时的叶身大质量飞失,同时使作用在轮缘上的叶片等效拉力相对较小。在发动机叶片设计中这种截面积变化规律的叶片用得比较多,如斯贝发动机高压二级风扇叶片。

　　4)截面积按幂曲线变化叶片

　　叶身截面积按幂曲线变化规律可用下式表示:

$$A(Z) = A_R \times \left\{ 1 - (1 - \eta) \times \left[(Z - Z_R)/(Z_T - Z_R) \right]^{m_1} \right\}, m_1 < 1 \quad (1-9)$$

其拉伸应力分布在近叶根段有较大的近似等拉应力区,表明叶身材料分布和利用更合理,从而在叶身同等最大应力状态下将会设计得更轻。该曲线变化规律多用于涡轮叶片设计。

　　5)叶身近似等拉伸应力截面积设计

　　近似等拉伸应力叶身截面积变化规律可用下式表示:

$$A(Z) = A_R e^{\beta} \quad (1-10)$$

其中,指数 $\beta = \left[-\dfrac{\rho u_T^2}{2\sigma_R} \left(1 - \dfrac{Z_R}{Z} \right)^{m_2} \right], m_2 < 1$。

　　等拉伸应力叶身的截面积设计接近于理想设计,使叶身在下半段较大范围内,形成近似等拉伸应力区(参见图 1-7)。通过调整 m_2 参数,可在一定范围内改变叶尖面积,从而改变了叶片质量分布、离心合力和强度储备系数。等拉伸强度的叶片,应力分布及材料利用都更加合理,叶片可设计得更轻。

　　从图 1-7 可见,叶片截面平均离心拉伸应力的合理分布与所选截面积分布规律直接相关,叶片截面积分布规律是叶片结构强度设计的重要环节。从式(1-4)

和式(1-7)可见,对等截面及截面积线性变化的叶片,叶片最危险截面叶根平均离心拉伸应力近似正比于叶片转速平方及环形流道面积的乘积。大涵道比风扇叶片很长,叶尖半径也很大,对应流道面积很大,因此限制其转速不能很大,否则叶根应力就很大。目前的大涵道比发动机一级风扇叶片如采用实心金属叶身设计,已很难找到满足叶根强度设计要求的材料。因此需要将叶身设计成空心,或采用比强度更高的复合材料叶身设计。从图1-7可见,采用两段线性变化、幂曲线变化及等拉伸强度设计截面积设计,可以使叶身最大离心拉伸应力平面上移至0.1~0.4相对叶高截面。这样的叶身强度设计是有益的,它可以减少或避免叶片因离心拉伸和弯曲应力作用在叶根截面发生断裂导致大叶身质量丢失,这样即使发生叶片断裂飞出的叶身段也较短,对发动机的二次危害较小。

　　另外从图1-7及表1-1结果可见,在叶根截面积相等的条件下,较小的叶根平均离心拉伸应力意味着叶片作用在轮缘上的力较小,因此相应的轮盘也可以设计得更轻。等拉伸强度、两段线性变化、幂曲线变化截面积叶片叶根平均离心拉伸应力可达到线性变化截面积叶片叶根拉伸应力的78%、77%和83%;其叶身质量也分别为线性变化截面积叶片叶身质量的78%、78%和83%,不同叶型分布叶根平均离心拉伸应力和叶身质量两者的减小比例相当。

表1-1　不同截面积分布规律叶身强度设计结果

截面积分布规律	叶尖/叶根面积比	叶身强度裕度系数	叶根相对拉应力/力	相对质量
常值	1	0.563	1.62	1.0
线性	0.3	0.912	1.00	0.650
折线	0.3≈0.7×0.428 6	1.001	0.768	0.504
幂曲线	0.3	0.988	0.824	0.535
近等强度	0.3	1.061	0.777	0.508

注:强度裕度系数大于等于1时,满足强度设计要求。

1.3　弯曲应力计算

　　转子叶片的弯曲应力由两部分组成:气体力弯矩和离心力弯矩。

1.3.1　气体力弯矩

　　当气流流过叶栅通道时,气流的轴向和周向速度都会发生变化,也就是说气流的动量发生了变化,说明气流受到了力的作用。

以压气机为例,如图 1-8 所示,气流流过转子叶片叶栅时,轴向速度有些降低,气流受到了两个轴向力:叶片给予气流的轴向力和叶栅进、出口截面处气流压差形成的轴向力。根据动量定理,这两个轴向力之和应等于每秒钟内流经叶栅通道气流的动量变化量。在叶片上取宽为一个栅距、高为 1 单位长度的扇形窗口,则每秒钟内流过该窗口的气流的动量变化为(下标 m 表示平均半径处值)

$$(\rho_{2m}c_{2am}t_{2m} \times 1)c_{2am} - (\rho_{1m}c_{1am}t_{1m} \times 1)c_{1am} = \frac{2\pi Z_m}{Q}(\rho_{2m}c_{2am}^2 - \rho_{1m}c_{1am}^2)$$

$$(1-11a)$$

式中, ρ_{1m}、ρ_{2m} 和 c_{1am}、c_{2am} 分别为进、出口截面处气流的密度和轴向速度;Z_m 为叶栅通道的平均半径;Q 为叶片数;设进、出口截面处的栅距相等,即 $t_{1m} = t_{2m} = t_m = \frac{2\pi Z_m}{Q}$。

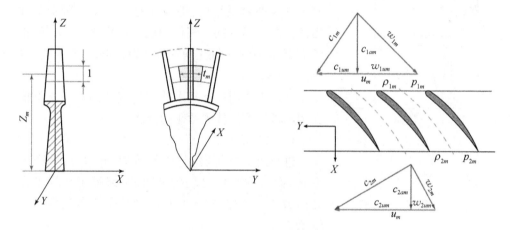

图 1-8　流过叶栅通道的气流情况

由叶栅进、出口截面处气流压差引起的轴向力为

$$(p_{1m} - p_{2m})t_m \times 1 = \frac{2\pi Z_m}{Q}(p_{1m} - p_{2m})$$ $$(1-11b)$$

式中, p_{1m}、p_{2m} 分别为叶栅进、出口截面气流的静压。

将式(1-11a)减去式(1-11b),即得叶片给予流过窗口气流的轴向力为

$$\frac{2\pi Z_m}{Q}[(\rho_{2m}c_{2am}^2 - \rho_{1m}c_{1am}^2) + (p_{2m} - p_{1m})]$$

根据作用力与反作用力定律,单位叶高上受到的气体力轴向分量为

$$p_{xm} = \frac{2\pi Z_m}{Q}\left[\left(\rho_{1m}c_{1am}^2 - \rho_{2m}c_{2am}^2\right) + \left(p_{1m} - p_{2m}\right)\right] \tag{1-12}$$

同理可得单位叶高上受到的气体力周向分量为

$$p_{ym} = \frac{2\pi Z_m}{Q}\left(\rho_{1m}c_{1am}c_{1um} - \rho_{2m}c_{2am}c_{2um}\right) \tag{1-13}$$

式中, c_{1um}、c_{2um} 为叶栅进、出口截面气流的周向速度。

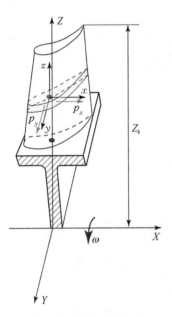

图 1-9 气体力的方向

式(1-12)、式(1-13)给出了单位叶高上受到的气体力。由于气流参数沿叶高是变化的,因此在任一半径处单位叶高上受到的气体力也是变化的,只要在式(1-12)、式(1-13)中代入该半径处相应的气流参数值,即可求得该处的气体力 p_x、p_y。必须指出,式(1-12)与式(1-13)对于压气机或涡轮的转子叶片都是适用的,但应注意它们实际所受气体力的方向是相反的。气体力的方向根据 p_x、p_y 的正负而定,即顺 x、y 轴正向的气体力为正,反之为负(参见图1-9)。

气体力作用在叶片上将引起气体力弯矩。下面介绍两种计算气体力弯矩的方法。

1. 近似估算法

进行近似估算时,忽略气体力 p_x、p_y 沿叶高的变化,而认为它们是均匀分布的,都等于平均半径处的数值。这样,转子叶片就像是受均布载荷的悬臂梁。

对于位于半径 Z_i 处的叶片截面,引起气体力弯矩的气体力为 $p_{xm}(Z_T - Z_i)$ 与 $p_{ym}(Z_T - Z_i)$,力臂为 $\frac{1}{2}(Z_T - Z_i)$,则作用在该截面上的气体力弯矩为

$$M_x(Z_i)_{\text{气}} = \frac{1}{2}p_{ym}(Z_T - Z_i)^2$$

$$M_y(Z_i)_{\text{气}} = -\frac{1}{2}p_{xm}(Z_T - Z_i)^2 \tag{1-14}$$

弯矩的方向按右手定则确定,它的正向与坐标轴的正向一致。据此规定,正的 p_x 产生 y 轴方向负的弯矩,正的 p_y 产生 x 轴方向正的弯矩,因此在式(1-14)中 $M_y(Z_i)_{\text{气}}$ 取负值。

2. 数值积分法

要比较准确地计算气体力弯矩,必须考虑气体参数沿叶高的变化,因而单位叶高上受到的气体力 p_x、p_y 沿叶高也是变化的,记作 $p_x(Z)$、$p_y(Z)$,如图 1-10 所示。

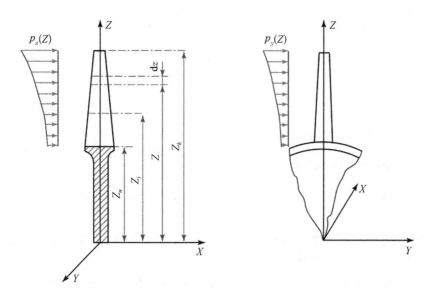

图 1-10　沿叶高变化的气体力

显然,叶片上任一半径 Z_i 处截面上的气体力弯矩 $M_{xi,气}$、$M_{yi,气}$ 等于 i 截面以上部分所受到的气体力对 i 截面 x、y 轴的力矩。在这部分叶片上从半径 Z 到 $Z+\mathrm{d}Z$ 取一微元段,则该微元段所受到的气体力为 $p_x(Z)\mathrm{d}Z$、$p_y(Z)\mathrm{d}Z$,它们对 i 截面 x、y 轴的力矩分别为

$$\mathrm{d}M_{xi,气} = p_y(Z)\mathrm{d}Z(Z-Z_i)$$

$$\mathrm{d}M_{yi,气} = -p_x(Z)\mathrm{d}Z(Z-Z_i)$$

积分可得

$$M_{xi,气} = \int \mathrm{d}M_{xi,气} = \int_{Z_i}^{Z_T} p_y(Z)(Z-Z_i)\mathrm{d}Z$$

$$M_{yi,气} = \int \mathrm{d}M_{yi,气} = -\int_{Z_i}^{Z_T} p_x(Z)(Z-Z_i)\mathrm{d}Z$$

$$(1-15)$$

式(1-15)中的积分通常不易求解,而用数值积分法作近似计算。将叶片从叶尖到叶根分成 n 段,共 $n+1$ 个截面(图 1-11)。根据气动计算或气动测量结果,可得到 $n+1$ 个截面处叶栅进、出口的气流参数。假设在 n 段叶片的每一段上,进、出

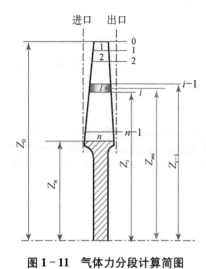

图 1-11 气体力分段计算简图

口的气流参数是一常数,即用每一段气流参数的平均值表示。例如,在第 $i-1$ 截面到第 i 截面的第 i 段上,有

$$p_{1mi} = \frac{1}{2}(p_{1i-1} + p_{1i}) , p_{2mi} = \frac{1}{2}(p_{2i-1} + p_{2i})$$

$$\rho_{1mi} = \frac{1}{2}(\rho_{1i-1} + \rho_{1i}) , \rho_{2mi} = \frac{1}{2}(\rho_{2i-1} + \rho_{2i})$$

$$c_{1ami} = \frac{1}{2}(c_{1ai-1} + c_{1ai}) , c_{2ami} = \frac{1}{2}(c_{2ai-1} + c_{2ai})$$

$$c_{1umi} = \frac{1}{2}(c_{1ui-1} + c_{1ui}) , c_{2umi} = \frac{1}{2}(c_{2ui-1} + c_{2ui})$$

$$Z_{mi} = \frac{1}{2}(Z_{i-1} + Z_i)$$

式中,下标 1 表示进口参数,下标 2 表示出口参数,mi 表示第 i 段参数的平均值,$i-1$、i 表示第 $i-1$、i 截面的参数。

每一微元段叶片所受到的气体力沿叶高可以近似看作是均匀分布的。于是,利用式(1-12)、式(1-13)可求得第 i 段叶片上所受到的气体力:

$$\begin{cases} P_{xi} = \dfrac{2\pi Z_{mi}}{Q} \left[(\rho_{1mi}c_{1ami}^2 - \rho_{2mi}c_{2ami}^2) + (p_{1mi} - p_{2mi}) \right] (Z_{i-1} - Z_i) \\ P_{yi} = \dfrac{2\pi Z_{mi}}{Q} (\rho_{1mi}c_{1ami}c_{1umi} - \rho_{2mi}c_{2ami}c_{2umi}) (Z_{i-1} - Z_i) \end{cases} \quad (1-16)$$

由此可计算出叶片第 j 截面上的气体力弯矩 $M_{xj,气}$、$M_{yj,气}$,即为第 1 段至第 j 段叶片上受到的气体力 $(P_{y1}, P_{y2}, \cdots, P_{yj}; P_{x1}, P_{x2}, \cdots, P_{xj})$ 对 j 截面 x、y 轴的力矩的总和(参见图 1-12):

$$\begin{cases} M_{xj,气} = P_{y1}(Z_{m1} - Z_j) + P_{y2}(Z_{m2} - Z_j) + \cdots + P_{yj}(Z_{mj} - Z_j) \\ M_{yj,气} = -P_{x1}(Z_{m1} - Z_j) - P_{x2}(Z_{m2} - Z_j) - \cdots - P_{xj}(Z_{mj} - Z_j) \end{cases} \quad (1-17)$$

或记作:

$$\begin{cases} M_{xj,气} = \displaystyle\sum_{i=1}^{j} P_{yi}(Z_{mi} - Z_j) \\ M_{yj,气} = -\displaystyle\sum_{i=1}^{j} P_{xi}(Z_{mi} - Z_j) \end{cases} \quad (1-18)$$

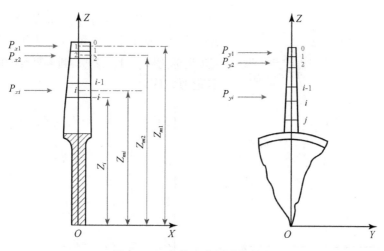

图 1 - 12　气体力弯矩计算简图

1.3.2　离心力弯矩

若转子叶片各截面形心的连线不与 Z 轴重合,则叶片旋转时产生的离心力将引起离心力弯矩。通常可采用数值积分法计算离心力弯矩。

如图 1 - 13 所示,将叶片分成 n 段共 $n+1$ 个截面,若叶片各截面的面积 A_i 和形心坐标 (X_i, Y_i, Z_i) 为已知,则如图 1 - 14 所示第 i 段叶片的离心力分量为

$$P_{xi} = 0$$
$$P_{yi} = \rho \Delta V_i R_{mi} \omega^2 \sin \varphi = \rho \omega^2 \Delta V_i Y_{mi}$$
$$P_{zi} = \rho \Delta V_i R_{mi} \omega^2 \cos \varphi = \rho \omega^2 \Delta V_i Z_{mi} \qquad (1-19)$$

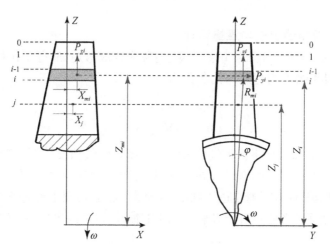

图 1 - 13　带罩量叶片分段模型离心力简图

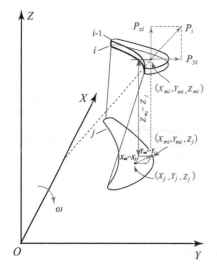

图 1-14　离心力弯矩计算简图

式中，ρ 为叶片材料的密度；ω 为旋转角速度；ΔV_i 为第 i 段叶片的体积；R_{mi} 为第 i 段叶片重心（坐标为 X_{mi}、Y_{mi}、Z_{mi}）到旋转轴的距离，并且近似地认为

$$
\begin{cases}
\Delta V_i = \dfrac{1}{2}(A_{i-1} + A_i)(Z_{i-1} - Z_i) \\[2mm]
X_{mi} = \dfrac{1}{2}(X_{i-1} + X_i) \\[2mm]
Y_{mi} = \dfrac{1}{2}(Y_{i-1} + Y_i) \\[2mm]
Z_{mi} = \dfrac{1}{2}(Z_{i-1} + Z_i)
\end{cases}
$$

$$(1-20)$$

叶片第 j 截面上的离心力弯矩应等于第 1 段到第 j 段叶片的离心力分量 P_{yi}、P_{zi} 对 j 截面 x、y 轴的力矩的总和，即

$$
\begin{cases}
M_{xj,\text{离}} = -\displaystyle\sum_{i=1}^{j} P_{zi}(Y_{mi} - Y_j) + \sum_{i=1}^{j} P_{yi}(Z_{mi} - Z_j) \\[3mm]
M_{yj,\text{离}} = \displaystyle\sum_{i=1}^{j} P_{zi}(X_{mi} - X_j)
\end{cases}
$$

$$(1-21)$$

利用式（1-19）、式（1-20）、式（1-21）进行计算，可得到叶片各截面上的离心力弯矩。对于接近于等截面的压气机工作叶片，通常只需求叶根截面的弯矩，此时可将整个叶身作为一段进行近似计算，而不必分段计算。

1.3.3　弯矩的合成与罩量设计

作用在转子叶片 j 截面上的总弯矩，也称为合成弯矩，应等于作用在该截面上的气体力弯矩和离心力弯矩的代数和，即

$$
\begin{cases}
M_{xj,\text{合}} = M_{xj,\text{气}} + M_{xj,\text{离}} \\[2mm]
M_{yj,\text{合}} = M_{yj,\text{气}} + M_{yj,\text{离}}
\end{cases}
$$

$$(1-22)$$

研究式（1-22），如果认为气体力弯矩在既定的气动设计下不能改变，而适当地设计叶片各截面形心的连线，即改变离心力弯矩，使它与气体力弯矩方向相反，尽可能互相抵消，使合成弯矩适当减小，甚至为零。这习惯上称为弯矩的补偿。通常将叶片各截面的形心相对于 Z 轴作适当的偏移，以达到弯矩补偿的目的，这个偏移量称为罩量。

罩量设计就是合理地设计叶片各截面形心的偏移量（罩量），使之既保证叶片

在发动机经常工作的状态主要截面具有较低的弯曲应力,又照顾到在其他各种工作状态下的弯曲应力都不太大。要求叶片各截面上的弯矩都补偿得很好,对工作范围变化较大的航空发动机是非常困难的。在一般情况下,可重点考虑叶根截面或最大离心拉伸应力截面合弯矩最小作为罩量调整的目标,兼顾其他截面合弯矩较小。

　　由于压气机转子叶片与涡轮转子叶片所受气体力的方向大体相反,所以这两种叶片形心连线的偏斜方向也是相反的,偏斜方向总是与叶片所受气体力的指向一致(参见图 1-15)。

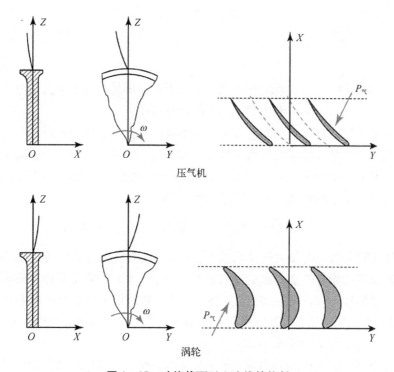

压气机

涡轮

图 1-15　叶片截面形心连线的偏斜

　　压气机叶片比较平直,其各截面形心连线可取为直线。只要在加工轮盘上的榫槽时相对于垂直方向有一偏心距 Δ,叶片安装到盘上后就形成一个偏斜角 θ(参见图 1-16),这种办法简便易行,因为只要改变偏心 Δ 值而不更改其他设计,就能得到不同的罩量偏斜角,以满足弯矩补偿的要求。

　　涡轮转子叶片各截面形心的连线常为空间曲线,而且受加工方式的限制而不便随意调整。近年来,由于精锻、精铸和电加工工艺的发展,涡轮叶片不必依赖铣削加工,因此可以更合理地进行罩量调整。

　　以离心力弯矩补偿气体力弯矩时,特别要注意到这两个弯矩随工作状态的变

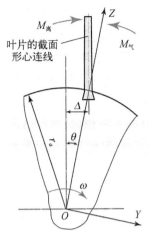

图 1-16 压气机叶片的偏斜

化均在变化。离心力弯矩正比于转速平方,而气体力弯矩因飞行状态的不同可相差 10 余倍。这就产生了一个问题,离心力弯矩应按哪个飞行状态下的气体力弯矩来补偿呢?

罩量设计准则:

(1) 最大合成弯矩最小准则。为了兼顾各种飞行状态下的主要截面弯矩较小,可采用最大和最小气动状态平均叶根截面合成弯矩设计罩量,即按下式设计罩量:

$$M_{X,R,离}(\omega_{巡航}) = -(M_{X,R,气}^{max} + M_{X,R,气}^{min})/2,$$
$$M_{Y,R,离}(\omega_{巡航}) = -(M_{Y,R,气}^{max} + M_{Y,R,气}^{min})/2$$

$$(1-23)$$

此时在各飞行状态下近似满足具有最大气动弯矩的叶根截面合成弯矩的绝对值最小。

(2) 最大气动弯矩状态最大合弯矩最小准则。按照上述准则设计会产生在最大转速状态因叶根合成弯矩不为零导致叶根离心加弯曲应力很大,因最小气动弯矩远小于最大气动弯矩,如小一个量级,此时可按最大气动飞行(低空高速)状态参数设计离心弯矩所需的罩量,使叶根截面满足:

$$M_{X,R,离}(\omega_{max}) = -M_{X,R,气}^{max} \qquad M_{Y,R,离}(\omega_{max}) = -M_{Y,R,气}^{max} \qquad (1-24)$$

此罩量设计可以在最大气动状态下,使叶片主要截面合成弯矩近似为零。但此时在其他气动状态特别是在最小气动状态下,叶片主要截面离心力弯矩将远大于最小气动弯矩,此时该截面将会因为一个过大的罩量设计引起反向的非零合成弯矩,好在最小气动状态下的叶根截面平均离心拉伸应力不如最大状态大(如只有最大状态离心拉力值的 85%~90%)。

(3) 全状态最大(离心+弯曲)合应力最小准则。最理想的罩量设计是使在各飞行状态下的各截面最大(离心+弯曲)合成应力最小。这需要先初步设计叶片罩量,然后试算筛选各主要飞行状态下的叶片可能的最大合成应力,再通过调整罩量值,逐步逼近叶片最佳罩量值。这种方法以叶片各截面最大合应力最小为目标,效果好,但罩量设计工作量较大。

采用最大合成弯矩最小准则设计罩量,兼顾了最大与最小气动状态及之间的情况,是一种折中状态,适用于叶片的初步设计。对于叶身进一步的强度设计,应根据叶片的最危险应力工况进行罩量设计调整,这个飞行状态与最大气动弯矩状态合弯矩最小准则设定的状态很接近。而随后只需要按全状态最大(离心+弯曲)合应力最小准则再进行罩量微调。

　　叶片截面形心位置偏移(罩量)沿叶高分布规律有直线分布、曲线分布及不规则曲线分布几种,叶片罩量呈直线型分布时制造、叶片安装调整方便,多用于罩量调整不太大的压气机叶片。但直线型罩量分布会导致叶片中段合弯矩绝对值较大。因此对气动弯矩较大的长叶片罩量设计要求高,可采用简单曲线及不规则曲线罩量分布形式设计,以使得同一叶片的不同截面合弯矩尽量小。

　　总之,罩量设计既要考虑到使叶片在最大工况及主要截面上得到合适的离心弯矩补偿,又要兼顾到其他飞行状态及叶片其他截面合应力,还需综合考虑叶片的加工和安装方便问题。

　　图 1-17 给出在叶片单位叶高上气动力为常值时的罩量设计实例。由图可见

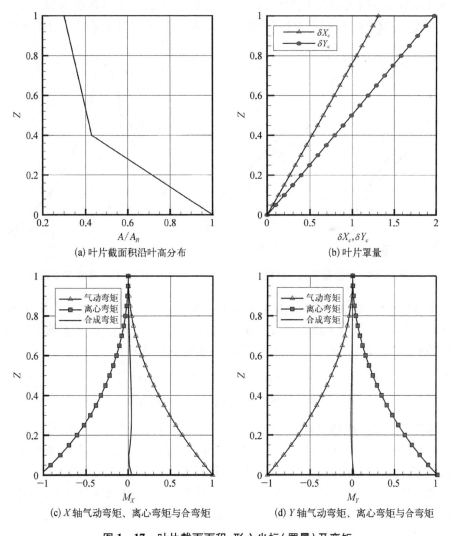

(a) 叶片截面积沿叶高分布

(b) 叶片罩量

(c) X 轴气动弯矩、离心弯矩与合弯矩

(d) Y 轴气动弯矩、离心弯矩与合弯矩

图 1-17　叶片截面面积、形心坐标(罩量)及弯矩

对该风扇叶片,采用线性分布的罩量设计,离心弯矩可很好的平衡气动弯矩,使叶身各截面合弯矩几乎为零。这里注意到对平衡一样大的气动力分布,在 Y 轴方向设计的形心偏移量要比 X 轴方向约大 50%。

1.3.4　弯曲应力

按式(1−24)求出对转子叶片某截面 x、y 轴的合成弯矩后,还不能立即计算弯曲应力,因为 x、y 轴通常不是截面的主惯性轴。

如图 1−18 所示,叶片截面与一个狭长的长方形截面相仿。这类截面的抗弯能力在两个主惯轴方向是不一样的。通过截面形心,有一对惯性主轴 η、ξ,对 η 轴的惯性矩最小,对 ξ 轴的惯性矩最大。计算弯曲应力时,总是对惯性主轴 η、ξ 而言的。因此,必须把对 x、y 轴的合成弯矩 $M_{x,合}$、$M_{y,合}$ 转换为对 η、ξ 轴的合成弯矩。

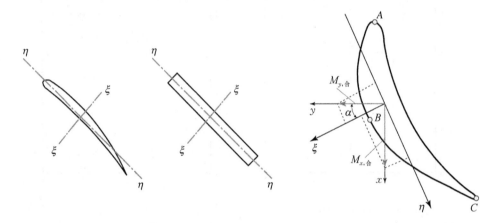

图 1−18　叶片截面的主惯性轴　　　　图 1−19　合成弯矩的转换

前面已指出,通过叶片截面形心的最小主惯性轴 η 近似地平行于叶弦,其正向指向叶片后缘,ξ 轴与 y 轴的夹角为 α。合成弯矩 $M_{x,合}$、$M_{y,合}$ 在 η、ξ 轴上的投影的代数和即为 $M_{\eta,合}$、$M_{\xi,合}$,转换公式如下(参见图 1−19):

$$\begin{cases} M_{\eta,合} = M_{x,合} \cos\alpha - M_{y,合} \sin\alpha \\ M_{\xi,合} = M_{x,合} \sin\alpha + M_{y,合} \cos\alpha \end{cases} \tag{1−25}$$

求得了对主惯性轴的合成弯矩 $M_{\eta,合}$、$M_{\xi,合}$,并确定了叶片截面的主惯性矩 J_η、J_ξ 以及截面上任一点的坐标 (η,ξ) 后,就可以参照材料力学中求弯曲正应力的公式计算该点的弯曲应力。实际上,只需要校核截面上弯曲应力最大处的强度。在距离 η 轴最远的 A、B、C 三点在仅有 $M_{\eta,合}$ 作用时,显然弯曲应力最大,当同时还作用有 $M_{\xi,合}$ 时,这个结论也是近似正确的(参见图 1−18)。根据叠加原理,这三个点在 $M_{\eta,合}$、$M_{\xi,合}$ 作用下的弯曲应力计算式为

$$
\begin{cases}
\sigma_{A,\text{弯}} = \dfrac{M_{\xi,\text{合}}}{J_\xi}\eta_A - \dfrac{M_{\eta,\text{合}}}{J_\eta}\xi_A \\[3mm]
\sigma_{B,\text{弯}} = \dfrac{M_{\xi,\text{合}}}{J_\xi}\eta_B - \dfrac{M_{\eta,\text{合}}}{J_\eta}\xi_B \\[3mm]
\sigma_{C,\text{弯}} = \dfrac{M_{\xi,\text{合}}}{J_\xi}\eta_C - \dfrac{M_{\eta,\text{合}}}{J_\eta}\xi_C
\end{cases}
\tag{1-26}
$$

式中，η_A、ξ_A、η_B、ξ_B、η_C、ξ_C 分别是 A、B、C 三点的坐标，必须带有正负号；J_η、J_ξ 为叶片截面的主惯性矩，永为正值。式中负号是为了使所得应力与应力符号的规定一致。以 A 点为例：若 $M_{\eta,\text{合}}$、$M_{\xi,\text{合}}$ 均为正值，而 η_A、ξ_A 均为负值，则乘积 $\dfrac{M_{\xi,\text{合}}}{J_\xi}\eta_A$ 为负，表示正的 $M_{\xi,\text{合}}$ 对 A 点产生正压力，与实际相符；而乘积 $\dfrac{M_{\eta,\text{合}}}{J_\eta}\xi_A$ 亦为负，但实际上是正的 $M_{\eta,\text{合}}$ 对 A 点产生拉应力，故在这个乘积前再加一负号。

1.4 总应力与安全系数

在不计振动应力和热应力的转子叶片静强度校核中，叶片截面上任一点的总应力就是该点的离心拉伸应力与弯曲应力的代数和，即

$$
\sigma_\text{总} = \sigma_\text{离} + \sigma_\text{弯}
\tag{1-27}
$$

通常只需要对图 1-18 叶片截面上的 A、B、C 三点计算总应力。前面已假设叶片截面上的离心拉伸应力是均匀分布的，所以弯曲应力最大且为拉应力的点，就是总应力最大的点。

考虑到许多其他因素，设计叶片时要在应力计算的基础上检查各个截面的安全系数。安全系数是叶片材料的许用应力与计算得到的最大总应力或截面平均离心拉伸应力之比。

安全系数定义见表 1-2，安全系数取值见表 1-3。

表 1-2 叶身（伸根）应力 σ 的安全系数定义

	基于屈服强度		基于极限强度
	残余变形 $a = 0.1\%$	残余变形 $a = 0.2\%$	
不考虑蠕变影响	$n_1 = \dfrac{\sigma_{0,1}}{\sigma}$	$n_2 = \dfrac{\sigma_{0.2}}{\sigma}$	$n_b = \dfrac{\sigma_b}{\sigma}$
考虑蠕变影响	$n_a = \dfrac{\sigma_{a,T}^t}{\sigma_\text{总}}$		$n_T = \dfrac{\sigma_T^t}{\sigma_\text{总}}$

对于工作温度较低的压气机叶片,可取叶片材料的屈服应力 σ_s 为许用应力。材料手册上一般仅给出材料的 $\sigma_{0.1}$ 或 $\sigma_{0.2}$ 以代替 σ_s。其安全系数定义见表 1-2 及式(1-28),分母应力可以取截面平均离心拉伸应力,也可以取离心加弯曲的总应力,但它们的安全系数是不一样的(参见表 1-2)。

$$n_1 = \frac{\sigma_{0.1}}{\sigma} \tag{1-28}$$

对工作温度较高的涡轮叶片,在考虑式(1-28)安全系数的同时,还需要考虑限制蠕变失效对应的安全系数,此时可用 $\sigma_{a,T}^t$ 或 σ_T^t 代替屈服应力,取其安全系数如:

$$n_a = \frac{\sigma_{a,T}^t}{\sigma_{总}} \tag{1-29}$$

式中,$\sigma_{a,T}^t$ 为叶片材料的蠕变应力(极限);σ_T^t 为叶片材料的持久应力(强度极限);a 为蠕变或塑性百分应变;t 为考核点温度;T 为持久寿命时间。

表 1-3　转子叶片结构强度设计应力安全系数表[1, 2]

		叶身、伸根	
		均　拉	均拉+弯
压气机叶片	n_1	2.67	1.33
	n_a		1.0
	n_T		1.25~1.5(军用) 1.5~2.0(民用)
涡轮叶片	n_1	1.67	1.33
	n_a		1.0
	$n_T^{无/有冠}$	1.5/1.4 2.0/1.8	1.35/1.25(军用) 1.8/1.65(民用)

安全系数的选取原则:
(1) 与构件部位、失效后危害性、应力计算方法等有关;
(2) $n_{军} \leqslant n_{民}$;$n_{其他} \leqslant n_{边}$;$n_{最大} \leqslant n_{均}$;
(3) 经外场使用验证并完善。

1.5　影响叶片强度的因素

上述计算转子叶片强度的方法是基于对叶片受力情况和几何特性的简化假

设,只适用于扭向不大,变形较小、没有叶冠和凸台、可按悬臂梁处理的叶片,也没有计入扭转应力、热应力和振动应力。在叶片方案设计时,叶片做这样的简化是允许的,而在细节设计时必须考虑到被忽略了的那些因素对叶片强度的影响。本节概要讨论这一问题,但仅限于介绍一些概念和基本的处理方法。

1.5.1 扭转应力的影响

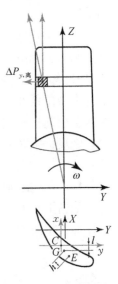

图 1 - 20　气体力和离心力引起的扭矩

之前假设了叶片截面的气体力压力中心、刚心和形心三者重合,作用在叶片微元段上的横向气体力和离心力沿 y 轴向的分量都通过刚心,因而不会引起叶片微元段的扭转。实际上,叶片截面的气体力压力中心 E、刚心 G 和形心 C 是相互不重合的(参见图 1 - 20)。作用在叶片微元段上的气体力 $\sum \Delta P_{气}$ 通过 E 点并对 G 点产生扭转力矩 $(\sum \Delta P_{气})h$。同时,作用在叶片微元段上的离心力 $\sum \Delta P_{y, 离}$,通过 C 点并对 G 点产生扭转力矩 $(\sum \Delta P_{y, 离})l$。这两个扭转力矩的绝对值通常都很小,而且它们的方向常常相反,因此可以忽略。

上面是对叶片微元段上的气体力扭矩和离心力扭矩的分析。对于叶片任一截面上所受到的扭转力矩,应是该截面以上叶片各段的气体力和离心力沿 y 轴方向的分力(分别作用在各段的气体压力中心和重心)对通过该截面的刚心且平行于 z 轴的扭转轴的扭矩之总和。这一计算比较繁琐,而总的扭转力矩也不大,故通常可忽略扭转应力。

1.5.2 热应力的影响

工程上对于构件因温度变化及温度分布不均匀而引起的应力称为热应力,它是由于构件各部分受热膨胀变形不一致相互牵连和/或受约束而产生的应力。

对于压气机转子叶片,因为叶片较薄,叶片各部分没有显著的温差,所以热应力问题不大。对于涡轮转子叶片,不仅工作温度高,而且叶型厚度变化较大,内部又有复杂的冷气通道,在外部燃气的冲击下,会产生很大的热应力。此外,发动机工作状态的变化,使叶片的温度随之变化,尤其在起动、停车时的温度变化更为剧烈。在发动机使用过程中,每起动和停车一次,涡轮叶片上就出现一次交变的热应力,这种热疲劳循环会导致叶片产生裂纹而损坏。

热应力对转子叶片(尤其是涡轮叶片)强度的影响是不可忽略的。一方面由于在高温下叶片材料强度将降低,另一方面叶片上某些部位的总应力将增大,这就使叶片的安全裕度明显下降。但是,由于叶片上的温度分布和温度变化较难确定,因此热应力很难用常规算法分析。目前在叶片方案设计阶段,考虑热应力对叶片强度的影响时,首先考虑高温下的材料许用应力降低,其次可采取提高叶片强度储备的办法,而且应在设计时采取措施提高叶片热强度,例如:

（1）在满足叶片气动性能的前提下尽量减小叶片的厚度差以减少热应力,特别是排气边缘不可过薄。有时为使壁厚均匀,可将叶片设计成空心的;

（2）选用导热性好的叶片材料,使叶片上的温度分布很快趋于均匀以减少热应力;

（3）采用适当的冷却方法,使叶片最大应力区温度及平均温度下降,从而提高叶片材料许用应力。常见的涡轮叶片冷却方法有:叶片空心冷却、内壁面冲击冷却、内冷却回型通道对流换热冷却、前缘气膜冷却、尾缘开缝冷却,采用上述冷却方法能有效降低叶片基体平均温度。虽然有些冷却通道附近温差加大了,且通道结构会引起一些应力集中,但叶片热强度仍然提高了,这在叶片工作温度接近叶片材料强度极限时尤为重要。

1.5.3　扭向的影响

如图 1 – 21 所示,具有扭向的叶片在离心力的作用下,离心力的周向分力有使叶片加大扭向的趋势,也就是使角 φ_0 增大;而离心力的径向分力有使叶片展平的

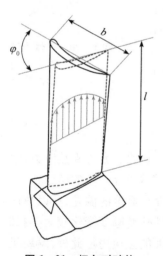

趋势,也就是使角 φ_0 减小。但由于离心力的径向分力比周向分力大得多,故最终使扭转角 φ_0 减小。这样,带扭向叶片在离心力场中将使叶片产生展平变形,使叶片前、后缘处的径向纤维受到压缩,产生压应力,造成叶片截面上的离心拉伸应力不再是均匀分布,呈现前后缘拉应力变小、中部拉应力变大的规律。这种应力分布不均匀的情况是沿叶高变化的,越靠近叶根越显著。扭向越大（φ_0 越大）,对叶片截面上离心拉伸应力分布不均匀的影响越大。同时应注意情况严重时,叶片中上部前后缘纵向纤维可能因受压而产生局部失稳现象。

**图 1 – 21　扭向对叶片
应力影响**

判断扭向的影响,可借助以下无因次参数:

$$q = \frac{\varphi_0 b b_R}{2 l c_R}$$

式中, φ_0 为叶尖截面相对叶根截面的自然扭转角（以弧度计量）; b、b_R 分别为叶尖与叶根截面的弦长; c_R 为叶根截面最大厚度; l 为叶片长度。

经验表明:当 $q \le 0.7$ 时,扭向的影响可以忽略。

上述讨论中忽略了气体力的影响。

1.5.4　蠕变的影响及叶片的伸长计算

转子(尤其是涡轮转子)叶片在高温下长期受力会产生蠕变。蠕变表现为蠕滑和松弛两个方面,蠕滑是指零件的变形随时间逐渐增大,松弛是指零件内的应力随时间逐渐减小。

转子叶片处在复杂的载荷情况下,各处的应力和变形各不相同,考虑蠕变的影响,即叶片各部分的应力和变形将随时间不断变化,叶片的危险情况应理解为最危险点不能保证叶片正常工作时的应力值和变形值。一般在叶片截面上的最大总应力点的应力值是随着时间增长而减小的,但该点附近的应变是松弛变大的。

考虑蠕变对叶片强度的影响,可采用叶片材料的蠕变极限 $\sigma^t_{\alpha/T}$ 和/或持久强度 σ^t_T (t 表示温度,T 表示持久的时间,α 表示经过 T 小时后产生的塑性变形百分率)作为许用应力,安全系数定义见表 1-2,如下式:

$$n_a = \frac{\sigma^t_{\alpha/T}}{\sigma_{总,\max}} \qquad (1-30)$$

安全系数推荐值见表 1-3。

考虑蠕变引起的叶片变形,必须计算转子叶片的径向伸长量,以便检查叶尖与机匣间的径向间隙是否小于规定值。此时还应考虑到机匣与轮盘尺寸的改变。最危险的情况是停车瞬间,机匣骤然冷却,而叶片与轮盘还来不及冷却,叶尖径向间隙最小,甚至有叶尖与机匣相碰的可能。

转子叶片的伸长可以认为是叶片弹性变形、塑性变形与热膨胀变形的总和,故叶片伸长量的计算式为

$$\Delta l = \int_{Z_R}^{Z_T} \frac{\sigma_p}{E} \mathrm{d}Z + \int_{Z_R}^{Z_T} \varepsilon_p \mathrm{d}Z + \int_{Z_R}^{Z_T} \alpha t \mathrm{d}Z \qquad (1-31)$$

式中,σ_p 为叶片任一截面上的平均拉伸应力;E、α 分别为对应于该截面温度的叶片材料弹性模量和线膨胀系数;ε_p 为该截面的塑性应变(可根据材料、温度和工作时间查蠕变曲线得到);t 为该截面工作温度相对室温的升高;Z_R、Z_T 分别为叶根与叶尖的 Z 坐标值。

1.5.5　柔性叶片弯曲变形的影响

转子叶片在合成弯矩的作用下将产生弯曲变形,使叶片各截面形心偏离原来的位置,因而将产生附加弯矩(主要考虑离心力径向分量产生的弯矩变化)。忽略弹性变形引起的附加弯矩实际上总使计算所得的强度偏安全,因为计及由于变形

产生的附加弯矩,将使离心力弯矩对气体力弯矩的补偿效果更好,因此把这种附加补偿称为自然补偿。

对于抗弯刚度较大的叶片,弯曲变形很小,忽略变形对叶片强度影响不大。

对于抗弯刚度较小的柔性叶片,例如叶型薄的大展弦比压气机/风扇转子叶片,其弹性弯曲变形将较大。若仍忽略变形的影响,则将使叶片的强度过于安全,不利于减小叶片和发动机的质量。此时应采用所谓柔性叶片的计算方法,以更准确地计算叶片的强度。

欲求得考虑叶片弹性变形影响的真实应力及强度,可采用有限元大变形算法。

1.5.6 叶冠的影响

带冠叶片的强度计算与无冠叶片的计算方法相仿,但须注意以下两点。

1. 叶冠离心力对叶身强度的影响

将叶冠作为整个叶片的一个段,求出叶冠的质量离心力和重心位置,然后按照本章叙述的逐段叠加法计算叶片各截面上的离心拉伸应力和弯曲应力。实际

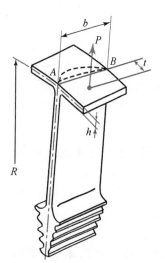

图 1-22 带冠叶片计算简图

上可理解为,叶片各截面上的应力是叶冠和叶身两部分各自引起的应力的叠加。至于相邻叶片叶冠之间的约束对叶片强度的影响较为复杂,在初步计算时不予考虑。

2. 叶冠的强度校核

如图 1-22 所示,叶冠悬臂部分的质量离心力为 P,作为集中力作用于该部分的重心处,重心到叶冠危险截面 AB 的距离为 t,则必须验算 AB 截面上的弯曲应力:

$$\sigma = \frac{Pt}{W}$$

式中,W 为 AB 截面的抗弯截面系数。图中 AB 为矩形截面,其 $W = \dfrac{bh^2}{6}$。

1.5.7 其他因素的影响

不同的叶根形状将使叶片上的离心拉伸应力产生明显的分布不均现象。如图 1-23 所示,带有悬臂缘板的叶根结构会使叶根截面附近的离心拉伸应力分布严重不均,由于叶根悬臂缘板的柔性,叶片根部截面前、后缘处拉伸应力几乎降为零,而叶盆中部几乎加大了 1.5 倍。

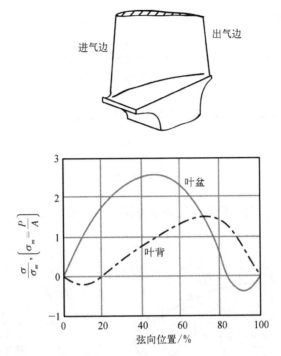

图 1 - 23　叶根与榫/伸根截面形状突变对叶根离心拉伸应力的影响

影响叶片强度的其他因素还有很多,如振动、疲劳、应力集中、环境条件等,这涉及振动、疲劳等问题的专门知识,此处从略。

1.6　榫头强度计算

转子叶片借助榫头固定在轮盘上。在榫头的强度计算中,只考虑叶片质量离心力引起的应力。为了使榫头受力均匀,通常将叶根截面的重心安置在榫头的中心线上(图 1 - 24)。由于榫头截面的抗弯截面系数大,故弯曲应力不大,在初步估算时可不予考虑。

下面分别讨论常用的燕尾形和枞树形榫头的强度计算问题。

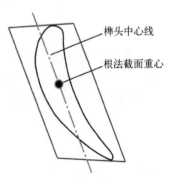

图 1 - 24　叶根截面形心位置

1.6.1　燕尾形榫头

压气机转子叶片大多采用燕尾形榫头,它的受力情况如图 1 - 25 所示。如果不计接触表面上的摩擦力,则叶身和榫头的总离心力 P_b 可以分解为两个大小相等的作用在轮盘榫槽侧面上的正压力：

$$N = \frac{P_b}{2\sin\dfrac{\alpha}{2}}$$

它在榫头与轮盘榫槽接触面 AB 上产生的挤压应力为

$$\sigma_c = \frac{P_b}{2hd\sin\dfrac{\alpha}{2}} \qquad (1-32)$$

式中，α 为榫头工作面的顶角；h、d 分别为榫头与榫槽接触面的长度和宽度。

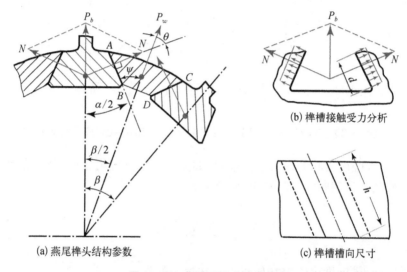

(a) 燕尾榫头结构参数   (b) 榫槽接触受力分析

                          (c) 榫槽槽向尺寸

图 1-25   燕尾形榫头计算简图

除验算接触面上的挤压应力外，还需校核相邻榫槽间轮盘凸缘的危险截面 BD 上的平均拉伸应力。这一拉伸应力是由 AB、CD 两个面上受到的正压力 N 与凸缘本身的离心力 P_w 引起的。设凸缘危险截面面积为 A_{BD}，则平均拉伸应力为

$$\sigma_l = \frac{2N\cos\theta + P_w}{A_{BD}}$$

从几何关系可知：

$$\theta = 90° - \psi = 90° - \left(\frac{\alpha}{2} + \frac{\beta}{2}\right)$$

$$\beta = \frac{360°}{Q}, \ Q \ 为叶片数$$

代入则得

$$\sigma_l = \frac{2N\sin\left(\dfrac{\alpha}{2} + \dfrac{\beta}{2}\right) + P_w}{A_{BD}} \qquad (1-33)$$

在现有榫结构中,按式(1-31)、式(1-32)计算出的平均挤压应力和平均拉伸应力等安全系数见表 1-4。实际上在局部地方存在严重的应力集中(图 1-26),该问题留待基于寿命分析的结构细节设计时考虑。

表 1-4　榫结构设计安全系数

部位 ＼ 方法	EGD-3[1]		国内型号标准	文献[3]
	n_1	n_T	n_1	n_2
平均挤压	2.5		2.0	1.6~2.2
平均拉伸	2.5		2.5	2.5~4.6
平均剪切	2.5	2.0	2.0	2.6
拉+弯		3.0		

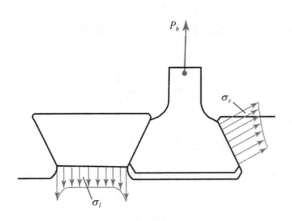

图 1-26　燕尾形榫头的应力集中

1.6.2　枞树形榫头

枞树形榫头主要用在负荷较大的涡轮转子叶片上,一般有 2~5 对齿。齿形有两种形式,如图 1-27(a)所示。枞树形榫头在工作时各个齿的受力并不均匀,故精确地计算强度较复杂,此处仅介绍一些常规估算公式,供初步设计时参考。

对于枞树形榫头,主要是计算榫头 I-I 截面上的拉伸应力、齿的弯曲和剪切应力,以及齿面上的挤压应力(图 1-27)。此外,还要计算轮盘榫槽凸缘 $n'-n'$ 截面(图 1-27)上的拉伸应力。

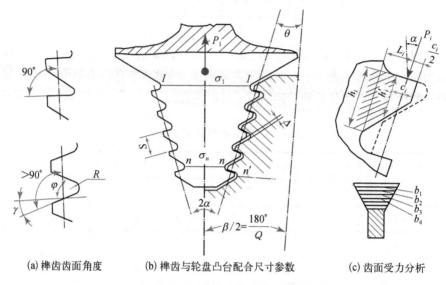

(a) 榫齿齿面角度 (b) 榫齿与轮盘凸台配合尺寸参数 (c) 齿面受力分析

图 1-27　枞树形榫头计算简图

1. 榫头 $I-I$ 截面上的平均拉伸应力

榫头 $I-I$ 截面上的平均拉伸应力为 $I-I$ 截面以上叶片的离心力 P_1 与该截面面积 a_1b_1 之比,即

$$\sigma_1 = \frac{P_1}{a_1b_1} \qquad (1-34)$$

2. 齿面上的平均挤压应力

假设作用在第 i 齿齿面上的正压合力为 $\bar{P}_i$,则 n 对齿所受正压力之和即 $\sum\limits_{i=1}^{n} 2\bar{P}_i$,它与整个叶片(包括叶身与榫头)的质量离心力 P 之间有如下关系:

$$P = 2\sum_{i=1}^{n} \bar{P}_i \cos\alpha$$

故

$$\sum_{i=1}^{n} \bar{P}_i = \frac{P}{2\cos\alpha}$$

再假定各个齿单位齿长上承受的力是相等的,则齿长为 b_i 的第 i 个齿上的正压力 P_i 就可按下式求出:

$$P_i = \frac{\sum\limits_{j=1}^{n} \bar{P}_j}{\sum\limits_{j=1}^{n} b_j} b_i = \frac{P}{2\cos\alpha} \frac{b_i}{B} \qquad (1-35)$$

式中,

$$B = \sum_{i=1}^{n} b_i = b_1 + b_2 + \cdots + b_n$$

由此得到第 i 齿齿面上的平均挤压应力:

$$\sigma_{ci} = \frac{P_i}{b_i c_i} = \frac{P}{2B c_i \cos\alpha} \qquad (1-36)$$

式中,c_i 为第 i 齿面的承力面的宽度。

实际上若各个齿的 c_i 均相等,则 σ_{ci} 也均相等。

3. 第 i 齿的最大弯曲应力

$$\sigma_{maxi} = \frac{M}{W} = \frac{P_i L_i}{\dfrac{b_i h_i^2}{6}} = \frac{3P L_i}{B h_i^2 \cos\alpha} \qquad (1-37)$$

式中,L_i、h_i 见图 $1-27(c)$。

4. 第 i 齿的平均剪切应力

$$\tau_i = \frac{P_i}{b_i h_i'} = \frac{P}{2B h_i' \cos\alpha} \qquad (1-38)$$

5. 轮盘榫槽凸缘 $n'-n'$ 截面上的平均拉伸应力（图 $1-28$）

$$\sigma_n' = \frac{1}{A_n'} \left(2 \sum_{i=1}^{n} \bar{P}_i \cos\theta + P_{离} \right) \qquad (1-39)$$

式中,$P_{离}$ 为轮盘凸缘 $n'-n'$ 截面以上部分的离心力;A_n' 为 $n'-n'$ 截面面积。

采用常规算法求出以上各截面应力后,再计算安全系数按表 $1-4$ 应力标准校核其静强度是否满足。

上述计算中均假设拉、压、剪应力是均匀分布的。实际上在枞树形榫头上应力集中现象十分严重。使不少部位可能进入塑性状态,而且处在高温和循环载

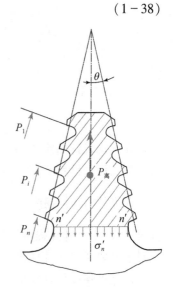

图 $1-28$ 轮盘榫槽凸缘受力简图

荷下工作。枞树形榫头的细节设计应结合榫头寿命评估工作展开。

本章介绍的转子叶片强度计算的方法是简化的,采用列表或编程计算均十分方便。但是,这样的计算是在一系列理想化的假设条件下进行的,与复杂的真实情况有相当大的差距。工程上可以简便地用安全系数的办法对一些复杂的影响因素给予考虑,使强度计算方法不过于复杂,而在实际工作中仍然不乏其实用价值。当然,安全系数的内涵是可以变更的,强度计算方法也是在不断发展的。目前应用有限元素法能够更准确地获得转子叶片的应力分布,进而估计其强度、寿命,这将在专门的课程中进行研究讨论。

【案例部分】

1. 叶身方案设计例

某发动机二级风扇叶片方案设计例,试验算叶身初步方案设计是否满足强度设计要求? 如不满足,如何调整进行叶身结构强度设计?

(1)由流道总体气动设计知:流道外半径为 433 mm,内半径为 243 mm,风扇最大转速为 10 950 r/min,(叶表)工作温度为 213℃。

(2)由风扇叶片方案设计知:级叶片数 21 片,叶根面积为 976 mm^2、叶尖/叶根面积比为 0.84。

目前叶身方案设计各截面面积差别不大,近似按线性分布假定,由公式(1-7)可得最危险的叶根截面平均离心拉伸应力 σ_R 与屈服强度安全系数 n_1 之间关系:

$$\frac{1}{n_1} \geqslant \frac{\sigma_R}{\sigma_{0.1}} = \frac{1}{\sigma_{0.1}4\pi}S\rho\omega^2(1+\eta)$$

或

$$\frac{\sigma_{0.1}}{\rho n_1} \geqslant \frac{S\omega^2(1+\eta)}{4\pi} \tag{1-40}$$

在气动设计给定的 $S\omega^2$ 值条件下,强度验算需要满足不等式(1-40),其中叶身结构几何设计参数仅与叶尖/叶根面积比 η 相关,而叶片的选材是通过比强度 $\frac{\sigma_{0.1}}{\rho}$ 直接影响叶片强度。易见,在满足叶片最高使用温度条件下,选叶片材料比强度值越大,则对叶片强度设计越有利,强度裕度越大。当然在叶片负荷不太大时,有时还需要考虑叶片质量及材料、加工成本,而有意选择比强度稍差的材料,比如在可以满足强度设计要求时可优先选用铝合金。在表 1-5 常见金属材料中钛合金的比强度最高,这也是目前在第 3 代、4 代、5 代发动机风扇/压气机转子叶片中钛合金是首选材料的原因,除非在高压压气机末几级,叶片工作环境温度超过钛合金允许的长期工作温度,如 550℃。

表 1-5 常用叶片材料参数

材　料	$\rho/(\times10^3\mathrm{kg/m^3})$	$\sigma_{0.1}/\mathrm{MPa}$	$T_{\max}^{使用}/℃$	$\dfrac{\sigma_{0.1}}{\rho}\Big/(\mathrm{N\cdot m/kg}\times10^5)$
铝合金	2.8	280	300	1
钛合金	4.45~4.53	500~700	400~550	1.25~1.60
不锈钢	7.8	700~900	550	1.16
高温合金	8.2~8.36	580~1 100	650~1 100	0.63~1.37

现在回到二级风扇叶片叶根强度校核问题。二级风扇叶片工作环境温度最高为 213℃,选材料比强度最优的 TC11,其工作温度下的比强度为 $1.27\times10^5\mathrm{N\cdot m/kg}$(在工程设计中因缺乏材料 σ_s 而常用 $\sigma_{0.1}$ 代替),如取风扇叶片屈服强度安全系数(见表 1-2)2.67,代入已知叶尖/叶根面积比 0.84,则可得叶片 SN^2 限制值为 2.96×10^7,而叶片原方案设计叶根 SN^2 值为 $4.838\times10^7\ \mathrm{m^2\cdot(r/min)^2}$。该风扇级负荷较重,显然该级叶片原方案设计叶根强度不能满足强度设计要求。

改进设计分别采用线性、双线性折线及近等强度截面积变化规律设计,双线性折线方案在 0.4 无因次叶高截面面积变化规律转折,取叶尖/叶根面积比为 0.3,叶尖段面积比为 0.7,在叶根面积相等条件下,其叶片结构强度设计结果对比见表 1-6。由表 1-6 结果可见,线性改进方案虽减小了叶尖面积至叶根面积的 30%,但强度裕度系数(大于并等于 1 满足强度设计要求)仍小于 1;而采用两段折线面积变化方案,叶根强度储备系数已满足要求;而近等强度叶身设计方案强度储备系数可达 1.06。同时改进方案 2 和方案 3 的叶根截面相对应力/力仅约为方案 1 的 78%,这意味着方案 2 和方案 3 作用在轮盘上的负荷可减小 22%,这样轮盘就可设计得更加轻巧。同时方案 2 和方案 3 的叶身相对质量仅为方案 1 的 78%,这意味着方案 2 和方案 3 叶身质量也将减小 22%,这对转子级的减重设计意义重大。在同等叶尖/叶根面积比,以及质量和负荷相当的条件下,改进方案 3 与方案 2 比强度储备系数提高 6%。当考虑由加工工艺及振动特性约束的叶尖最小面积限制时,可适当调整方案 3 的叶尖面积重新设计,在满足叶尖最小面积限制条件下,尽量取较小的叶尖面积,叶尖面积对强度、质量、叶身负荷影响规律可从表 1-6 的方案 3~方案 5 分析得出。在保持叶根面积不变条件下,叶尖面积越大、叶身质量越大、叶根拉伸应力越大、叶身强度储备系数越低。

表 1-6　某风扇二级叶片平均拉伸应力强度设计

	面积变化规律	叶尖/根面积比	强度裕度系数	叶根相对拉应力/力	叶身相对质量
原方案	一段线性	0.84	0.61	1.087	1.414
改进方案 1	一段线性	0.3	0.912	1.00	1.00
改进方案 2	两段线性	0.3≈0.7×0.428	1.001	0.768	0.775
改进方案 3	近等强度设计	0.30	1.061	0.777	0.781
改进方案 4		0.290	1.066	0.757	0.761
改进方案 5		0.321	1.047	0.823	0.827

【小结】

（1）叶片强度校核设计工况的选择应重点考虑飞机飞行（飞行速度-高度）包线中最具有强度代表性的最大转速、最高温度状态，最大气体力、最小气体力状态及中间以上状态及其使用时长。

（2）设计叶片截面平均拉伸应力分布主要是通过调整叶片各截面面积分布实现。

（3）限制叶片主要工况及主要截面最大弯曲应力是通过调整叶片罩量（截面形心与离心主轴之间偏离量）实现。

（4）叶片罩量调整方向总是顺着气体力"作用"叶身变形的方向，虽然对压气机叶片及涡轮叶片罩量实际偏离方向大体是相反的。

（5）叶身、榫结构方案设计的要点是按照常规计算方法计算的叶片最大应力应满足给定强度安全系数的要求，同时在考虑加工工艺要求的条件下，尽量减小叶片质量。

【习题】

1. 思考题

（1）转子叶片上作用有哪些载荷形式，它们分别产生何种应力？

（2）转子叶片应力计算中，需要考虑哪些典型工况？

（3）转子叶片的总体坐标系和截面坐标系是如何定义的？

（4）应用动量定理计算叶片的轴向气体力和周向气体力有什么区别？

（5）设计叶片截面平均离心拉伸应力分布主要通过调整叶片什么结构参数实现？

（6）什么是罩量？为什么要做罩量调整？

（7）罩量调整的方向有什么规律？对压气机叶片和涡轮叶片有什么不同？

（8）带罩量叶片在真空箱内进行旋转状态强度试验，其叶根截面叶背的径向应力与外场同转速条件下的相应应力相比哪个大？

（9）航空发动机转子叶片截面上承受什么弯矩？通常采用什么方法来降低叶片截面上的弯曲应力？

（10）转子叶片一般危险截面位置在哪？截面最大弯曲应力的位置在哪？为什么？

（11）带扭向叶片的截面应力分布有什么特点？

（12）对长而薄的转子叶片，其弯曲变形对叶片应力有何影响？

（13）热应力产生的条件是什么？

（14）涡轮转子叶片的伸长量计算中，主要考虑哪些伸长量？

（15）什么是 σ'_T、$\sigma'_{a/T}$？其中各上下标参数代表何意义？它们主要用于哪些零件强度校核？

（16）动叶强度设计要点：调整叶片截面平均拉伸应力主要通过调整什么几何参数？调整叶身关键截面最大应力主要通过调整什么几何参数？

2. 计算题

（1）某涡轮的转速为 4 700 r/min，共有 68 片转子叶片，气流参数沿叶高均布，平均半径处叶栅进、出口的气流参数、叶片各截面的形心位置、截面面积 A 和 ξ 轴与 y 轴的夹角 α 均列于表 1-7，叶片材料 GH33 的密度 ρ 为 8.2×10^3 kg/m³，求叶片各截面上的离心拉伸应力、气体力弯矩、离心力弯矩与合成弯矩。

表 1-7 转子叶片截面及气动参数

项目 ＼ 截面		0	I	II	III	IV	V
X/cm		0.53	0.41	0.41	0.40	0.24	0.12
Y/cm		0.41	0.38	0.30	0.19	0.11	0.02
Z/cm		62.8	59.1	56.0	53.0	49.4	45.8
A/cm²		1.80	2.32	3.12	4.10	5.48	7.05
α		31°40′	27°49′	25°19′	22°5′30″	16°57′	12°43′
c_{1am}	c_{1um}	ρ_{1m}	p_{1m}	c_{2am}	c_{2um}	ρ_{2m}	p_{2m}
297 m/s	410 m/s	0.894 kg/m³	0.222 MPa	313 m/s	−38 m/s	0.75 kg/m³	0.178 MPa

（2）上题的涡轮转子叶片各截面的主惯性矩 J_η、J_ξ 及弯曲应力最大的 A、B、C 三点的坐标 η_A、ξ_A、η_B、ξ_B、η_C、ξ_C 见表 1-8，利用上题结果，求此三点的弯曲应力和总应力。

表 1-8 叶片截面主惯性矩及主惯性系坐标

项目＼截面	I	II	III	IV	V
J_η/cm^4	0.242	0.304	0.484	0.939	1.802
J_ξ/cm^4	6.694	9.332	12.52	17.57	23.74
η_A/cm	-2.685	-2.847	-2.938	-2.889	-2.894
ξ_A/cm	-0.797	-0.951	-1.094	-1.232	-1.319
η_B/cm	-0.084	-0.205	-0.303	-0.219	-0.302
ξ_B/cm	0.481	0.521	0.655	0.749	1.015
η_C/cm	3.728	3.909	4.060	4.366	4.597
ξ_C/cm	-0.773	-0.824	-0.840	-1.130	-1.305

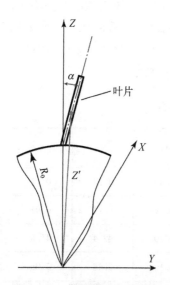

图 1-29 带罩量叶片示意图

（3）如图 1-29 已知单位叶长上的气体力 $p_y = 5\,755\ \mathrm{N/m}$，$\rho = 8.2 \times 10^3\ \mathrm{kg/m}^3$，叶片等截面 $A = 700\ \mathrm{mm}^2$，叶片长 $L = 140\ \mathrm{mm}$，叶根半径 $R_0 = 460\ \mathrm{mm}$，绕 x 轴转速 $n = 4\,500\ \mathrm{r/min}$，叶片在 $Y-Z$ 平面内罩量角 $\alpha = 0.56°$，采用一段的数值积分公式求：① 叶根截面气体力弯矩 $M_{X,气}$；② 叶根截面离心力弯矩 $M_{X,离}$；③ 叶根截面合成弯矩 $M_{X,合}$。

参考答案：$M_{X,合} = 0.24\ \mathrm{N \cdot m}$。

附录　叶片应力计算程序

```
        PROGRAM SAPBCM
$ DEBUG
        IMPLICIT REAL * 4 (A-H,O-Z)
C ----------------------------------------------------------------------
C     功能:叶片离心及弯曲应力分析常规算法程序(Stress Analysis Program of
Blade by
C         Convantional Method)
C     输入参数
C         N——叶片截面数
C         NQ——叶片数
C         R——叶片平均半径(m)
C         C1A——进口气流轴向速度(m/s) 沿叶高为常数
C         C2A——出口气流轴向速度(m/s)  沿叶高为常数
C         C1U——进口气流周向速度 (m/s)  沿叶高为常数
C         C2U——出口气流周向速度 (m/s) 沿叶高为常数
C         P1——进口压力(Pa) 沿叶高为常数
C         P2——出口压力(Pa) 沿叶高为常数
C         RU1——进口气流密度(kg/m^3)     沿叶高为常数
C         RU2——出口气流密度(kg/m^3)     沿叶高为常数
C         A(I)——叶片截面面积(m^2)
C         Z(I)——叶片截面相对于旋转轴形心 Z 坐标(m),
C         X(I)——叶片截面形心 X 坐标(m)
C         Y(I)——叶片截面形心 Y 坐标(m)
C         ALF(I)——各截面扭角 DEG(rad)
C         AJKC(I)——各截面对最大主惯性轴的惯矩(m^4)
C         AJTA(I)——各截面对最小主惯性轴的惯矩(m^4)
C         ATA(I,J)——各截面上弯曲应力最大点的 η 坐标,η_A、η_B、η_C (m)
C         AKC(I,J)——各截面上弯曲应力最大点的 ξ 坐标,ξ_A、ξ_B、ξ_C (m)
C         SS——叶片材料的屈服极限强度(Pa)
C         SSB——叶片材料的高温持久强度(或拉伸极限强度)(Pa)
C         ROU——叶片材料的密度(kg/m^3)
C         RPM——转速(r/min)
C     输出参数
C         S(I)——截面平均拉伸应力(Pa)
C         SA(J,I)——各截面考核 A、B、C 点的弯曲应力(Pa)
```

```
C          SGAM(J,I)——各截面考核 A、B、C 点的离心+弯曲应力(Pa)
C -------------------------------------------------------------------
          PARAMETER  (NMAX=10)
          DIMENSION  ZC(NMAX),XC(NMAX),YC(NMAX),DZ(NMAX),AC(NMAX),DP(NMAX)
          DIMENSION  PZ(NMAX),PX(NMAX),X(NMAX),Z(NMAX),Y(NMAX),A(NMAX)
          DIMENSION  MY(NMAX),BMX(NMAX),BM1(NMAX),BM2(NMAX),SGAM(3,NMAX)
          DIMENSION  BMCX(NMAX),BMCY(NMAX),AMX(NMAX),AMY(NMAX),ALF(NMAX)
          DIMENSION  AJKC(NMAX),AJTA(NMAX),AKC(3,NMAX),ATA(3,NMAX),S(NMAX)
          DIMENSION  SA(3,NMAX),SN(3,NMAX),BN(3,NMAX)
C          数据输入,输出检查
          OPEN(5,FILE='SB.DAT')
          OPEN(6,FILE='SBOUT.DAT',STATUS='UNKNOWN')

          READ(5,*)  N, NQ
          WRITE(6,6010) N, NQ
          IF(N.GT.NMAX) STOP '数组长度 NMAX 需大于截面数'
          READ(5,*) C1A,C1U
          WRITE(6,6020)  C1A,C1U
          READ(5,*) C2A,C2U
          WRITE(6,6030)  C2A,C2U
          READ(5,*) P1,P2
          WRITE(6,6040)  P1,P2
          READ(5,*) RU1,RU2
          WRITE(6,6050)  RU1,RU2

          READ(5,*)  (A(I),I=1,N)
          READ(5,*)  (Z(I),I=1,N)
          READ(5,*)  (X(I),I=1,N)
          READ(5,*)  (Y(I),I=1,N)
          READ(5,*)  (ALF(I),I=1,N)
          WRITE(6,6060)
          WRITE(6,6070) (J,X(J),Y(J),Z(J),A(J),ALF(J),J=1,N)

C          角度换算成弧度
          DO J=1,N
            ALF(J)=ALF(J)*3.1416/180.
          END DO
```

```
READ(5,*)  (AJKC(I),I=2,N)
READ(5,*)  (AJTA(I),I=2,N)
READ(5,*)  ((ATA(I,J),J=2,N),I=1,3)
READ(5,*)  ((AKC(I,J),J=2,N),I=1,3)

WRITE(6,6080)
WRITE(6,6090)(J,AJKC(J),AJTA(J),J=2,N)
WRITE(6,6100)
DO J=2,N
  WRITE(6,6110)J,(ATA(I,J),AKC(I,J),I=1,3)
END DO
```

```
C          计算叶片平均半径［单位:L］
       R=(Z(1)+Z(N))/2.
       WRITE(6,6120)  R

       READ (5,*)  ROU,RPM
       WRITE(6,6130)  ROU,RPM
       READ(5,*)  SS,SSB
       WRITE(6,6140)  SS,SSB
```

```
C          叶片应力计算(常规算法)

C          单位叶高气动力计算 单位:Pa
CC     A1=2*3.14159*R/NQ
       A1=2*3.14159/NQ
       A2=P1-P2
       A3=C1A**2*RU1-C2A**2*RU2
       APY=A1*(A2+A3)
       APX=A1*(C1A*C1U*RU1-C2A*C2U*RU2)

       WRITE(6,6150) APX*R,APY*R
```

```
C          各段重心坐标、平均截面积、段高计算
       N1=N-1
       DO  I=1,N1
         ZC(I)=(Z(I)+Z(I+1))/2.
         XC(I)=(X(I)+X(I+1))/2.
```

```
            YC(I)=(Y(I)+Y(I+1))/2.
            AC(I)=(A(I)+A(I+1))/2.
            DZ(I)=Z(I)-Z(I+1)
          END DO
C         叶片各段 Z 向离心力 DP 及截面平均离心拉应力 S 计算与输出,单位:Pa

          S(1)=0.0
          DO   I=1,N1
            DP(I)=ROU*(RPM*3.14159/30)**2*AC(I)*ZC(I)*DZ(I)
            SP=0.0
            DO   J=1,I
              SP=SP+DP(J)
            END DO
              S(I+1)=SP/(A(I+1))
          END DO


C         叶片气动弯矩计算与输出
C         X-Y-Z 为右手系,X—旋转切线方向,Y—气流方向,Z—离心方向

          DO I=1, N1
C            按分段数值积分
CC          AMX(I)=-APY*(Z(1)-Z(I+1))**2/2.0
CC          AMY(I)=APX*(Z(1)-Z(I+1))**2/2.0
C            按精确积分公式
          RII=(Z(1)**2*(2*Z(1)-3*Z(I+1))+Z(I+1)**3)/6.
          AMX(I)=-APY*RII
          AMY(I)= APX*RII


C         叶片离心弯矩及合弯矩计算与输出
          PZ(I)=DP(I)
          PX(I)=PZ(I)*XC(I)/ZC(I)
          BMY1=0.0
          BMY2=0.0
          BMXX=0.0
          DO J=1,I
            BMY1=BMY1-PZ(J)*(XC(J)-X(I+1))
            BMY2=BMY2+PX(J)*(ZC(J)-Z(I+1))
            BMXX=BMXX+PZ(J)*(YC(J)-Y(I+1))
```

```
        END DO
C                    离心弯矩
        BMCY(I)=BMY1+BMY2
        BMCX(I)=BMXX
C                    总体坐标系下合弯矩
        BMY(I)=BMCY(I)+AMY(I)
        BMX(I)=BMCX(I)+AMX(I)
C                主惯性轴系下合弯矩
        BM1(I)=BMX(I)*COS(ALF(I+1))+BMY(I)*SIN(ALF(I+1))
        BM2(I)=BMY(I)*COS(ALF(I+1))-BMX(I)*SIN(ALF(I+1))
      END DO

      WRITE(6,6160)
      WRITE(6,6170) (I+1,AMX(I),BMCX(I),BMX(I),I=1,N1)
      WRITE(6,6180)
      WRITE(6,6170) (I+1,AMY(I),BMCY(I),BMY(I),I=1,N1)
      WRITE(6,6190)
      WRITE(6,6200) (I+1,BM1(I),BM2(I),I=1,N1)
C        叶片应力计算与输出
C        弯曲拉应力计算,单位:Pa
      DO I=1,N1
        RB1=BM1(I)/AJKC(I+1)
        RB2=BM2(I)/AJTA(I+1)
        DO J=1,3
          SA(J,I)=(RB1*ATA(J,I+1)-RB2*AKC(J,I+1))
        END DO
C        离心+弯曲合拉应力计算
        DO J=1,3
          SGAM(J,I)=SA(J,I)+S(I+1)
        END DO
      END DO
      WRITE(6,6210)
      WRITE(*,6210)
      DO I=1,3
        WRITE(6,6220) I
        WRITE(6,6230) (J+1,S(J+1),SA(I,J),SGAM(I,J),J=1,N1)
        WRITE(*,6220) I
        WRITE(*,6230) (J+1,S(J+1),SA(I,J),SGAM(I,J),J=1,N1)
```

```
        END DO

C           安全系数计算与输出
        DO  I=1,N1
          DO J=1,3
            SN(J,I)=SS/SGAM(J,I)
            BN(J,I)=SSB/SGAM(J,I)
          END DO
        END DO
        WRITE(6,6240)
        WRITE(6,6250) (J+1,(SN(I,J),I=1,3) ,J=1,N1)
        WRITE(6,6260)
        WRITE(6,6250) (J+1,(BN(I,J),I=1,3) ,J=1,N1)
        WRITE( * ,6240)
        WRITE( * ,6250) (J+1,(SN(I,J),I=1,3) ,J=1,N1)
        WRITE( * ,6260)
        WRITE( * ,6250) (J+1,(BN(I,J),I=1,3) ,J=1,N1)
        STOP
C -------------------------------------------------------
 6010   FORMAT(10X,'截面数 N=', I5,' 级叶片数 NQ=',I5)
 6020   FORMAT(20X,'C1A=',G12.5,' M/S ',' C1U=,'G12.5,' M/S')
 6030   FORMAT(20X,'C2A=',G12.5,' M/S ',' C2U=,'G12.5,' M/S')
 6050   FORMAT(20X,'RU1=',G12.5,'KG/M**3 ',' RU2=',G12.5,' KG/M**3')
 6060   FORMAT(10X,'J   X[L]          Y[L]        Z[L]          A[L**2]'
     &            '    ALF[Deg]')
 6070   FORMAT(8X,I3,5G13.6)


 6080   FORMAT(/6X,'截面号      Kc 轴惯矩        At 轴惯矩')
 6090   FORMAT(8X,I3,2G14.6)
 6100   FORMAT(/6X,'截面号       截面考核点局部坐标 3*(At 坐标 , Kc 坐标)',
     &        /20X, 'A(1)点              B(2)点                C(3)点')
 6110   FORMAT(8X,I3,2X,3('(',2G12.5,')'))
 6120   FORMAT(16X,'叶片平均半径 R=', G12.5,'L')
 6130   FORMAT(10X,'叶材密度=',G12.4,' KG/M**3','转速[RPM]=',G12.5)
 6140   FORMAT(10X,'屈服强度 SS=',G14.6,' 拉身强度 SSB=',G14.6,'力/面积')


 6150   FORMAT(/20X,'X 向平均气动力[F/L]=',G12.4,
```

```
     &            2X,' Y 向平均气动力[F/L]=',G12.4)

6160  FORMAT(/8X,'截面号   气体力弯矩 X 轴     离心力弯矩 X 轴      合弯矩 X 轴')
6170  FORMAT(8X,I5,5X,3G15.6)
6180  FORMAT(8X,'截面号   气体力弯矩 Y 轴     离心力弯矩 Y 轴      合弯矩 Y 轴')
6190  FORMAT(/8X,'截面号   主惯轴合弯矩 At 轴         Kc 轴')
6200  FORMAT(8X,I5,7X,2G15.6)

6210  FORMAT(/6X,  '截面号   离心拉应力        气动拉应力'
     &             '          合拉应力')
6220  FORMAT(30X,'考核',I2,'点应力')
6230  FORMAT(5X,I5,3G16.6)

6240  FORMAT(/20X,'截面考核点基于屈服强度的安全系数',
     &    / 5X,'截面号      A(1)点          B(2)点          C(3)点')
6250  FORMAT(5X,I5,3G16.6)
6260  FORMAT(20X,'截面考核点基于极限强度的安全系数',
     &    / 5X,'截面号      A(1)点          B(2)点          C(3)点')
      END
C -----------------------------------------------------------
```

第 2 章
轮盘强度

【学习要点】

- 熟悉轮盘基本载荷。
- 掌握轮盘应力计算基本方程。
- 掌握等厚轮盘离心应力、轮缘载荷应力和温度应力计算方法、公式、分布规律及性质。
- 熟悉轮盘强度主要失效模式及应力评定标准。
- 了解轮盘应力常规计算方法——等厚圆环法。
- 熟悉等强度盘设计概念、方法及主要结论。
- 理解掌握轮盘结构强度设计要点。
- 了解弹塑性盘概念、常规计算方法。

2.1 概　　述

轮盘是燃气涡轮机中关键零件,它工作时转速高,并承载着叶片产生的巨大离心力,轮盘破裂失效将产生非包容的严重事故,因此它的可靠性将直接影响飞行安全。轮盘的破损形式通常有以下几种情况:

(1) 在轮盘外缘榫头部分断裂(图 2-1);

(2) 轮盘外缘的径向裂纹,尤其在固定叶片的销孔处(图 2-2,图 2-5);

(3) 由于材料内部缺陷(例如松孔或夹杂)导致盘中破裂(图 2-3);

(4) 由于轮盘在高温下工作,容易引起蠕变(甚至局部颈缩),使盘外径增大,会引发叶尖碰磨(图 2-4)。

图 2-1　轮盘外缘榫头部分断裂

图 2-2　轮盘外缘的径向裂纹

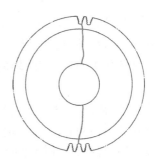

图 2-3　盘中心裂纹

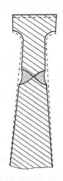

图 2-4　超温下工作的轮盘发生直径方向
伸长和局部颈缩现象

图 2-5　在小孔附近应力集中
处发生裂纹

其中前两种情况较常见,而后两种情况一旦发生,将招致非包容性严重后果。

轮盘结构设计准则[4,5]包括: ① 足够的应力储备;② 限制有害变形;③ 防止轮盘的破裂;④ 足够的低周疲劳寿命;⑤ 防止有害振动(共振、颤振);⑥ 足够的裂纹扩展寿命;⑦ 防止轮盘屈曲。其中后 6 条对应轮盘的 6 种失效模式,第 1 条设计准则是在静强度设计阶段通过应力约束或多或少防止后 6 种失效模式出现的工程设计准则,特别是对第②、③、④条设计准则的满足具有直接的约束作用。由此可见,轮盘的静强度设计计算分析在整个设计过程中占有相当重要的地位。

压气机和涡轮转子的功能与结构虽然有差别,但从强度的观点来看,轮盘设计准则是相同的,不过涡轮盘是处在更高的温度下工作,应力标准略有差别。本章涉及的轮盘结构强度设计分析,主要考虑以下两种负荷:

(1) 安装在轮盘外缘上的叶片质量离心力以及轮盘本身的离心力;

(2) 沿盘径向受热不均所引起的热负荷。

对于压气机盘,热负荷一般可忽略。但随着发动机总压比和飞行速度的提高,压气机出口气流已达到相当高的温度,所以压气机后几级盘的热负荷有时也不可忽略。对于涡轮盘,整个盘上的温差明显,在非稳定工作状态下,热负荷的影响更严重。但是由于瞬时温度场不易测定,且随工作条件变化很大,细致分析计算代价较大。故在常规计算中,仅考虑稳态温度场下的热负荷。

除上述两种负荷外,轮盘还受有下列负荷:

(1) 由叶片传来的气动力(轴向的和周向的),以及轮盘前、后端面上的气体压力;

(2) 机动飞行时产生的陀螺力矩;

(3) 叶片及盘振动时产生的动负荷;

(4) 盘与轴或盘与盘连接处的装配应力,或在某种工作状态下,由于变形不协调而产生的附加应力。

与离心力及热负荷比较,上述负荷相对较小,而且分析计算代价较大,除轮盘振动在第 4 章中专门阐述外,在常规计算分析中,一般暂不予考虑。

由于航空发动机追求高推重比或高功重比的要求,加之轮盘本身是旋转件,偏保守的轮盘强度设计多余质量本身会直接加重轮盘负荷,因此轮盘结构强度设计要求强度裕度适当、设计的应力水平较高以使材料的利用率良好发挥。

三代及以后飞机的航空发动机轮盘主体设计追求型面简单,减少或尽量不在盘体开孔,因此轮盘槽底及以下部分一般采用弹性设计,只有榫槽齿根局部会进入屈服。而早期的轮盘由于在辐板、轮缘轴向、轮毂径向和/或轮缘槽底径向开孔,引起的应力集中使盘的孔边局部区域进入塑性,因此在强度计算中要考虑材料弹塑性影响。本章内容因限于轮盘应力及强度分析的轴对称模型常规算法,理论上不涉及因轮盘开孔引起的应力集中场具体计算,仅限于采用应力集中系数概念的工程处理方法。非轴对称的榫齿结构应力分析仍可借助第 1 章叶片榫齿应力常规分析方法,在本章也不再赘述。

2.2　轮盘应力计算的基本公式及解法

2.2.1　基本假设

实际发动机的轮盘结构是比较复杂的。为了便于强度计算,在使用轮盘应力常规算法分析中,除了合理地舍取载荷外,对轮盘的几何与物理特性也需要进行一定的简化,从而构成一种合理的力学简化模型。通常采用常规算法对轮盘的强度计算要作如下基本假设。

(1) 轴对称假设:其中包括轮盘几何形状,载荷分布以及温度场具有轴对称性。

(2) 平面应力假设:大多数轮盘的外径与厚度相比是较大的(如大于4),故而通常可将轮盘当成"薄盘"处理,近似认为载荷与温度场分布等沿轴向不变,进而近似假定轮盘应力沿轴向不变。

(3) 弹性假设:认为轮盘材料处于弹性状态,暂不考虑盘塑性变形。

2.2.2　弹性力学方程组建立

按上述假设条件,对于轮盘计算,以选定圆柱坐标系为宜,如图 2-6 所示。在盘中任取一扇形微元体如图 2-6 中阴影部分,由夹角为 $\mathrm{d}\theta$ 的两条半径线和两个圆柱面(其半径分别为 r 与 $r+\mathrm{d}r$)所围成。在内圆柱面上作用有径向应力 σ_r;外圆柱面上作用有径向应力 $\sigma_r + \mathrm{d}\sigma_r$;在两个周向侧面上作用有周向应力 σ_θ(在微元体范围内,假设 σ_θ 是均布的),在微元体重心处作用有质量离心力 $\mathrm{d}c$。

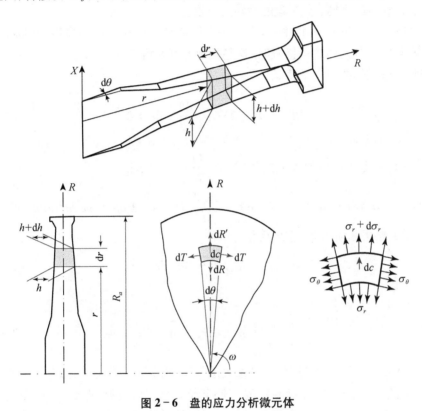

图 2-6　盘的应力分析微元体

由上述轴对称及平面应力假设可知:

$$\tau_{r\theta} = \tau_{z\theta} = 0, \tau_{rz} = 0, \sigma_z = 0$$

可以推理得周向位移 $v = 0$,即盘上各点只有径向位移 u。

1. 平衡方程

作用在微元体内、外圆柱面上的径向力分别为

$$\mathrm{d}R = \sigma_r (hr\,\mathrm{d}\theta) \tag{2-1}$$

$$\mathrm{d}R' = (\sigma_r + \mathrm{d}\sigma_r)(h + \mathrm{d}h)(r + \mathrm{d}r)\mathrm{d}\theta \tag{2-2}$$

作用在侧面上的周向力为

$$dT = \sigma_\theta(hdr) \tag{2-3}$$

微元体自身产生的离心力为

$$dc = \rho(hrd\theta dr)r\omega^2 \tag{2-4}$$

式中，ρ 盘材料的密度；ω 为盘的旋转角速度。

在式(2-3)、式(2-4)中，以 h 代替微元体平均半径上盘的厚度，并以 r 近似为平均半径，当微元体趋向极限时，这些差别均可忽略不计。

现在，微元体的径向平衡条件为

$$dR' - dR - 2dT\sin\frac{d\theta}{2} + dc = 0 \tag{2-5}$$

把式(2-1)~式(2-4)代入上式，并取 $\sin\dfrac{d\theta}{2} \approx d\theta/2$，得

$$(\sigma_r + d\sigma_r)(h + dh)(r + dr)d\theta - \sigma_r(hrd\theta) - \sigma_\theta hdrd\theta + \rho\omega^2 hr^2 drd\theta = 0$$

消去 $d\theta$，并略去高阶微量，整理后得

$$d(hr\sigma_r) - \sigma_\theta hdr + Ahr^2 dr = 0 \tag{2-6a}$$

或者

$$\frac{1}{h}\frac{d}{dr}(hr\sigma_r) - \sigma_\theta + Ar^2 = 0 \tag{2-6b}$$

式中，$A = \rho\omega^2$。上式就是用应力分量表示的平衡微分方程式。由此可见，如果已经确定了盘的剖面形状，即盘的厚度 h 是半径 r 的已知函数，那么，要获得轮盘的应力分布，还必须再建立一个包含应力 σ_r、σ_θ 的微分方程式。

2. 几何方程

设在半径 r 处微元体的位移为 u，微元体外缘 $r + dr$ 处位移为 $u + du$，微元体本身的变形为 du，因此，微元体的径向应变 ε_r 为

$$\varepsilon_r = \frac{(u + du) - u}{dr} = \frac{du}{dr} \tag{2-7}$$

由于变形前后 $d\theta$ 不变，在半径 r 处，径向位移 u 引起的周向应变 ε_θ 应为

$$\varepsilon_\theta = \frac{2\pi(r + u) - 2\pi r}{2\pi r} = \frac{u}{r} \tag{2-8}$$

3. 物理方程

在平面应力问题中,胡克定律为

$$\varepsilon'_r = \frac{1}{E}(\sigma_r - \nu\sigma_\theta)$$

$$\varepsilon'_\theta = \frac{1}{E}(\sigma_\theta - \nu\sigma_r)$$

当微元体受热膨胀时,材料要产生附加热应变,故它的物理方程应写成:

$$\varepsilon_r = \frac{1}{E}(\sigma_r - \nu\sigma_\theta) + \alpha t$$

$$E_\theta = \frac{1}{E}(\sigma_\theta - \nu\sigma_r) + \alpha t \tag{2-9}$$

式中,α 为盘材料的线膨胀系数;$t = T - T_f$ 为盘半径 r 处的温升。为方便理解,可将其表示为温度 T 与参考温度 T_f 的差,T_f 为零应变状态时的温度;ν 为盘材料的泊松比;E 为盘材料的弹性模量。

2.2.3 弹性力学方程组的求解

综合上述方程,结合一定的边界条件,轮盘的应力方程是可解的。通常习惯于根据不同的未知量来确定求解的方法。常用的轮盘应力求解方法可分为力法与位移法。

1. 力法

利用两个几何方程式消去位移,可得变形协调方程式:

$$\varepsilon_r = \frac{d}{dr}(r\varepsilon_\theta) \tag{2-10}$$

将式(2-9)代入上式,可得

$$\frac{d}{dr}\left(\frac{r\sigma_\theta}{E}\right) + \frac{\nu}{r}\left(\frac{r\sigma_\theta}{E}\right) = \frac{\sigma_r}{E} + \frac{d}{dr}\left(\frac{\nu r\sigma_r}{E}\right) - r\frac{d}{dr}(\alpha t) \tag{2-11}$$

上式是用应力分量表示的变形协调微分方程式,它由几何方程与物理方程导出,并不包含平衡条件。如果将式(2-11)与平衡微分方程式(2-6)联立构成微分方程组,再结合用应力分量表示的边界条件,就可求得应力 σ_r、σ_θ。这种解法称为力法。

2. 位移法

如果将式(2-7)、式(2-8)代入式(2-9),整理后得

$$\sigma_r = \frac{E}{1-\nu^2}\left[\left(\frac{du}{dr} - \alpha t\right) + \nu\left(\frac{u}{r} - \alpha t\right)\right]$$

$$\sigma_\theta = \frac{E}{1-\nu^2}\left[\nu\left(\frac{du}{dr} - \alpha t\right) + \left(\frac{u}{r} - \alpha t\right)\right]$$

(2 – 12)

再代入平衡方程(2-6),则可获得以位移分量 u 表示的微分方程式:

$$\frac{d^2u}{dr^2} + \left[\frac{d}{dr}(\ln h) + \frac{1}{r}\right]\frac{du}{dr} + \left[\frac{\nu}{r}\frac{d}{dr}(\ln h) - \frac{1}{r^2}\right]u$$

$$- (1+\nu)\alpha\left[t\frac{d}{dr}(\ln h) + \frac{dt}{dr}\right] + A\frac{1-\nu^2}{E}r = 0$$

(2 – 13)

从式(2-12)到式(2-13),已将 E、ν、α 均看作常数。实际上,它们是与温度有关的。因此,当盘的内、外径上温度相差不大时,这些参数可以认为不变,而取其平均值来计算;如果盘温差较大时,则需要根据温度分布,把 E、ν、α 表示为半径 r 的函数,然后对 r 进行微分。

由于式(2-13)是由几何方程、物理方程与平衡方程导出的,结合一定的边界条件就可以求解。这种解法称为位移法。

综上所述,力法是求解两个一阶微分方程(2-6)和方程(2-11);位移法是求解一个二阶微分方程(2-13)。它们都具有两个积分常数,因此,只要存在两个边界条件,不论哪种方法都能求得解析解。在一般情况下,往往根据表示边界条件的应力或位移分量,来决定选用哪种解法。显然,应力边界适用于力法,位移边界适用于位移法。然而,由式(2-12)得知,应力边界可以用位移分量的微分显式来表示,因此应力边界问题也可用位移法求解;而对于位移边界,通常是很难用应力分量的显式表示。对于轴对称问题,可将式(2-9)代入式(2-8),消去 ε_θ,则获得由应力分量表示的位移显式:

$$u = \frac{r}{E}(\sigma_\theta - \nu\sigma_r) + r\alpha t$$

(2 – 14)

但注意式(2-14)中由于 σ_θ 不是边界面力,所以,对于具有位移边界的轮盘问题,力法不便于运用。由式(2-13)看出,必须已知轮盘的剖面形状[即 $h = h(r)$],问题才可能解决,但是如果轮盘剖面形状比较复杂,那么求解以位移 u 表示的二阶微分方程是困难的。因此,位移法通常只适用于简单剖面形状轮盘的校核设计与强度验算;而反过来,如果给定应力(或位移)沿半径的变化规律,进行轮盘剖面的造型设计,那么,利用式(2-13)是不方便求解的,但是以式(2-6)和式(2-11)为基础的力法是有可能实现的,这点在等强度盘设计一节将会看到。

2.3　等厚轮盘应力计算

本节将给出等厚轮盘应力计算方法。它们所用的公式可由前述的基本公式导出,并通过研究几种不同边界条件引起的应力分布,说明有关轮盘强度的基本概念。

对于等厚盘,它的厚度 h = 常数,即 $\dfrac{d}{dr}(\ln h) = 0$。 如果盘的径向温差不大,则可认为 E、ν、α 为常量。利用位移法公式(2-13)简化可得

$$\frac{d^2 u}{dr^2} + \frac{1}{r}\frac{du}{dr} - \frac{u}{r^2} - (1+\nu)\alpha\frac{dt}{dr} + A\frac{1-\nu^2}{E}r = 0 \qquad (2-15)$$

进一步整理后得

$$\frac{d}{dr}\left[\frac{1}{r}\frac{d}{dr}(ru)\right] = (1+\nu)\alpha\frac{dt}{dr} - A\frac{1-\nu^2}{E}r$$

经一次积分,得

$$\frac{1}{r}\frac{d}{dr}(ru) = (1+\nu)\alpha t - A\frac{(1-\nu^2)}{E}\frac{r^2}{2} + 2a_1$$

或

$$\frac{d}{dr}(ru) = (1+\nu)r\alpha t - A\frac{(1-\nu^2)}{E}\frac{r^3}{2} + 2a_1 r$$

式中, $2a_1$ 为积分常数。再次积分则得

$$ru = (1+\nu)\alpha\int_{r_0}^{r} tr\,dr - \frac{A(1-\nu^2)}{E}\frac{r^4}{8} + a_1 r^2 + a_2 \qquad (2-16)$$

式中, a_2 也是积分常数; r_0 是盘的内表面半径(对于实心盘, $r_0 = 0$)。对上式微分得

$$\frac{du}{dr} = (1+\nu)\alpha t - \frac{(1+\nu)\alpha}{r^2}\int_{r_0}^{r} tr\,dr - \frac{A(1-\nu^2)}{E}\frac{3r^2}{8} + a_1 - \frac{a_2}{r^2}$$

将上式与式(2-16)代入式(2-12),整理后写成:

$$\sigma_r = K_1 - \frac{K_2}{r^2} - \frac{3+\nu}{8}Ar^2 - \frac{\alpha E}{r^2}\int_{r_0}^{r} tr\,dr \qquad (2-17a)$$

$$\sigma_\theta = K_1 + \frac{K_2}{r^2} - \frac{1+3\nu}{8}Ar^2 + \frac{\alpha E}{r^2}\int_{r_0}^r tr\mathrm{d}r - E\alpha t \qquad (2-17\text{b})$$

式中,常数 $K_1 = \dfrac{a_1 E}{1-\nu}$、$K_2 = \dfrac{a_2 E}{1+\nu}$,它们由轮盘的边界条件确定。积分 $\displaystyle\int_{r_0}^r tr\mathrm{d}r$ 可根据函数 $t = t(r)$ 用解析法或图线法确定。

从式(2-17)看出,轮盘的应力 σ_r、σ_θ 由三部分组成:一是由应力、位移的边界条件决定的,它们通过常数 K_1 和 K_2 来表示;二是轮盘以角速度 ω 旋转引起的离心应力,式中带 A 的项;三是由于径向温度场引起的热应力,式中带温度 t 的项。所以,轮盘的应力是由三种不同原因引起的应力线性叠加而成,在简单边界条件下相互间没有影响,因此可以单独对它们进行研究,既可使推导过程简化,又便于理解和掌握。为了阐明盘的转速、盘缘载荷及温度分布等因素对盘强度的影响,现按下列几种情况分别研究等厚盘的应力分布。

2.3.1 等温实心等厚盘机械应力

设轮盘的温度沿径向不变,即 $t = t_0$,其外载荷的边界条件为

$$在盘外缘(r = r_a),\sigma_r = \sigma_a$$
$$在盘心(r = 0),\sigma_r = \sigma_\theta = \sigma_0 \text{ 有界}$$

r_a 是盘外缘榫槽底部的半径,σ_a 是叶片质量离心力及盘外缘榫槽凸块离心力引起的、在半径 r_a 处等效均布的径向应力(图2-7)。实际上,在盘外缘处,真实的应力很复杂。本书只限于简化为轴对称模型的盘身应力的讨论[①]。

将边界条件代入式(2-17a),得

$$K_1 = \sigma_a + \frac{3+\nu}{8}Ar^2 + \frac{\alpha E t_0}{2}$$
$$K_2 = 0$$

把 K_1、K_2 再代入式(2-17),得到等温实心等厚盘应力分布为

---

① 求盘外缘径向力 σ_a 时,可假设不构成盘身的各部分材料的离心力均匀地作用在盘外缘的外表面上,如图2-7左图所示。在一个叶片间距内,在半径为 r_a 处,作用有一个叶片的离心力 P_1,和一个榫头凸块的离心力 $P_2/2 + P_2/2 = P_2$。这时可认为

$$\sigma_a = \frac{P_1 + P_2}{\alpha r_a h_a} = \frac{P_1 + P_2}{\dfrac{2\pi}{Z}r_a h_a} = Z\left(\frac{P_1 + P_2}{2\pi r_a h_a}\right)$$

式中,Z 为叶片数;h_a 为外缘厚度;扇形角 α 意义见图2-7。

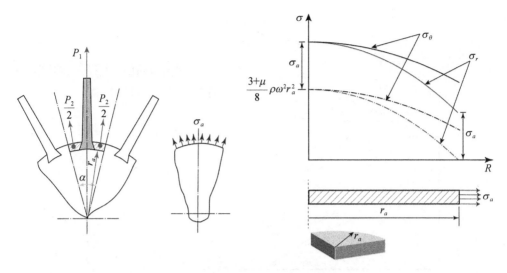

图 2 - 7 旋转等温实心等厚盘的应力分布

$$\sigma_r = \frac{3 + \nu}{8} A (r_a^2 - r^2) + \sigma_a \tag{2 - 18}$$

$$\sigma_\theta = \frac{A}{8} \left[(3 + \nu) r_a^2 - (1 + 3\nu) r^2 \right] + \sigma_a$$

上式所得应力分布如图 2 - 7 右图所示的曲线。可以分析得出等温实心等厚盘应力具有如下性质：① 机械应力由两部分组成，一部分是盘质量离心力产生的应力，其正比于盘材料密度和转速平方[式(2 - 18)中与 A 呈比例的项]。该部分应力不能通过增加盘厚度来降低；另一部分是轮缘外载 σ_a 产生的应力，对等厚实心盘，它是常数；② 盘质量离心应力呈抛物线分布，是不均匀的，盘外缘应力较低，该处材料未能充分利用。盘心应力最大，其值为

$$\sigma_r = \sigma_\theta = \frac{3 + \nu}{8} A r_a^2 + \sigma_a \tag{2 - 19}$$

③ 轮缘外载 σ_a 的大小仅使应力分布曲线平移，其数值上正比于盘缘凸块和叶片质量和以及转速平方。减小叶根拉应力及榫连接结构质量离心力(σ_a)可有效减少盘身应力。

2.3.2 等温空心等厚盘机械应力

为了便于理解，现将空心盘外缘边界分成无载荷与有载荷两种情况讨论。

1. 外缘无载荷旋转空心盘应力

如果中心孔边是自由的，则该处的径向应力为零，即

$$r = r_a \ \text{时}, \sigma_r = 0$$

$$r = r_0 \ \text{时}, \sigma_r = 0$$

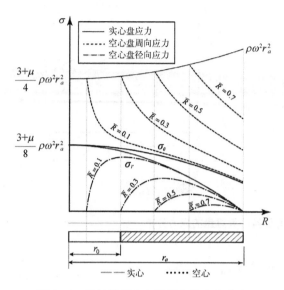

图 2-8 旋转等温空心等厚盘的应力分布

r_0 是盘中心孔的半径。将边界条件代入式(2-17a),得

$$K_1 = \frac{3+\nu}{8} A(r_a^2 + r_0^2) + \frac{\alpha E t_0}{2}$$

$$K_2 = \left(\frac{3+\nu}{8} A r_a^2 + \frac{\alpha E t_0}{2} \right) r_0^2$$

将 K_1、K_2 再代入式(2-17),得

$$\sigma_r = \frac{3+\nu}{8} A \left(r_a^2 + r_0^2 - \frac{r_a^2 r_0^2}{r^2} - r^2 \right)$$

$$\sigma_\theta = \frac{3+\nu}{8} A \left(r_a^2 + r_0^2 + \frac{r_a^2 r_0^2}{r^2} - \frac{1+3\nu}{3+\nu} r^2 \right)$$

$$(2-20)$$

径向应力和周向应力随半径变化规律如图 2-8 所示。

2. 外缘有载荷静止空心盘应力

为了说明盘外缘应力 σ_a 单独作用的影响,可以把盘暂时当作静止盘处理。此时边界条件为

$$r = r_a \ \text{时}, \sigma_r = \sigma_a$$

$$r = r_0 \ \text{时}, \sigma_r = 0$$

将边界条件代入式(2-17a),并令 $A = 0$,得

$$\sigma_r = \frac{r_a^2(r^2 - r_0^2)}{r^2(r_a^2 - r_0^2)} \sigma_a, \quad \sigma_\theta = \frac{r_a^2(r^2 + r_0^2)}{r^2(r_a^2 - r_0^2)} \sigma_a \quad (2-21)$$

其应力分布如图 2-9 所示。

由式(2-20)和式(2-21)和图 2-8 和图 2-9 可以分析得出带轮缘分布载的旋转等温等厚空心盘机械应力具有如下性质。

(1)类似于实心盘,等厚空心盘机械应力由式(2-20)和式(2-21)两部分线性叠加组成:一部分是盘质量离心力产生的与 A 呈比例的式(2-20)的应力项,其正比于盘材料密度和转速平方,该部分应力同样不能通过增加盘厚度来降低;另一部分是由式(2-21)轮缘外载 σ_a 产生的应力项。减小轮盘外部负荷产生的应力

主要通过降低轮缘 σ_a 值实现,如通过叶片强度优化设计减小叶根截面平均拉应力水平。

（2）盘机械应力是不均匀的,盘外缘应力较低,材料未能充分利用。盘中心孔边周向应力最大,其数值为

$$\sigma_\theta(r_0) = \frac{3+\nu}{8}A\left[2r_a^2 + \frac{2(1-\nu)}{3+\nu}r_0^2\right]$$
$$+ \frac{2r_a^2}{(r_a^2 - r_0^2)}\sigma_a \qquad (2-22)$$

当内孔径 r_0 趋于零时,空心盘中心孔边周向应力为

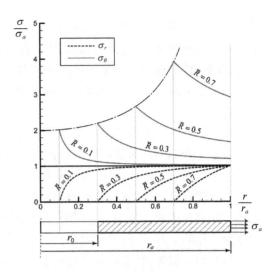

图 2 - 9　盘外缘外载对空心静止等厚盘应力分布的影响

$$\sigma_\theta(0) = \frac{3+\nu}{4}Ar_a^2 + 2\sigma_a \qquad (2-23)$$

将上式与式（2 - 19）相比可见,尽管空心盘相比实心盘去除的材料只是相当于一个针孔大小,但空心盘心周向应力是实心盘的二倍。一般空心盘设计可采用加厚孔边（轮毂厚度大于辐板厚度）的方法以避免出现过大的孔边应力集中。随着中心孔径的增大,孔边周向应力值也越大（参见图 2 - 8）,但轮盘应力分布反而趋于均匀（参见图 2 - 8 和图 2 - 9）,此时,孔边局部增厚的作用相对减小（如高压压气机盘体轮毂加厚不明显）。

（3）当盘中心孔半径增大时,孔边的周向应力随之增大；在极限情况 $r_0 \approx r_a$ 时,σ_θ 趋于无限大,此时空心盘退化为圆环,盘外缘的载荷几乎全靠环周向应力承担,而圆环壁厚此时趋于零,导致式（2 - 24）中由外载引起的第二项应力急剧升高。

$$\sigma_\theta(r_0 \to r_a) = Ar_a^2 + \frac{2r_a^2}{(r_a^2 - r_0^2)}\sigma_a \qquad (2-24)$$

这就是整体叶环结构设计时将发生的情况。因此只有当轮缘负荷相对盘周向强度不是很大时,才可选择较轻的叶环结构形式。对于无外载的环结构,就是发动机转子中常见的鼓筒结构,此时由式（2 - 24）第一项的鼓筒周向应力正比于 $\rho\omega^2 r_a^2 = \rho v_a^2$（$v_a$ 为鼓筒周向线速度）。由这个鼓筒周向应力公式和强度设计准则,可得在给定转子转速下的鼓筒设计位置上限 $r_a \leq \sqrt{\dfrac{\sigma_{0.1}}{\rho}}\Big/(\omega\sqrt{n_1})$,此处称这个半径值为

鼓筒临界自持半径,在这个半径以外设计鼓筒,其强度不能满足要求,鼓筒将因不能承担其自身质量离心力负荷而破坏。旋转鼓筒设计的选材原则上也是在工作温度允许的条件下选择比强度尽量大的材料,如钛合金(表1-4)。

(4) 空心盘和实心盘周向和径向机械应力均为正值,且周向应力大于或等于径向应力。

为了便于掌握等温盘机械应力的特点,根据式(2-18)、式(2-20)及式(2-21),可进一步归纳出等温等厚盘机械应力具有如下特性:

(1) 外载 σ_a 一定时,轮盘的应力与厚度无关。σ_a 直接影响轮盘的应力水平;

(2) 轮盘尺寸一定时,其自身质量离心应力 σ_r、σ_θ 与密度 ρ、转速平方 ω^2 成正比。如果对于两个外径 r_a 不同但内外径比一样的轮盘,r_a/r 为定值时,其应力与轮盘外径的平方 r_a^2 成正比关系,这对设计盘试验件具有实际意义;

(3) 均匀加热,对无位移约束轮盘应力无影响;

(4) 轮盘应力与(常值)弹性模量 E 无关的条件是盘无非零位移边界条件。

2.3.3　等厚盘热应力

为了简单起见,按照力的叠加原理,可以在无外载静止轮盘上,单独研究非均匀加热盘的应力分布。对于静止盘,$A = \rho\omega^2 = 0$,因而可将式(2-17)简写成:

$$\sigma_r = K_1 - \frac{K_2}{r^2} - \frac{\alpha E}{r^2}\int_{r_0}^{r} tr\mathrm{d}r \qquad (2-25\mathrm{a})$$

$$\sigma_\theta = K_1 + \frac{K_2}{r^2} + \frac{\alpha E}{r^2}\int_{r_0}^{r} tr\mathrm{d}r - E\alpha t \qquad (2-25\mathrm{b})$$

对于实心盘,由于没有外加载荷,因此它的边界条件为

$$r = r_a \text{ 时}, \sigma_r = 0$$
$$r = r_0 = 0 \text{ 时}, \sigma_r = \sigma_\theta \text{ 有界}$$

由此可利用式(2-25a)及边界条件确定常数 K_1、K_2:

$$K_1 = \frac{\alpha E}{r_a^2}\int_0^{r_a} tr\mathrm{d}r$$

$$K_2 = 0$$

将 K_1、K_2 值代入式(2-25),得实心盘热应力表达式:

$$\sigma_r = \frac{\alpha E}{r_a^2}\int_0^{r_a} tr\mathrm{d}r - \frac{\alpha E}{r^2}\int_0^{r} tr\mathrm{d}r$$

$$\sigma_\theta = \frac{\alpha E}{r_a^2}\int_0^{r_a} tr\mathrm{d}r + \frac{\alpha E}{r^2}\int_0^{r} tr\mathrm{d}r - E\alpha t \qquad (2-26)$$

同理,对于空心盘,边界条件为

$$r = r_0 \text{ 时}, \sigma_r = 0$$

$$r = r_a \text{ 时}, \sigma_r = 0$$

对应的常数 K_1、K_2 为

$$K_1 = \frac{\alpha E}{r_a^2 - r_0^2} \int_{r_0}^{r_a} tr\mathrm{d}r$$

$$K_2 = \frac{\alpha E r_0^2}{r_a^2 - r_0^2} \int_{r_0}^{r_a} tr\mathrm{d}r$$

将 K_1 和 K_2 代入式(2-25)可得空心盘热应力表达式:

$$\sigma_r = \frac{\alpha E}{r^2} \left(\frac{r^2 - r_0^2}{r_a^2 - r_0^2} \int_{r_0}^{r_a} tr\mathrm{d}r - \int_{r0}^{r} tr\mathrm{d}r \right)$$

$$\sigma_\theta = \frac{\alpha E}{r^2} \left(\frac{r^2 + r_0^2}{r_a^2 - r_0^2} \int_{r_0}^{r_a} tr\mathrm{d}r + \int_{r0}^{r} tr\mathrm{d}r \right) - E\alpha t$$

(2-27)

由式(2-26)、式(2-27)可知,盘中热应力取决于盘温度沿径向的变化规律。试验表明,在稳定状态下工作的轮盘,它的温度分布沿半径方向大致按如下规律:

$$t = t_0 + c_m (r^m - r_0^m)$$

(2-28)

式中, t_0 为 $r = r_0$ 处的温度; m 为形状参数; $c_m = \dfrac{t_a - t_0}{r_a^m - r_0^m}$ 为 m 参数下盘温升系数,其正比于盘外、内缘温差。

下面研究实心盘中的热应力。由于 $r_0 = 0$,则温度的分布规律为

$$t = t_0 + c_m r^m$$

根据盘冷却状态(如等温、无强迫冷却、或由盘心向外吹风强迫冷却等)不同,通常可分别取 $m = 0$、1、2、3。先看等温盘情况(即 $m = 0, t = t_0$),分别代入式(2-26)和式(2-27),易证明其热应力恒等于零。该结果表明无位移约束的等温静止盘热应力为零。

如果假设温度变化规律是线性的(即 $m = 1$),利用上述等温盘零热应力结果,可仅考虑温度分布 $t = c_1 r$ 项,代入式(2-26),可得实心盘热应力表达式:

$$\sigma_r = \frac{c_1}{3} (r_a - r) \alpha E$$

$$\sigma_\theta = \frac{c_1}{3} (r_a - 2r) \alpha E$$

(2-29a)

由此可见,和温度变化规律一样,热应力沿径向也是线性变化的。在盘中心处,热应力为

$$\sigma_r = \sigma_\theta = \frac{c_1}{3} r_a \alpha E$$

在盘外缘处:

$$\sigma_r = 0, \quad \sigma_\theta = -\frac{c_1}{3} r_a \alpha E$$

如果温度沿径向变化规律是二次曲线(即 $m=2$),取温度分布 $t = c_2 r^2$,则盘中热应力为

$$\sigma_r = \frac{c_2}{4}(r_a^2 - r^2)\alpha E \tag{2-29b}$$

$$\sigma_\theta = \frac{c_2}{4}(r_a^2 - 3r^2)\alpha E$$

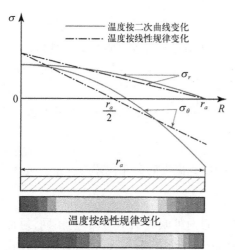

图 2-10 实心盘的热应力分布

可见热应力同样是按二次曲线变化(图 2-10)。在盘中心,热应力为

$$\sigma_r = \sigma_\theta = \frac{c_2}{4} r_a^2 \alpha E$$

在盘外缘:

$$\sigma_r = 0, \quad \sigma_\theta = -\frac{c_2}{2} r_a^2 \alpha E$$

如果温度按三次曲线变化(即 $m=3$),则热应力同样地按三次方曲线变化:

$$\sigma_r = \frac{c_3}{5}(r_a^3 - r^3)\alpha E, \quad \sigma_\theta = \frac{c_3}{5}(r_a^3 - 4r^3)\alpha E \tag{2-29c}$$

再看空心盘的情况,当温度按线性规律变化时,将 $t = c_1 r$ 代入式(2-27),化简后得

$$\sigma_r = \frac{c_1}{3}\left[\frac{r_a^2 + r_a r_0 + r_0^2}{r_a + r_0} - \frac{r_a^2 r_0^2}{(r_a + r_0)r^2} - r\right]\alpha E \tag{2-30a}$$

$$\sigma_\theta = \frac{c_1}{3}\left[\frac{r_a^2 + r_a r_0 + r_0^2}{r_a + r_0} + \frac{r_a^2 r_0^2}{(r_a + r_0)r^2} - 2r\right]\alpha E$$

在盘中心孔边,热应力为

$$\sigma_r = 0, \quad \sigma_\theta = \frac{c_1}{3}\left(\frac{2r_a^2 - r_a r_0 - r_0^2}{r_a + r_0}\right)\alpha E$$

在盘外缘,热应力为

$$\sigma_r = 0, \quad \sigma_\theta = \frac{c_1}{3}\left(\frac{2r_0^2 - r_a r_0 - r_a^2}{r_a + r_0}\right)\alpha E$$

空心盘的热应力分布不再是线性关系了。

如果温度按二次曲线变化,取 $t = c_2 r^2$,空心盘的热应力如图 2-11 为

$$\sigma_r = \frac{c_2}{4}\left(r_a^2 + r_0^2 - \frac{r_a^2 r_0^2}{r^2} - r^2\right)\alpha E$$

$$\sigma_\theta = \frac{c_2}{4}\left(r_a^2 + r_0^2 + \frac{r_a^2 r_0^2}{r^2} - 3r^2\right)\alpha E$$

$$(2-30\text{b})$$

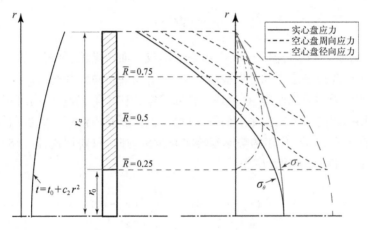

图 2-11　二次分布温度场轮盘热应力

在中心孔边,热应力为

$$\sigma_r = 0, \quad \sigma_\theta = \frac{c_2}{2}(r_a^2 - r_0^2)\alpha E$$

在盘外缘:

$$\sigma_r = 0, \quad \sigma_\theta = \frac{c_2}{2}(r_0^2 - r_a^2)\alpha E$$

与实心盘心热应力结果相比,空心盘内径趋于零时的盘心周向应力是实心盘

心应力的二倍,这与机械应力在盘心引起的应力集中系数为 2 的规律相同(图 2-11)。

总结等厚盘热应力具有如下特性:

(1) 无约束等温盘($c=0$)热应力为零;

(2) 热应力正比于弹性模量 E、热胀系数 α 及温升系数 c_m。若沿半径温升呈比例地增大 K 倍,即 c_m 增大 K 倍,从而热应力也增大 K 倍。在涡轮盘传热设计时,保持盘内、外缘温差不要太大,是减少轮盘热应力的重要措施。为减少涡轮盘热应力,应尽量减少盘温差,可采用涡轮叶片榫头吹风或带有伸根的涡轮叶片以降低叶片传到盘缘的温度;

(3) 在轮盘温度场外高内低条件下,轮盘径向应力恒为拉应力,周向应力在靠近轮缘区为压应力,在靠近盘心或中心孔区为拉应力;

(4) 空心盘内径趋于零时的孔边周向热应力为实心盘心应力的二倍;

(5) 根据 1/4 盘静力平衡条件可知,不论实心盘或空心盘,在盘的子午面上,由周向应力 σ_θ 产生的合力为零,即

$$\int_{r_0}^{r_a} \sigma_\theta h \mathrm{d}r = 0$$

对等厚盘,由图 2-10 与图 2-11 看出,σ_θ 围成的面积是正、负相等的。

结合等厚盘机械应力和温度应力结果,最后需要再总结补充几点:

(1) 按照力的叠加原理,在上述三种因素综合作用下,盘总应力可以由各个因素单独作用引起的应力线性叠加而得。例如,如果要获得温度按二次曲线变化,盘外缘有径向分布力 σ_a 作用的等厚旋转实心盘应力时,只要把式(2-18)与式(2-29b)对应应力相加,可得盘应力:

$$\sigma_r = \frac{A}{8}(3+\nu)(r_a^2 - r^2) + \sigma_a + \frac{\alpha E c_2}{4}(r_a^2 - r^2)$$

$$\sigma_\theta = \frac{A}{8}[(3+\nu)r_a^2 - (1+3\nu)r^2] + \sigma_a + \frac{\alpha E c_2}{4}(r_a^2 - 3r^2)$$

(2) 虽然本节所得应力结果是使用等厚盘模型获得的,但是其中以下结论对于变厚盘也是适用的。比如:盘离心应力正比 $\rho\omega^2$;热应力正比 E、α;盘子午面上周向热应力自平衡,即 $\int_{r_0}^{r_a} \sigma_\theta h \mathrm{d}r = 0$ 等。

2.4 复杂剖面轮盘应力常规计算方法——等厚圆环法

对于给定的复杂剖面轮盘强度设计,首先需计算其轮盘应力,再根据强度设计

安全系数法校核轮盘强度。如强度不满足,可修改盘剖面形状,重新进行下一轮轮盘应力、强度分析。

对于大多数的实际轮盘结构,轮盘剖面形状往往是比较复杂的,它的解析解是很难求得的。因此,对于形状复杂的轮盘,一般采用数值方法进行轮盘应力计算和强度校核。常用的复杂剖面轮盘应力计算方法有:① 分段等厚圆环法;② 基于位移法公式(2-13)的有限差分法;③ 有限元法。有限元法是目前工程中最常用的轮盘应力数值分析方法,计算结果更精确,但需要有限元软件及较复杂的力学及有限元法知识,暂不纳入本教材的讨论范围。而前两种方法属于计算量不太大的常规算法,但原则上它们仅适用于盘型面厚度变化不太大的薄盘,比如高压压气机盘或低压涡轮盘。本章将着重介绍轮盘应力常规计算方法中的等厚圆环法。

本节选用的分段等厚圆环法,是利用典型圆环应力解建立各圆环应力的递推关系传递矩阵联立求解的,其基本概念清晰,使用简便,计算量不大,对盘厚度变化不大的轮盘应力求解误差不大,常被采用。

2.4.1　分段等厚圆环法的基本思路

(1) 将剖面形状复杂的轮盘沿半径方向划分成有限个矩形段,每段构成一个等厚圆环剖面,相互套接在一起(图 2-12),虽然整个轮盘的温度分布沿径向是不均匀的,但是对于每个圆环而言,仍然假定是等温的。为减小离散误差,通常相邻两圆环的厚度差不大于 15%,在应力和温度沿半径变化较大区域,分段可以适当稠密些,如图 2-12 所示。

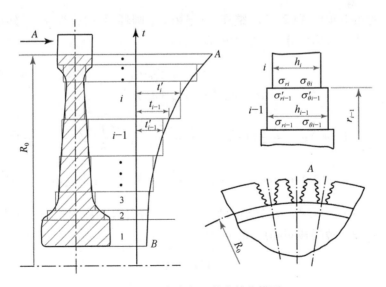

图 2-12　复杂剖面轮盘简化模型

（2）建立每个圆环从内径处向外径处的应力递推公式。

（3）利用相邻两圆环间的变形协调和力平衡关系,建立相邻两圆环间(由内层圆环的外径向外层圆环的内径)应力关系的递推公式。由于两圆环的温度不同,对应的 t、E、α 均可能不同。

（4）综合上述递推关系,建立整个轮盘由盘心应力至轮缘应力的联结公式。

（5）根据已知盘内外缘的两个边界条件,利用轮盘的应力联结公式,可以确定它的未知边界应力;然后,再按已得轮盘内边界的应力值,重新由典型圆环应力公式算出各段圆环界面处的应力。

（6）分别确定各段圆环在平均半径上的应力,从而获得整个轮盘的应力分布曲线。

2.4.2　等厚圆环法的运算公式

1. 典型等厚圆环内的应力递推

对于已知内径 $r=r_0$ 处应力的圆环,它的边界条件为

$$\sigma_r = \sigma_{r0}, \quad \sigma_\theta = \sigma_{\theta0}$$

将上式代入去掉温升项的式(2-17a)得

$$K_1 = \frac{1}{2}(\sigma_{\theta0} + \sigma_{r0}) + \frac{1}{4}(1+\nu)Ar_0^2$$

$$K_2 = \frac{r_0^2}{2}(\sigma_{\theta0} - \sigma_{r0}) - \frac{1}{8}(1-\nu)Ar_0^4$$

再代入去掉温升项的式(2-17)整理,对于第 i 个圆环,其内径为 r_{i-1},外径为 r_i,可得由圆环内径应力计算外径应力的表达式:

$$\sigma'_{ri} = a_i\sigma_{ri} + b_i\sigma_{\theta i} + c_{ri}\sigma_{ui}$$
$$\sigma'_{\theta i} = b_i\sigma_{ri} + a_i\sigma_{\theta i} + c_{\theta i}\sigma_{ui}$$

(2-31)

式中, $a_i = \frac{1}{2}(1+m_i^2)$; $b_i = \frac{1}{2}(1-m_i^2)$; $m_i = \frac{r_{i-1}}{r_i}$; $c_{ri} = \frac{1}{8}[2(1+\nu)m_i^2 + (1-\nu)m_i^4 - (3+\nu)]$; $c_{\theta i} = \frac{1}{8}[2(1+\nu)m_i^2 - (1-\nu)m_i^4 - (1+3\nu)]$; $\sigma_{ui} = \rho\omega^2 r_i^2 = \rho r_i^2\left(\frac{\pi n}{30}\right)^2$。

式(2-31)中 σ_i 与 σ'_i 分别为第 i 圆环内、外径处的应力。为了建立递推公式,将式(2-31)改写成矩阵形式为

$$\boldsymbol{\sigma}'_i = \boldsymbol{M}_i\boldsymbol{\sigma}_i + \boldsymbol{C}_i$$

(2-32)

式中,

$$\boldsymbol{\sigma}'_i = \begin{bmatrix} \sigma'_{ri} \\ \sigma'_{\theta i} \end{bmatrix}, \quad \boldsymbol{\sigma}_i = \begin{bmatrix} \sigma_{ri} \\ \sigma_{\theta i} \end{bmatrix}$$

$$\boldsymbol{M}_i = \begin{bmatrix} a_i & b_i \\ b_i & a_i \end{bmatrix}$$

$$\boldsymbol{C}_i = \begin{bmatrix} c_{ri}\sigma_{ui} \\ c_{\theta i}\sigma_{ui} \end{bmatrix}$$

由于把每个圆环的温度分布看作等温的,式(2-32)不含温度应力影响。

2. 相邻两圆环间的应力递推

要使相邻两圆环间建立应力传递关系,必须利用径向力平衡与变形一致条件。

在第 $i-1$ 与 i 两圆环套接的 $i-1$ 截面处,内、外层两圆环所受径向力应相互平衡,则得

$$\sigma'_{ri-1}h_{i-1}(2\pi r_{i-1}) = \sigma_{ri}h_i(2\pi r_{i-1})$$

则

$$\sigma'_{ri-1}h_{i-1} = \sigma_{ri}h_i$$

或

$$\sigma_{ri} = \frac{h_{i-1}}{h_i}\sigma'_{ri-1} \qquad (2-33)$$

在第 $i-1$ 与 i 两圆环套接的 $i-1$ 截面处,要保持构件连续,则必须满足变形一致条件,即在该截面上,两圆环的径向位移相等,也就是

$$u'_{i-1} = u_i$$

或由式(2-8)得

$$\varepsilon'_{\theta i-1} = \varepsilon_{\theta i}$$

由于两圆环的温度不同,对应的 t、α、E 也都不同(在弹性范围内,泊松比 ν 基本上与温度无关),因此对圆环的变形产生影响。根据物理方程(2-9)可得

$$\frac{1}{E_{i-1}}(\sigma'_{\theta i-1} - \nu\sigma'_{ri-1}) + \alpha_{i-1}t_{i-1} = \frac{1}{E_i}(\sigma_{\theta i} - \nu\sigma_{ri}) + \alpha_i t_i$$

将式(2-33)代入,整理后得

$$\sigma_{\theta i} = \frac{E_i}{E_{i-1}}\sigma'_{\theta i-1} + \nu\left(\frac{h_{i-1}}{h_i} - \frac{E_i}{E_{i-1}}\right)\sigma'_{ri-1} + E_i(\alpha_{i-1}t_{i-1} - \alpha_i t_i) \qquad (2-34)$$

综合式(2-33)与式(2-34),并用矩阵形式表示为

$$\boldsymbol{\sigma}_i = N_{i-1}\boldsymbol{\sigma}_{i-1} + D_{i-1} \tag{2-35}$$

式中,

$$N_{i-1} = \begin{bmatrix} h_{i-1}/h_i & 0 \\ \nu\left(\dfrac{h_{i-1}}{h_i} - \dfrac{E_i}{E_{i-1}}\right) & \dfrac{E_i}{E_{i-1}} \end{bmatrix}$$

$$D_{i-1} = \begin{bmatrix} 0 \\ E_i(\alpha_{i-1}t_{i-1} - \alpha_i t_i) \end{bmatrix}$$

3. 整个轮盘的应力关系

如果把一个复杂剖面的轮盘分成 k 个等厚圆环,通过式(2-32)与式(2-35)可以建立轮盘各圆环应力的传递公式。

设轮盘内径 $r = r_0$ 处的边界应力为 $\boldsymbol{\sigma}_1 = \begin{bmatrix} \sigma_{r1} \\ \sigma_{\theta 1} \end{bmatrix}$,则在第一个圆环的外径处,应力可写成:

$$\boldsymbol{\sigma}_1' = M_1\boldsymbol{\sigma}_1 + C_1 \triangleq A_1\boldsymbol{\sigma}_1 + B_1$$

在第二个圆环内径处,应力为

$$\boldsymbol{\sigma}_2 = N_1\boldsymbol{\sigma}_1' + D_1 = N_1(A_1\boldsymbol{\sigma}_1 + B_1) + D_1 \triangleq A_1'\boldsymbol{\sigma}_1 + B_1'$$

因此,该圆环外径 $r = r_2$ 处的应力为

$$\boldsymbol{\sigma}_2' = M_2\boldsymbol{\sigma}_2 + C_2 = M_2(A_1'\boldsymbol{\sigma}_1 + B_1') + C_2 \triangleq A_2\boldsymbol{\sigma}_1 + B_2$$

式中,

$$A_1' = N_1A_1, B_1' = N_1B_1 + D_1$$
$$A_2 = M_2A_1', B_2 = M_2B_1' + C_2$$

以此类推,可得第 i 截面处的应力公式为

$$\boldsymbol{\sigma}_i' = A_i\boldsymbol{\sigma}_1 + B_i, \qquad \boldsymbol{\sigma}_{i+1} = A_i'\boldsymbol{\sigma}_1 + B_i' \tag{2-36}$$

式中,

$$A_i = \begin{cases} M_i, & \text{当 } i = 1 \\ M_iA_{i-1}', & \text{当 } i = 2,3,\cdots,k \end{cases}$$

$$B_i = \begin{cases} C_i & \text{当 } i = 1 \\ M_iB_{i-1}' + C_i & \text{当 } i = 2,3,\cdots,k \end{cases}$$

$$A_i' = N_iA_i$$

$$B'_i = N_i B_i + D_i$$

可见, A_i、B_i、A'_i、B'_i 取决于轮盘的几何形状、工作转速、温度以及材料的物理性能。令轮盘外缘边界处半径 $r = r_k$, 则

$$\sigma_k = A_k \sigma_1 + B_k \qquad (2-37)$$

由于该式是二元一次联立方程式,包含有轮盘内、外径上的四个边界应力,因此,如果已知其中任意两个,那么另外两个边界应力就可被联立求出。

如对实心盘,若给出其外缘及盘心已知边界条件 $\sigma_r(r_a) = \sigma_a$, $\sigma_r(0) = \sigma_\theta(0) = \sigma_0$, 代入式(2-37)得

$$\begin{pmatrix} \sigma_a \\ \sigma_{\theta,k} \end{pmatrix} = \begin{pmatrix} a_{11}^k & a_{12}^k \\ a_{21}^k & a_{22}^k \end{pmatrix} \begin{pmatrix} \sigma_0 \\ \sigma_0 \end{pmatrix} + \begin{pmatrix} b_1^k \\ b_2^k \end{pmatrix}$$

从而可解得实心盘心未知应力:

$$\sigma_0 = (\sigma_a - b_1^k)/(a_{11}^k + a_{12}^k), \sigma_{\theta,k} = (a_{21}^k + a_{22}^k)(\sigma_a - b_1^k)/(a_{11}^k + a_{12}^k) + b_2^k$$

对空心盘,若给出其外缘及中心孔边已知边界条件 $\sigma_r(r_a) = \sigma_a$, $\sigma_r(r_0) = \sigma_0$, 代入式(2-37)得

$$\begin{pmatrix} \sigma_a \\ \sigma_{\theta,k} \end{pmatrix} = \begin{pmatrix} a_{11}^k & a_{12}^k \\ a_{21}^k & a_{22}^k \end{pmatrix} \begin{pmatrix} \sigma_0 \\ \sigma_{\theta,0} \end{pmatrix} + \begin{pmatrix} b_1^k \\ b_2^k \end{pmatrix}$$

可解得空心盘边界未知应力:

$$\sigma_{\theta,0} = (\sigma_a - a_{11}^k \sigma_0 - b_1^k)/a_{12}^k, \quad \sigma_{\theta,k} = a_{21}^k \sigma_0 + a_{22}^k (\sigma_a - a_{11}^k \sigma_0 - b_1^k)/a_{12}^k + b_2^k$$

为了确定复杂剖面轮盘应力分布,可以将已得轮盘内径处的边界应力值 σ_1 代入式(2-36),分别求取各圆环段内外界面上的应力 σ_i、σ'_i。由图 2-12 看出,在每段等厚圆环上,取平均半径处的应力值较为理想,可以写成:

$$\bar{\sigma}_i = \frac{1}{2}(\sigma'_i + \sigma_i) \qquad (2-38)$$

因此,复杂剖面轮盘的应力分布曲线可由各段圆环平均半径上的应力值 $\bar{\sigma}_i$ 与轮盘内、外径上的边界应力值构成。

例题 2-1 以实心涡轮盘为例,用等厚圆环法计算其应力分布。可利用本章附录的程序在电子计算机上运算。原始数据有:转速 $n = 12\,500$ r/min;盘材料密度 $\rho = 8.0 \times 10^3$ kg/m³;轮缘径向应力 $\sigma_a = 140$ MPa;泊松比 $\nu = 0.3$;盘外缘温度 $t_a = 500℃$;盘心温度 $t_0 = 165℃$;轮盘厚度 h_i、弹性模量 E_i、线膨胀系数 α_i 以及温度 t_i 沿半径的规律见表 2-1。

表 2-1 等厚圆环法轮盘应力计算数据表

序号	截面半径 R/cm	盘厚 h_i/cm	弹性模量 E_i/MPa	温度 t_i/℃	线膨胀系数 α_i/(1/℃)×10^{-6}	段的平均半径/cm	段的厚度 HE/cm	径向应力 σ_r/MPa	周向应力 σ_θ/MPa
0	0.0	4.86	$1.62×10^5$	165	16.5	0.0	4.86	291.0	291.0
1	5.0	3.90	$1.62×10^5$	165	16.5	2.5	4.38	284.0	287.0
2	10.0	2.97	$1.57×10^5$	250	17.1	7.5	3.43	321.9	303.5
3	14.0	2.24	$1.48×10^5$	360	18.2	12.0	2.61	315.9	103.4
4	15.0	1.86	$1.40×10^5$	400	19.0	14.5	2.05	289.8	-178.8
5	15.8	1.60	$1.37×10^5$	430	19.4	15.4	1.73	289.4	-272.4
6	16.6	1.80	$1.34×10^5$	460	19.7	16.2	1.70	247.7	-341.5
7	17.4	2.30	$1.30×10^5$	500	20.3	17.0	2.05	163.0	-418.0
						17.4	2.30	140.0	-407.1

求得各段圆环平均半径上的平均应力也列于表 2-1 中,结果可参见图 2-13。

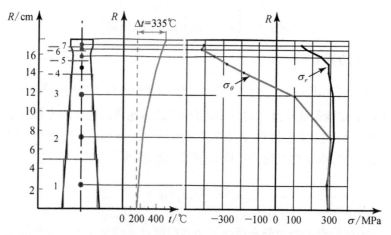

图 2-13 复杂剖面轮盘的应力分布

2.5 轮盘的安全系数

轮盘强度的计算状态通常以最大工作转速作为主要状态,因为此时轮盘本身与叶片的质量离心力最大;另外,当发动机起动时,涡轮盘外缘受到炽热燃气的作用而迅速变热,轮盘中心却仍然保持冷状态,因此在轮盘上形成很大的径向温度梯度,从而产生很大的热应力。所以,起动时的涡轮盘强度必须进行校核。

轮盘寿命通常取决于局部结构的疲劳破坏,详见第 6 章,本章不予讨论。

利用常规方法计算轮盘强度,其结果可行性的判定可用如下几种方法。

1. 比较法

比较法是把计算获得的轮盘最大工作应力与材料许用应力作比较。而它的许用应力则是利用相同的计算方法,对已有工作可靠的轮盘进行校验后获得的。显然,采用比较时,它们一般用计算求得的当量应力、第一主应力,或某种截面平均应力,再利用式(2-39)求出安全系数,其中安全系数具体定义可参考表 2-2,轮盘转速储备系数可参见表 2-3,轮盘应力储备系数可参见表 2-4。

$$n < \frac{[\sigma_i]}{\sigma_{i,\max}} \tag{2-39}$$

2. 局部安全系数

安全系数是一种用来判定构件是否可以可靠工作的常用标准。局部安全系数对蠕变不能忽略的高温盘是在轮盘工作温度与工作时数下,材料的持久强度极限 σ_T^t 与轮盘最大计算工作应力中第一主应力(对盘通常是最大周向应力或径向应力)之比。

$$n_T = \frac{\sigma_T^t}{\sigma_{1,\max}} \tag{2-40}$$

或对蠕变不明显情况,取

$$n_b = \frac{\sigma_b}{\sigma_{1,\max}}$$

其中有关符号说明见表 2-2。

表 2-2 轮盘应力 σ 的安全系数定义

	基于屈服强度		基于极限强度
	残余变形 $a = 0.1\%$	残余变形 $a = 0.2\%$	
不考虑蠕变影响	$n_1 = \sigma_{0.1}/\sigma$	$n_2 = \sigma_{0.2}/\sigma$	$n_b = \sigma_b/\sigma$
考虑蠕变影响	$n_\varepsilon = \sigma_{a,T}^t/\sigma$		$n_T = \sigma_T^t/\sigma$

其中,根据强度校核内容的不同,应力 σ 可以是截面平均应力,也可以是单点最大第一主应力分量,或是单点最大等效应力。

3. 总安全系数

对于应力分布不均匀的轮盘,用总安全系数来表示轮盘的承载能力更为合理。这种安全系数是轮盘在工作条件下达到破裂或变形达到不允许的程度时的转速 n_c 与最大工作转速 n_{max} 之比:

$$K_d = n_c / n_{max}$$

破裂转速 n_c 可以理解为:随着转速的提高,轮盘负荷不断增加,在高应力区首先产生塑性变形并逐渐扩大,使截面应力趋于均匀,直至整个轮盘都进入屈服而产生塑性变形,并导致轮盘破裂,此时对应的转速称为破裂转速。由图 2-14 看出,理想弹塑性材料轮盘破裂时,子午面上的周向应力可以看作均匀的,因此,利用式(2-6)可推得其破裂转速。

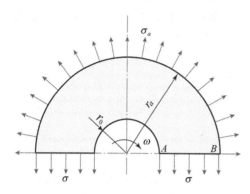

图 2-14 破裂转速计算模型

由式(2-6):

$$\frac{1}{h} \frac{d}{dr}(hr\sigma_r) - \sigma_\theta + Ar^2 = 0$$

等式两端同乘 hdr:

$$d(hr\sigma_r) - \sigma_\theta hdr + Ar^2 hdr = 0$$

在子午面上积分得

$$\omega^2 h_a r_a \frac{\sigma_a}{\omega^2} - h_0 r_0 \sigma_0 - \int_{r_0}^{r_a} \sigma_\theta hdr + \rho\omega^2 \int_{r_0}^{r_a} r^2 hdr = 0$$

若内孔边无外载,整理得

$$\omega^2 \left[h_a r_a \frac{\sigma_a}{\omega^2} + \rho \int_{r_0}^{r_a} r^2 hdr \right] = \int_{r_0}^{r_a} \sigma_\theta hdr$$

解出 ω 换算成转速得

$$n_c = \frac{30}{\pi} \sqrt{\frac{\int_{r_0}^{r_a} \sigma hdr}{\left(\frac{\sigma_a}{\omega^2}\right) r_a h_a + \rho I_0}} \tag{2-41}$$

式中,σ 为周向应力限制值:可取材料的极限拉伸强度 σ_b,或者持久强度极限 σ_T^t;$I_0 = \int_{r_0}^{r_a} r^2 hdr$ 为轮盘子午面绕转轴的转动惯量;σ_a 为计算转速 ω(一般取最大工

作转速 $n_{\max}$)时的轮缘外载; r_0、r_a、h 分别为轮盘的内、外径和厚度。

为使轮盘具有足够的强度储备,参考相关文献,规定轮盘转速储备(总安全)系数见表 2-3。

表 2-3　轮盘转速储备系数[4, 6, 7]　$K = n_c / n_{\max}$

	设　计			试　验
	超转(变形限制)	破裂(断裂限制)		
		国　外	国　内	
压气机	1.12	1.24	1.25	1.22
涡轮	1.15	1.29		

由表 2-3 转速储备可得出对应的轮盘应力储备系数,见表 2-4。

表 2-4　轮盘结构强度设计准则应力储备系数表[1, 4]

		子午面平均周向应力	最大平均径向应力	辐板最大平均周向应力	内孔边最大周向应力	榫面平均挤压应力	槽颈平均拉伸应力
压气机盘	n_1	$(1.12^2)1.25$	1.25	1.18	1.05	2.5	2.5
	n_b	$(1.24^2)1.54$	1.54				
涡轮盘	n_1	$(1.15^2)1.33$	1.33	1.18	1.05	2.5	2.5
	n_b	$(1.29^2)1.67$	1.67				
	n_T	1.3	1.25		1.3		2.4/2.6

注: (1) 括号内数字表示应力正比与转速储备的平方;
　　(2) 安全系数与部位、应力计算方法(如平均应力和单点应力)有关;
　　(3) $n_{最大} \leqslant n_{均}$。

2.6　等强度盘型面设计

等厚盘的盘外缘处应力偏小,它的材料未被充分利用。如果合理设计盘型面,使全盘中各处的径向和周向应力都各等于某一常数,则盘质量应是更小,这就是所谓"等强度盘"。那么在什么条件下才能实现等强度盘呢? 解决这类问题用力法是比较适宜的。

如果使径向和周向应力各等于一个常数 $\sigma_r = a_1$, $\sigma_\theta = a_2$, 将它们的值分别代入协调方程式(2-11),并设 E、α、ν 为常数,可得

$$\frac{a_2}{E}(1+\nu) = \frac{a_1}{E}(1+\nu) - r\alpha\frac{\mathrm{d}t}{\mathrm{d}r}$$

整理后得

$$\mathrm{d}t = \frac{1+\nu}{\alpha E}(a_1 - a_2)\frac{\mathrm{d}r}{r}$$

解之,得

$$t = B\ln r + C \tag{2-42}$$

式中,

$$B = \frac{1+\nu}{\alpha E}(a_1 - a_2) \tag{2-43}$$

C 为积分常数。

　　式(2-42)就是实现等强度盘的温度场条件。只有满足这种沿径向对数变化的温度场,才可能使盘中应力分量保持不变(周向与径向应力不一定相等)。如果要求 $\sigma_r = \sigma_\theta =$ 常数,从式(2-43)可见,则 $B=0$,因此 $t=C$。这表明只有等温盘才能实现完全的等强度盘设计。

　　等强度盘的剖面形状可以利用平衡方程(2-6),并以 $\sigma_r = \sigma_\theta = \sigma$ (σ 为常数)代入,得

$$\frac{\mathrm{d}h}{h} = -\rho\omega^2\frac{r}{\sigma}\mathrm{d}r$$

积分后得

$$\ln h = -\left(\frac{\rho\omega^2}{\sigma}\right)\frac{r^2}{2} + C$$

或改写成:

$$h = C_1 \mathrm{e}^{-\frac{\rho\omega^2}{2\sigma}r^2}$$

式中,C 或 C_1 是积分常数,可由边界条件确定。如令盘心厚度为 h_0,代入上式,得 $C_1 = h_0$,因此得

$$h = h_0 \mathrm{e}^{-\frac{\rho\omega^2}{2\sigma}r^2} \tag{2-44}$$

如令等强度盘外缘 ($r = r_m$) 处的厚度为 h_m,代入上式,得

$$h_m = h_0 \mathrm{e}^{-\frac{\rho\omega^2}{2\sigma}r_m^2}$$

或

$$h_0 = h_m e^{\frac{\rho \omega^2 r_m^2}{2\sigma}} \quad \text{或} \quad 2\ln\left(\frac{h_0}{h_m}\right)\frac{\sigma}{\rho} = u_m^2 \qquad (2-45a)$$

把它代入式(2-44)还可得

$$h = h_m e^{\frac{\rho \omega^2}{2\sigma}(r_m^2 - r^2)} \qquad (2-45b)$$

式(2-44)或式(2-45b)为实心等强度盘的厚度要求(图2-15)。式(2-45a)确定了等强度盘方案设计时剖面形状参数 h_0/h_m、材料比强度 σ/ρ 和轮缘切线速度 $u_m^2 = (\omega r_m)^2$ 之间的关系。

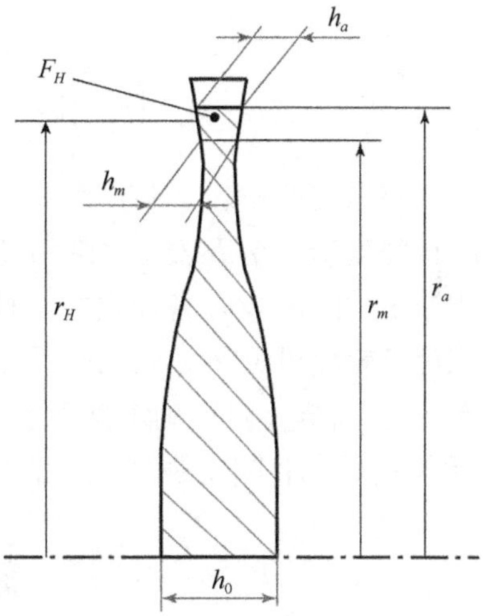

为了安装叶片,轮盘辐板半径 r_m 以外还需要设计盘缘及过渡段。盘缘 r_a 处厚度是由安装的叶片叶根轴向尺寸确定的。等强度盘外半径 r_m 处的盘厚度 h_m 可由轮缘外载及轮缘环的静力平衡及位移协调条件来确定[8]。

轮缘环(r_m 以外部分)的平均周向应力可由下式表示:

图 2-15　等强度盘子午面尺寸示意图

$$\sigma_{\theta H} = \rho \omega^2 r_H^2 + \frac{\sigma_a r_a h_a}{F_H} - \sigma r_m h_m / F_H$$

$$(2-46)$$

上式等号右端第一项为将轮缘环看作薄圆环,其自身离心力产生的周向应力;第二项为(叶片、轮缘凸块的等效)轮缘外载产生的环周向应力;第三项为作用在轮缘环内半径处的等强度盘外缘径向应力产生的轮缘环周向应力。其中: r_a 和 h_a 分别为轮盘外缘半径和厚度, r_H 和 F_H 为轮缘环的平均半径和子午面面积。

轮缘环的平均径向位移为

$$u_H = r_H \sigma_{\theta H} / E$$

等强度盘外缘径向位移可由几何条件式(2-8)和式(2-9)得

$$u_m = r_m \sigma (1 - \nu) / E$$

联立上两式可得

$$\sigma_{\theta H} = r_m \sigma (1 - \nu) / r_H$$

代入式(2-46)得

$$\rho\omega^2 r_H^2 + \frac{\sigma_a r_a h_a}{F_H} - \sigma r_m h_m / F_H = r_m \sigma (1 - \nu) / r_H$$

解得

$$h_m = F_H / r_m \left(\rho\omega^2 r_H^2 + \frac{\sigma_a r_a h_a}{F_H} \right) \bigg/ \sigma - (1 - \nu) \frac{F_H}{r_H}$$

或

$$h_m = \left(\rho\omega^2 r_H^2 F_H / r_m + \frac{\sigma_a r_a h_a}{r_m} \right) \bigg/ \sigma - (1 - \nu) \frac{F_H}{r_H} \qquad (2-47)$$

等强度盘方案设计步骤：① 优先选择比强度高的材料(参见表1-5),确定材料比强度 $\sigma_{0.1}/\rho$ 及安全系数 n_1(参见表2-4);② 用 $\sigma_{0.1}/(\rho n_1)$ 替代式(2-47)中 σ/ρ,用 $\sigma_{0.1}/n_1$ 替代式(2-47)中 σ,计算等强度盘外缘厚度 h_m;③ 在给定等强度盘轮缘切线速度 u_m 下,用 $\sigma_{0.1}/(\rho n_1)$ 替代式(2-45a)中 σ/ρ,确定型面厚度参数比 h_0/h_m,进而确定盘心厚度 h_0;④ 由式(2-44)确定等强度盘型面。在实际盘型面设计中,等强度盘造型较复杂,可采用分段直线或曲线近似其剖面形状。

2.7 轮盘的一些专门问题

2.7.1 偏心孔边的应力集中

在实心轮盘中,为了使盘面两侧压力均衡或通冷却空气而往往在辐板开了一些偏心孔,如图2-16所示。由于它们的存在,使轮盘形成局部应力集中,在孔的

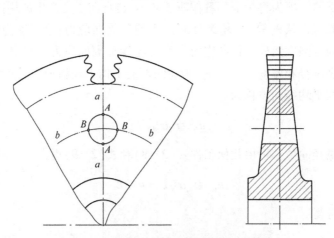

图2-16 轮盘的偏心孔及开裂模式示意图

边缘易产生裂纹,进而引起轮盘的破坏。

由应力分布规律得知,在偏心孔边,最大径向应力发生在 B 点,而最大周向应力发生在 A 点,这些应力可能达到无偏心孔盘对应位置应力的 $2\sim3$ 倍。因此可以看出,如果偏心孔的位置落在轮盘的 $\sigma_r > \sigma_\theta$ 区域(指无偏心孔盘)内,则盘将可能沿 $b-b$ 圆弧截面开裂;而当偏心孔位置落在 $\sigma_r < \sigma_\theta$ 的区域内时,盘将在周向应力作用下沿 $a-a$ 截面破裂。显见,后者因非包容严重性要大得多。因此,偏心孔的位置尽可能设置在周向应力较小的区域。参考等厚盘应力分布规律,机械应力中的周向应力一般均大于径向应力,只有正向温度场下的温度应力呈外压内拉的分布形式,因此盘体开孔倾向于开在辐板较大半径位置(接近最小辐板厚度半径)。

如果偏心孔位置落在盘的 $\sigma_r < \sigma_\theta$ 区域内,那么它的理论应力集中系数 k 可以利用下列表达式获得

$$k = \frac{\sigma_{\theta\max}}{\sigma_\theta} = 3 - \frac{\sigma_r}{\sigma_\theta} - \frac{d}{n} \qquad (2-48)$$

式中, σ_r 和 σ_θ 为无偏心孔盘 A 点处的应力; $\sigma_{\theta\max}$ 为带偏心孔盘 A 点处的局部应力; d 为偏心孔直径; n 为偏心孔间的最小圆弧距离。

孔边应力集中虽然可能使局部应力超过屈服极限,但是由于产生塑性变形而使孔边应力重新分布,所以轮盘不一定会立即破坏。可是,轮盘的寿命要受到影响,因此在设计轮盘时,应尽量减少在盘体开孔,必须开孔时应注意偏心孔边适当的圆角半径与光洁度。

2.7.2　弹塑性轮盘的基本概念

在现代航空发动机中,为了减少质量,常将轮盘设计得较薄,因此,轮盘的局部应力有时会超过弹性极限,特别是在榫槽根部。在这种情况下,材料将会出现局部屈服现象而处于塑性状态,而其余部分则仍然处于弹性状态。这种弹塑性状态共存的轮盘称为弹塑性盘。它与弹性盘的主要差别表现在应力-应变关系发生了变化。因此按照前述方法采用弹性模量 E 计算获得的应力分布已不符合实际情况。

1. 屈服条件

由弹塑性力学得知,当材料所受应力超过屈服极限以后,就进入塑性状态。对于一般塑性材料前言,通常采用形状改变比能作为判断材料的屈服准则。在大多数情况下,零件都处于复杂的应力状态(例如二向或三向应力状态),它的形变比能表达式为

$$W = \frac{1+\nu}{6E}\left[(\sigma_1 - \sigma_2)^2 + (\sigma_2 - \sigma_3)^2 + (\sigma_3 - \sigma_1)^2\right] \qquad (2-49)$$

式中,σ_1、σ_2、σ_3 分别代表零件中某点的三个主应力。如果某点处的比能 W 达到某一临界值,则该处的材料开始进入屈服状态。对于简单拉伸试件而言,试件处于屈服时的应力状态为

$$\sigma_1 = \sigma_s$$
$$\sigma_2 = \sigma_3 = 0$$

式中,σ_s 为材料的屈服极限。根据式(2−49),可以获得材料屈服时形变比能的临界值为

$$W_s = \frac{1+\nu}{3E}\sigma_s^2 \qquad (2-50)$$

根据强度理论可知,复杂应力状态下材料达到屈服时的形变比能等同于简单拉伸时材料屈服时的形变比能,因此,根据式(2−49)与式(2−50),可得复杂应力状态下的屈服条件为

$$\frac{1+\nu}{6E}[(\sigma_1-\sigma_2)^2+(\sigma_2-\sigma_3)^2+(\sigma_3-\sigma_1)^2] \geqslant \frac{1+\nu}{3E}\sigma_s^2$$

或写成:

$$\sigma_i = \frac{1}{\sqrt{2}}\sqrt{(\sigma_1-\sigma_2)^2+(\sigma_2-\sigma_3)^2+(\sigma_3-\sigma_1)^2} \geqslant \sigma_s \qquad (2-51)$$

式中,σ_i 为 Mises 等效应力。在复杂应力状态下材料的屈服条件可通过简单拉伸的屈服条件来表示。

2. 塑性区的应力应变关系

材料进入塑性状态后,其应力-应变关系已变成非线性。但是由试验与理论证明,仍然可以采用下列表达式来表示应力-应变关系:

$$\varepsilon_1 = \frac{1}{E'}[\sigma_1 - \nu'(\sigma_2 + \sigma_3)]$$
$$\varepsilon_2 = \frac{1}{E'}[\sigma_2 - \nu'(\sigma_3 + \sigma_1)] \qquad (2-52)$$
$$\varepsilon_3 = \frac{1}{E'}[\sigma_3 - \nu'(\sigma_1 + \sigma_2)]$$

不过,式中 E'、ν' 的数值不同于弹性范围内的材料常数,下面就这两个参数的意义分别进行讨论。

将式(2−52)中三个表达式相加后,得

$$\bar{\varepsilon} = \frac{1 - 2\nu'}{E'} \bar{\sigma} \qquad (2-53)$$

式中，$\bar{\varepsilon} = \frac{1}{3}(\varepsilon_1 + \varepsilon_2 + \varepsilon_3)$，$\varepsilon_1$、$\varepsilon_2$、$\varepsilon_3$ 是主应变，$\bar{\varepsilon}$ 是主应变的平均值，由材料力学

知识得知 $(\varepsilon_1 + \varepsilon_2 + \varepsilon_3)$ 表示单位体积的改变量；$\bar{\sigma} = \frac{1}{3}(\sigma_1 + \sigma_2 + \sigma_3)$ 为主应力

的平均值。在弹性范围内，$\bar{\varepsilon}$ 随载荷而变，并且与 ε_1、ε_2、ε_3 属于同一数量级。但是，在塑性范围内，由于材料产生塑性流动，它的体积呈现不可压缩性，因此，一般 $\bar{\varepsilon}$ 比三个主应变值小得多，不属同一量级，故而可以近似认为 $\bar{\varepsilon} = 0$。由式(2-53)可得

$$\nu' = 0.5 \qquad (2-54)$$

这就是塑性状态下的泊松比值。在弹性范围内，一般 $\nu' = 0.3 \sim 0.33$。

弹性模量 E 在弹性范围内，仅取决于材料性质与温度。一般情况下，它被看作材料常数。在简单拉伸试验的应力-应变图上，它代表了试验曲线的斜率，由图 2-17 看出，$E = \tan \alpha$；但是，在塑性范围内，应力-应变关系不仅呈现非线性，而且与加载历程有关。如果采用表达式：

$$\sigma = E'\varepsilon \qquad (2-55)$$

那么，弹性模量 E' 已不再是常数，而是随应变大小而变化。由图得知：

$$E' = \tan \beta = \frac{E}{1 + \Psi} \qquad (2-56)$$

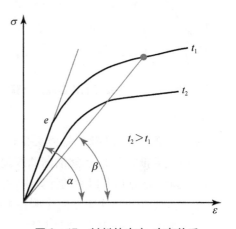

图 2-17 材料的应力-应变关系

式中，Ψ 为塑性系数，是剪应变的函数。值得指出，式(2-55)只能用于"简单加载"或接近于简单加载过程，即在加载过程中，某点的各应力分量要呈比例增加（例如与轮盘转速的平方呈比例），以排除加载历程的影响。

总之，泊松比与弹性模量分别用 ν' 与 E' 代替以后，使得胡克定律能在塑性状态下得到推广，因为它能反映塑性变形过程的不可压缩性和塑性变形的非线性，以及对"简单加载"历程的依赖性。

3. 弹塑性盘的强度计算

根据上述简单加载应力应变关系，在计算弹塑性盘应力应变时，可以采用割线刚度迭代计算方法。它们与弹性分析的主要差别在于材料的"弹性"模量不仅受

温度影响,而且还受轮盘上各点变形的影响。由于轮盘的变形是未知的,所以需要采用逐次迭代逼近法。

首先,按弹性状态计算轮盘应力,作为第 0 次近似。即在计算过程中取 $E' = E$ 和 $\nu = 0.3$,并将获得的 σ_r、σ_θ 通过下式变换成当量应力 σ_i:

$$\sigma_i = \sqrt{\sigma_r^2 + \sigma_\theta^2 - \sigma_r \sigma_\theta} \qquad (2-57)$$

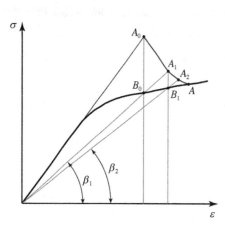

图 2-18 考虑塑性变形的轮盘应力计算

从而可以在简单拉伸的应力-应变关系曲线上标出 A_0 点,如图 2-18 所示。如果轮盘在弹塑性状态下工作,则此时 $\sigma_i > \sigma_s$。

第一次近似是在曲线上找出 B_0 点,使其与 A_0 点对应的应变 ε_0 相同。作坐标原点与 B_0 点的连线,从而确定新的 E'、ν',由图 2-19 可知:

$$E' = \tan\beta_1 = \frac{\sigma_{B_0}}{\varepsilon_0}, \quad \nu' = \frac{\varepsilon_e}{\varepsilon_t}\nu + \frac{\varepsilon_p}{\varepsilon_t}0.5$$

其中,ε_t、ε_e、ε_p 分别代表一点的全应变、弹性应变和塑性应变。然后,再按前述所用的方法计算新的 σ_r、σ_θ 和 σ_i,在图上标出 A_1 点。显然,A_1 点要比 A_0 点更接近应力-应变曲线。

以此类推,使 A_n 点逐渐向曲线逼近。

在第一次近似和以后的计算中,由于当量应力均超过屈服极限 σ_s,因此泊松比可按该点弹性和塑性应变的比例在弹性泊松比和塑性泊松比 0.5 之间线性插值。

一般经过 2~3 次近似计算后,应力计算值的收敛通常已经足够满意。有时,为较精确地获得叶片与机匣的径向间隙,或者盘轴间的配合,或者轮盘塑性区的大小等,往往需要确定轮盘的变形,因此,除了要求应力收敛外,还要求弹性模量 E' 也足够收敛。鉴于应力-应变曲线在屈服区较为平坦,所以弹性模量的收敛比应力收敛慢些。

如果没有材料的应力-应变试验曲线,则可利用弹性模量 E、屈服点和强度极限、材料塑性延伸率,大致确定两段直线,以代替试验曲线,如图 2-19 所示。

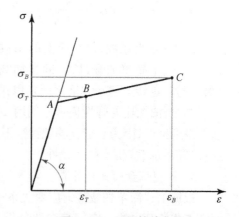

图 2-19 近似拉伸曲线

通过上述分析,考虑塑性变形后,轮盘的应力将重新分布,"大应力区"应力将会下降,从而使整个轮盘的应力分布趋于均匀,如图 2-20 所示。这对轮盘的设计具有重要意义。

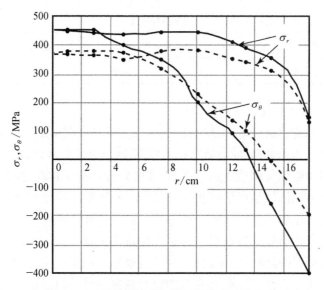

图 2-20　按弹性及弹塑性计算的盘应力分布

【案例部分】

1. 轮盘结构强度方案设计要点[9]

轮盘结构强度方案设计中子午面各主要结构参数与应力储备关系示意如图 2-21 所示,在结构强度优化设计过程中的参数调整原则见表 2-5。

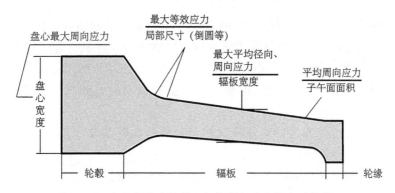

图 2-21　双辐板轮盘结构几何参数与应力储备对应关系

表 2-5　轮盘轴对称模型结构强度优化设计策略

问　　题	几何参数调整策略	轻 量 化 要 求
平均周向应力储备不足	增加子午面面积	尽量加在轮毂附近
最大平均周/径向应力储备不足	增加辐板厚度	
盘心周向应力储备不足	增加轮毂厚度	适当增加轮毂径向尺寸
最大等效应力储备不足	减少局部应力集中	

2. 轮盘结构方案优化设计方法

在轮盘结构优化设计时,以轮盘结构尺寸为设计变量,以表 2-4 轮盘强度设计应力储备系数为约束,以轮盘质量(或体积)最小为目标函数,以表 2-5 优化策略为轮盘几何参数优化调整方向。① 通常可先开展基于轴对称有限元应力分析及轮盘子午面方案结构强度形状优化设计[9, 10];② 如需要详细设计,则可进一步开展包括榫连接结构细节设计的三维有限元应力分析及轮盘 3D 形状优化结构强度设计[11-13];③ 对有较高减重要求的军机轮盘优化设计,可在现有应力储备系数约束基础上,加上轮盘概率寿命约束,并适当放松盘心单点应力约束后,进行轮盘结构强度寿命优化设计[14];④ 综合考虑盘叶减振设计,可在现有轮盘结构强度优化基础上,进一步考虑叶盘系统的减振设计[15]。

【小结】

(1) 轮盘应力常规算法的基本假定: 轴对称、平面应力和弹性假设。

(2) 轮盘独立变量为 1 个位移、2 个应变和 2 个应力,求解的基本方程归结为: 1 个平衡、2 个几何、2 个物理方程。再加上面力和/或位移边界条件。解法分为力法和位移法,后者适于求解任意边界条件问题。

(3) 等厚盘应力为(机械应力)离心应力、边界面载引起的应力和/或温度应力之一或它们的线性组合。机械应力恒为正,且(除实心盘外载引起的应力相等外)周向应力大于径向应力,在盘心取最大值。外高内低的正向温度场引起的温度应力径向恒为正,周向外压内拉,但自平衡。空心盘心针孔边周向应力是实心盘二倍。

(4) 对厚度变化不大的高压压气机盘及低压涡轮盘设计分析可采用等厚圆环法。

(5) 轮盘强度的应力标准主要考虑轮盘(变形或破裂)转速储备对应的截面应力安全系数,以及轮盘低循环寿命储备对应的单点应力储备。

(6) 等强度盘成立的必要条件: ① 实心盘;② 对一般等强度盘,温度沿径向呈对数分布;③ 对完全等强度盘须是等温盘。

（7）弹塑性盘应力分布更趋于平均,进入屈服的大应力区应力钝化;常规分析方法为割线刚度迭代法结合等厚盘公式法或变厚盘等厚圆环法。子午面周向应力弹塑性解积分与弹性解积分数值相同,因此在轮盘方案设计时,子午面平均应力强度校核不需要弹塑性分析。

【习题】

1. 思考题

（1）发动机轮盘工作中承受的主要载荷有哪些? 本章考虑哪几种载荷?

（2）推导轮盘的物理、平衡、几何方程各引用了哪些假设?

（3）求解盘三类控制方程有哪两种方法? 各有何优缺点?

（4）讨论式(2-16)和式(2-17)的适用范围。

（5）指出式(2-17)中哪些项分别代表离心应力、温度应力及轮缘面载引起的应力项。它们在什么条件下适用于线性叠加原理?

（6）等厚盘离心应力与转速 ω、材料密度 ρ、弹性模量 E 有何关系?

（7）等厚盘热应力与材料热膨胀系数 α、弹性模量 E、温度系数 C_j 有何关系?

（8）无位移约束等温盘的温度是否影响盘的应力和强度?

（9）画出等厚实心盘和等厚空心盘三种载荷下(如实心盘温度应力)的应力分布示意图、指出强度关键部位? 设计中可采用什么办法使轮盘中的应力分布均匀些?

（10）判断: 对于空心、实心盘,当温度在半径方向按二次曲线变化时,热应力同样是按二次曲线变化。

（11）机械载荷引起的轮盘中心孔边周向应力集中系数是多少?

（12）判断: 不管是实心盘还是空心盘,热应力 σ_θ 在轮盘外缘处呈压应力状态。

（13）试说明在发动机起动、着陆滑跑收油门后,涡轮盘上的热应力分布将发生怎样的变化?

（14）对于静止等厚实心盘,已知温度沿半径方向按二次曲线变化而得到的周向热应力分布为 $\sigma_\theta = \frac{c_2}{4}A(r_a^2 - 3r^2)\alpha E$, 试证明: $\int_0^{r_a} \sigma_\theta h dr = 0$。并找出当 $r>?$ 时, σ_θ 呈压应力状态?

（15）设计轮盘偏心孔位置的原则是什么? 为什么?

（16）讨论求解盘-轴过盈连接问题的公式及边界条件。

2. 计算题

（1）等厚圆盘应力计算公式如下(其中 $A = \rho\omega^2$):

$$\sigma_\theta = K_1 + \frac{K_2}{r^2} - \frac{1+3v}{8} Ar^2 + \frac{\alpha E}{r^2} \int_{r0}^{r} tr\mathrm{d}r - E\alpha t$$

$$\sigma_r = K_1 - \frac{K_2}{r^2} - \frac{3+v}{8} Ar^2 - \frac{\alpha E}{r^2} \int_{r0}^{r} tr\mathrm{d}r$$

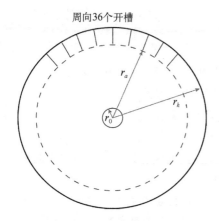

图 2 - 22　旋转圆盘示意图
[计算题(1)]

已知一试验器常温等厚空心旋转圆盘如图 2 - 22 所示,铝制材料密度 $\rho = 2.8 \times 10^3$ kg/m³,弹性模量 $E = 70$ GPa,泊松比 $\nu = 0.31$,转速 $n = 3\ 000$ r/min,盘外径 $r_k = 300$ mm,如在盘外缘一周等距切割 36 径向裂纹,裂纹根部半径 $r_a = 270$ mm,盘中心孔半径 $r_0 = 30$ mm。如将盘外缘 36 个扇形段视为叶片,将叶片离心力简化为盘外缘 ($r_a = 270$ mm) 处均布面力 σ_a。① 推导旋转空心盘在外缘 $r = r_a$ 处,作用面力 σ_a 的应力计算公式;② 计算 36 个扇形段在盘外缘 $r = r_a$ 处的等效均布面力 σ_a;③ 计算盘 $r = 40$ mm、$r = 65$ mm、$r = 90$ mm、$r = 135$ mm、$r = 190$ mm、$r = 260$ mm 处盘的周向及径向应力 σ_θ、σ_r;④ 画出周向应力 σ_θ 沿径向的分布图。

(2) 试由盘平衡方程推导盘破裂转速公式。

$$n_c = \frac{30}{\pi} \sqrt{\frac{\int_{r_0}^{r_a} \sigma h \mathrm{d}r}{\left(\dfrac{\sigma_a}{\omega^2}\right) r_a h_a + \rho I_0}}$$

附录 用等厚圆环法计算变厚度盘应力程序

```
      PROGRAM ADS
C     * * * * * * * * * * * * * * * * * * * * * * * * * * * * * * *
C              PROGRAM FOR ANALYSIS OF DISK STRESS
C     INPUT
C        N—径向截面数
C        ZS—作业名及注释
C        R—计算截面半径[mm]
C        HH—计算截面辐板宽[mm]
C        E,V,ALF,GAMA—材料弹性模量[MPa]、泊松比、热涨系数、密度[kg/mm^3]
C        T—计算截面平均温度[℃]
C        NN—转速[rpm]
C        X0,Y0—空心盘内、外径处径向应力边界条件[MPa]
C        X0—实心盘外径处径向应力边界条件[MPa]
C     OUTPUT
C        SIG-R、SIG-Q—径向、周向应力[MPa]
C     * * * * * * * * * * * * * * * * * * * * * * * * * * * * * * *
      DIMENSION  R(21),H(21),SIGR(2,21),ALF(21),E(21),T(21),AN(2,2,19),
     *  AM(2,2,20),XM(20),A(20),B(20),C(2,20),CL(2,20),AMN(2,2,20),
     *  AI(2,2,20),BI(2,20),AIP(2,2,20),BIP(2,20),RE(22),HE(22),DD(2,21),
     *  SIGE(2,21),SIGP(2,21),HH(21),
      DOUBLE PRECISION  R,H,T,ALF,E,SIGR,AN,AM,XM,A,B,C,ALFA,EE,CL,F,
     *  AMN,AI,BI,V,GAMA,NN,DELTA,XO,YO,HH
C     CHARACTER*(69) ZS
C     READ(5,*) ZS
      OPEN(5,FILE='Dstress.DAT')
      READ(5,*)N
      READ(5,*) (R(I),HH(I),E(I),T(I),ALF(I),I=1,N),V,GAMA,NN
      CLOSE(5)
      OPEN(6,FILE='DStress.sol',STATUS='UNKNOWN')
      WRITE(6,6400)
      DO 10  I=1,N
10    WRITE(6,6420)  R(I),HH(I),E(I),T(I),ALF(I)
      WRITE(6,6430)  V,GAMA,NN
      WRITE(6,6440)
C        圆环数 N1
```

```
         N1=N-1
C        系数矩阵计算
         DO 20  I=1,N1
         XM(I)=R(1)/R(I+1)
         H(I)=(HH(I)+HH(I+1))/2
         A(I)=0.5*(1.0+XM(I)*XM(I))
         B(I)=0.5*(1.0-XM(I)*XM(I))
         C(1,I)=0.125*(2.0*(1.0+V)*XM(I)*XM(I)+(1.0-V)*XM(I)**4-3.0-V)
         C(2,I)=0.125*(2.0*(1.0+V)*XM(I)*XM(I)-(1.0-V)*XM(I)**4-1.0-3.0*V)
         Su=GAMA*(2.0*3.1415926*NN/60.0)**2*R(I+1)*R(I+1)
         CL(1,I)=C(1,I)*Su    ! Ci(2)
20       CL(2,I)=C(2,I)*Su
         DO 25  I1=1.2
25       BI(I1,1)=CL(I1,1)
         AI(1,1,1)=A(1)
         AI(1,2,1)=B(1)
         AI(2,1,1)=B(1)
         AI(2,2,1)=A(1)

         I=1
100      AM(1,1,I+1)=A(I+I)   ! Mi(2,2)
         AM(1,2,I+1)=B(I+I)
         AM(2,1,I+1)=B(I+I)
         AM(2,2,I+1)=A(I+I)
         AN(1,1,I)=H(I)/H(I+1)   ! Ni(2,2)
         AN(1,2,I)=0.0
         AN(2,1,I)=V*(H(I)/H(I+1)-E(I+1)/E(I))
         AN(2,2,I)=E(I+1)/E(I)
         DD(2,I)=E(I+1)*(ALF(I)*T(I)-ALF(I+1)*T(I+1))
         DD(1,I)=0.0   !   Di(2)
C
         DO 30  I1=1,2
         DO 30  I2=1,2
         AIP(I1,I2,I)=0.0
         DO 30  K=1,2
30       AIP(I1,I2,I)=AIP(I1,I2,I)+AN(I1,K,I)*AI(K,I2,I)   ! A'i(2,2)
         DO 35  I1=1,2
         BIP(I1,I)=DD(I1,I)
         DO 35  I2=1,2
```

```
35      BIP(I1,I)=BIP(I1,I)+AN(I1,I2,I)*BI(I2,I)      !  B'i(2,2)


        DO 42  J1=1,2
        DO 42  J2=1,2
        AI(J1,J2,I+1)=0.0
        DO 42  K=1,2
42      AI(J1,J2,I+1)=AI(J1,J2,I+1)+AM(J1,K,I+1)*AIP(K,J2,I)   !  Ai(2,2)
        DO 44  J1=1,2
        BI(J1,I+1) = CL(J1,I+1)
        DO 44  J2=1,2
44      BI(J1,I+1)=BI(J1,I+1)+AM(J1,J2,I+1)*BIP(J2,I)  !  Bi(2,2)


        I=I+1
        IF(I.LT.N1)GOTO  100


        IF(R(1).GT.0.0)  THEN
C       空心盘
        READ (5,*)  XO,YO ! 内、外缘径向应力
        SIGR(1,1)=XO
        SIGR(1,N)=YO
        SIGR(2,1)=(YO-BI(1,N1)-AI(1,1,N1)*XO)/AI(1,2,N1)  ! 盘心周向应力
        ELSE
C       实心盘
                READ(5,*)  XO    ! 外缘径向应力
        SIGR(1,1)=(XO-BI(1,N1))/(AI(1,1,N1)+AI(1,2,N1))  ! 盘心径、周向应力
        SIGR(2,1)=SIGR(1,1)
        END IF


        DO 60  I=1,N1
        DO 60  L1=1,2
        SIGR(L1,I+1)=BIP(L1,I)
60      SIGP(L1,I)=BI(L1,I)


        DO 80  I=1,N1
        DO 80  L1=1,2
        DO 70  L2=1,2
        IF(I.EQ.N1)  GOTO  70
        SIGR(L1,I+1)=SIGR(L1,I+1)+AIP(L1,L2,I)*SIGR(L2,1)
70      SIGP(L1,I)=SIGP(L1,I)+AI(L1,L2,I)*SIGR(L2,1)
```

```
           SIGE(L1,I+1)=(SIGR(L1,I)+SIGP(L1,I))*0.5
           RE(I+1)=(R(I)+R(I+1))*0.5
   80      HE(I+1)=H(I)

           DO 90   L2=1,2
           SIGE(L2,1)=SIGR(L2,1)
   90      SIGE(L2,N+1)=SIGP(L2,N1)
           RE(1)=R(1)
           RE(N+1)=R(N)
           HE(1)=HH(1)
           HE(N+1)=HH(N)
   C          输出截面应力结果
           WRITE(6,6650)
           WRITE(6,6500)
           WRITE(6,6650)
           IF(R(1).EQ.0.0)   THEN
             WRITE(6,6670)   N,XO
           ELSE
             WRITE(6,6660)   N,XO,YO
           END IF
           WRITE(6,6850)
           WRITE(6,6860)
           DO 600   I=1,N+1
           WRITE(6,6800)   RE(I),HE(I),SIGE(1,I),SIGE(2,I)
   600     CONTINUE
           STOP
   6400    FORMAT(7X,'R',13X,'HH',14X,'E',14X,'T ',11X,'ALF ',/)
   6420    FORMAT(1X,5(D12.7,4X))
   6430    FORHAT(1X,/,7X,'V',29X,'GAMA',25X,'NN',//,1X,3(D12.7,20X))
   6440    FORMAT(1X,/)
   6650    FORMAT(5X,45H* * * * * * * * * * * * * * * * * * * * * * * *)
   6500    FORMAT(5X,45H* STRESS DISTRIBUTION ALONG R DIRECTION       )
   6670    FORHAT(14X,1H(,2X,2HN=,I2,13X,3HXO=,F10.2,3X, 1H))
   6660    FORHAT(7X,1H(,2HN=,I2,13X,3HXO=,F10.2,4X,3HYO=,F10.2,2X,1H))
   6850    FORMAT(1X,6HR(mm),4X,6HH(mm),7X,11HSIG--R(MPa),13X,
         *  11HSIG--Q(MPa))
   6860    FORMAT(1X)
   6800    FORMAT(1X,F6.4,2X,F6.4,6X,D14.6,6X.D14.6)
           END
```

第3章
叶片振动

【学习要点】
- 掌握叶片振动分析理论及等截面叶片固有频率、振型推导方法及主要结论。
- 了解掌握变截面叶片固有频率及动频常规计算方法。
- 了解及会使用叶片外场振动故障判别方法。
- 熟知影响叶片振动性能的主要因素。
- 熟知并会灵活应用叶片减振、避振的主要措施方法。

3.1 概　述

在航空涡轮发动机中,叶片容易产生振动。统计资料表明,叶片的损坏故障(裂纹、折断等)绝大部分是由于振动引起的。所有的发动机在研制和使用过程中,几乎都发生过叶片振动破坏问题。因而,长期以来,叶片振动一直是航空发动机一个普遍而又严重的问题,必须重视。

转子叶片承受很大的离心力载荷,再加上振动的交变载荷,经过一定的时间后,就会产生疲劳裂纹。在一定的条件下,裂纹继续扩展,直到剩余的承力面积不足以承受离心力产生的应力时,叶片将发生瞬断,折断的碎片可能飞出机匣外,或打伤其余叶片(甚至整级叶片被打坏),造成严重事故。所以叶片的裂纹常常是振动损坏的征兆。当检修时,如发现有不允许的裂纹,应立即采取适当措施。

实际叶片的振动原因可分为三种类型,即:① 强迫振动,如叶片或支板尾迹引起的流致强迫振动、旋转失速或喘振下的气流激振;② 自激振动,如颤振;③ 其他随机振动。其中①、②两类危险性最大,因而研究得较多。本章将着重讨论。

研究实际叶片振动问题,重要的是研究叶片自振频率、振型和振动应力三个因素。振型是指叶片以某阶自振频率振动时,叶片各部分振幅的相对关系。振动频率是叶片振动中的重要参数,根据频率的计算和测量可以预估和判断振型的情况。转子叶片的振动频率范围很广,可从数十赫兹到万余赫兹。但其中以低频振动最为危险。一般情况,频率越高,振幅越小,危险性也就越小。振动的振幅表示振动的激烈程度。在实际测量中,常通过某几处的振幅或应变测量来判断振型,并推断全叶片其他各处的振动应力。振动应力是判断叶片能否承受某种振动,或是估算叶片寿命的依据。叶片的允许振动应力不应看作一个简单不变的数字,而是由多方面因素决定的。

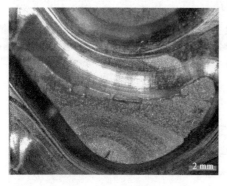

图 3-1 叶片的疲劳断口

区别叶片断裂的原因,借以排除叶片振动故障,重要的依据是"断口"。断口上"记载"了断裂之前的叶片截面受力情况和断裂瞬时的信息。由于振动而损坏的断口具有"疲劳断口"的特征。典型的疲劳断口上有明显的"疲劳源"(贝壳花纹的中心)、疲劳扩展区(光亮的贝壳状花纹)和瞬时断裂区(粗糙的断面),见图 3-1。

3.2 等截面叶片(梁)的弯曲振动

首先研究等截面、无扭向、根部固装的叶片振动情况。这种振动可以看作等截面梁的振动。通过推导等截面梁固有频率的解析解,分析各参量对振动频率的影响规律,可增进对叶片振动现象的基本了解。

3.2.1 梁弯曲振动微分方程

如图 3-2 所示,设想梁由无限多的微元段 $\mathrm{d}x$ 组成。各微元段之间的截面上作用着弯曲合力矩 M 和切向力 Q。假想梁上的任一微元段都沿着法向做周期性的振动,则它们具有下列特点:

(1) 每一微元段都做简谐运动;

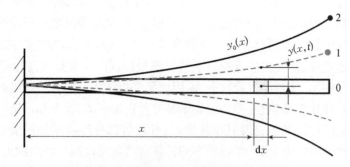

图 3-2 等截面叶片(梁)的弯曲振动

（2）所有微元段都以相同的频率振动；

（3）在振动时各微元段的相位相同,就是它们同时达到振幅极限位置和平衡位置。

对于以上三点情况可以用下式表明：

$$y(x, t) = y_0(x)\cos pt \qquad (3-1)$$

式中, $y(x, t)$ 为任意微元段振动的瞬时法向位移,它是叶片长度方向坐标 x 及时间 t 的函数； $y_0(x)$ 为当全梁振动到振幅最大位置时,即 $\cos pt = 1$ 时,各微元段的法向位移,简称弹性线,显然 y_0 是 x 的函数（图 3-2）,亦称振型函数； p 为自由振动角频率,也称固有频率或自振频率,一阶自振频率又称基频。

式（3-1）的真实性已被无数的振动实验所证实。这个公式已成为分析振动问题的基础。

对于一个微元段而言,它的运动方程是基于弹性恢复力和振动时质量的惯性力相平衡而建立的。

首先假设振动体为长梁形式（图 3-3）,并设梁的横截面面积为 A。

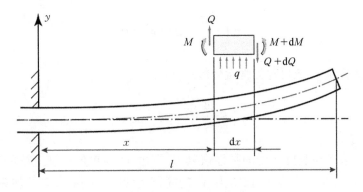

图 3-3　微元段的受力情况

对于微元段 dx,力和力矩的平衡方程为

$$-\frac{\partial Q}{\partial x}dx + qdx = 0 \qquad (3-2)$$

$$\frac{\partial M}{\partial x}dx - Qdx = 0 \qquad (3-3)$$

式（3-2）中的 q 为单位长度梁的惯性力：

$$q = -\rho A \frac{\partial^2 y}{\partial t^2} \qquad (3-4)$$

由材料力学平面假设理论可知:

$$M = EJ \frac{\partial^2 y}{\partial x^2} \qquad (3-5)$$

将式(3-3)、式(3-4)、式(3-5)代入式(3-2)得

$$\frac{\partial^2}{\partial x^2}\left(EJ \frac{\partial^2 y}{\partial x^2}\right) + \rho A \frac{\partial^2 y}{\partial t^2} = 0 \qquad (3-6)$$

式中, E 为弹性模量; J 为截面惯性矩。

式(3-6)是考虑梁弯曲振动的偏微分方程。对于等截面梁, EJ 为常数。并考虑式(3-1),则

$$EJ \frac{\partial^4 y_0}{\partial x^4}\cos pt - \rho A y_0 p^2 \cos pt = 0$$

或

$$EJ \frac{\partial^4 y_0}{\partial x^4} - \rho A y_0 p^2 = 0$$

因式中已无变量 t, 故可写为常微分形式,即

$$EJ \frac{\mathrm{d}^4 y_0}{\mathrm{d} x^4} = \rho A p^2 y_0 \qquad (3-7)$$

上式左边代表单位长度所受的弹性恢复力,右边 ρA 为单位长度上梁的质量, $p^2 y_0$ 代表加速度,即角频率为 p 、振幅为 y_0 的简谐运动的振幅最大时的加速度。于是可以认为,弹性线上各点的挠度 y_0 是由于在全梁上加了分布载荷 $\rho A p^2 y_0$(振幅最大时的振动惯性力)所引起的。将式(3-8)改写为

$$\frac{\mathrm{d}^4 y_0}{\mathrm{d} x^4} - a^4 y_0 = 0 \qquad (3-8)$$

式中,

$$a^4 = \frac{\rho A p^2}{EJ} \qquad (3-9)$$

式(3-9)的通解为

$$y_0 = A\sin ax + B\cos ax + C\mathrm{sh}\, ax + D\mathrm{ch}\, ax \qquad (3-10)$$

式中，A、B、C、D 都是常数，由边界条件确定。

3.2.2 等截面悬臂梁的固有频率与振型

对于转子叶片，可以看作为一端固定，另一端自由的悬臂梁(图 3 - 2)。

对于固装端：

$$x = 0,\ y = 0, \frac{\mathrm{d}y_0}{\mathrm{d}x} = 0 \qquad (3-11)$$

对于自由端：

$$x = l,\ M = 0\left(即\frac{\mathrm{d}^2 y_0}{\mathrm{d}x^2} = 0\right),\ Q = 0\left(即\frac{\mathrm{d}^3 y_0}{\mathrm{d}x^3} = 0\right) \qquad (3-12)$$

把式(3-11)代入式(3-10)得

$$B + D = 0,\quad A + C = 0 \qquad (3-13)$$

故

$$y_0 = C(\operatorname{sh} ax - \sin ax) + D(\operatorname{ch} ax - \cos ax) \qquad (3-14)$$

对式(3-14)求二、三阶导：

$$y''_0 = a^2 \left[C(\operatorname{sh} ax + \sin ax) + D(\operatorname{ch} ax + \cos ax) \right]$$

$$y'''_0 = a^3 \left[C(\operatorname{ch} ax + \cos ax) + D(\operatorname{sh} ax + \sin ax) \right]$$

并把式(3-12)的条件代入，则得

$$a^2 \begin{bmatrix} (\operatorname{sh} al + \sin al) & (\operatorname{ch} al + \cos al) \\ a(\operatorname{ch} al + \cos al) & a(\operatorname{sh} al - \sin al) \end{bmatrix} \begin{pmatrix} C \\ D \end{pmatrix} = \begin{pmatrix} 0 \\ 0 \end{pmatrix} \qquad (3-15)$$

当 C 及 D 均为零时，可满足式(3-15)。此解符合式(3-7)，但它只代表静止状态，不是我们所需要的解；a 等于零时也是式(3-15)的解，但由式(3-9)可见，这是个零频率解，不符合题意。

如果式(3-15)中的 C、D 有不全为零的解，则须满足其系数行列式为零的下列条件：

$$\begin{vmatrix} \operatorname{sh} al + \sin al & \operatorname{ch} al + \cos al \\ \operatorname{ch} al + \cos al & \operatorname{sh} al - \sin al \end{vmatrix} = 0 \qquad (3-16)$$

将上式展开整理，得频率方程(也称特征方程)：

$$1 + \operatorname{ch} al \cdot \cos al = 0$$

或

$$\cos al = \frac{-1}{\operatorname{ch} al} \qquad (3-17)$$

式(3-17)的 al 解有无穷多个。由图解法画出 $\cos al$ 及 $-1/\operatorname{ch} al$ 两条曲线见图 3-4,其交点的 al 值即为式(3-17)的解,即

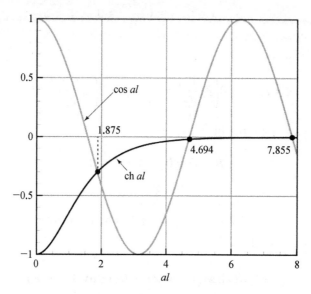

图 3-4　方程(3-17)根的图解

$$(al)_1 = 1.875$$
$$(al)_2 = 4.694$$
$$\vdots$$
$$(al)_n = \left(n - \frac{1}{2}\right)\pi$$

由式(3-9):

$$a^4 = \frac{\rho A p^2}{EJ}$$

解得

$$p_i = \frac{(al)_i^2}{l^2}\sqrt{\frac{EJ}{\rho A}}, \quad i = 1, 2, 3, \cdots$$

或

$$f_i = \frac{(al)_i^2}{2\pi l^2} \sqrt{\frac{EJ}{\rho A}}, \quad i = 1, 2, 3, \cdots \tag{3-18}$$

代入上面所得的各 (al) 值,可得相应的角频率:

$$\begin{cases} p_1 = \dfrac{3.516}{l^2} \sqrt{\dfrac{EJ}{\rho A}} \\[3mm] p_2 = \dfrac{22.03}{l^2} \sqrt{\dfrac{EJ}{\rho A}} \\[3mm] p_3 = \dfrac{61.68}{l^2} \sqrt{\dfrac{EJ}{\rho A}} \end{cases}$$

由以上推导可知,在无外力作用的情况下,只有在上述频率时,悬臂梁才可以产生自由振动。p_1,p_2,p_3,$\cdots$,p_n 即为该梁的自由弯曲振动的 $1,2,3,\cdots,n$ 阶固有频率。

由式(3-18)可得各阶固有频率的比值为

$$p_1 : p_2 : p_3 = f_1 : f_2 : f_3 = 1 : 6.267 : 17.546$$

利用式(3-17)所得各阶的 $(al)_i$ 值代入式(3-15)中的任一式,得 C/D 值,再代入式(3-14),最后得到:

$$y_{0i}(x) = D\left[\operatorname{ch} a_i x - \cos a_i x - \frac{\operatorname{sh} a_i l - \sin a_i l}{\operatorname{ch} a_i l + \cos a_i l}(\operatorname{sh} a_i x - \sin a_i x)\right] \tag{3-19}$$

将各阶 $(al)_i$ 之值代入式(3-19),可得相应的振型函数。

如第一阶振型对应的 al 值为 1.875,则

$$-\frac{\operatorname{sh} a_1 l - \sin a_1 l}{\operatorname{ch} a_1 l + \cos a_1 l} = -\frac{\operatorname{sh}(1.875) - \sin(1.875)}{\operatorname{ch}(1.875) + \cos(1.875)} = -0.7341$$

于是

$$y_{01}(x) = D\left\{\operatorname{ch}\left(1.875\frac{x}{l}\right) - \cos\left(1.875\frac{x}{l}\right)\right.$$
$$\left. - 0.734\left[\operatorname{sh}\left(1.875\frac{x}{l}\right) - \sin\left(1.875\frac{x}{l}\right)\right]\right\}$$

上式中的常数 D 取不同数值并不影响各点振幅之间的比例关系。若沿叶高适当取若干点,如 $x = l$、$3l/4$、$l/2$、$l/4\cdots$ 代入上式右边,求出对应这些点的 y_{01} 值,并以 $y_{01}(l)$ 归一化,即可描出第一阶振型图。对于其他各阶振型,可用同样方法得到。图 3-5 表示单悬臂等截面叶片 1~3 阶的振型图。

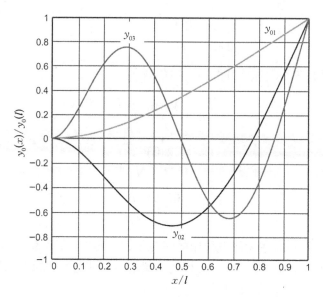

图 3-5 等截面悬臂叶片(梁)1~3 阶弯曲振型图

3.2.3 等截面双简支梁的固有频率与振型

对于静子叶片的某些构造,可以看作两端铰接的简支梁。其边界条件为

$$x = 0, \ y_0 = 0, \ M = 0\left(\text{即}\frac{\mathrm{d}^2 y_0}{\mathrm{d}x^2} = 0\right)$$

$$x = l, \ y_0 = 0, \ M = 0\left(\text{即}\frac{\mathrm{d}^2 y_0}{\mathrm{d}x^2} = 0\right)$$

按照以上悬臂梁推导步骤,可得到对应的频率方程为

$$\sin al = 0 \qquad\qquad (3-20)$$

适合上式的 (al) 值为

$$(al)_i = i\pi, \quad i = 1,2,3,\cdots,n$$

代入式(3-9),得

$$p_1 = \frac{\pi^2}{l^2}\sqrt{\frac{EJ}{\rho A}}, \ p_2 = \frac{4\pi^2}{l^2}\sqrt{\frac{EJ}{\rho A}}, \ p_3 = \frac{9\pi^2}{l^2}\sqrt{\frac{EJ}{\rho A}},$$

$$p_i = \frac{(al)_i^2}{l^2}\sqrt{\frac{EJ}{\rho A}} = \frac{(i\pi)^2}{l^2}\sqrt{\frac{EJ}{\rho A}}, \quad i = 1, 2, 3, \cdots \qquad (3-21)$$

1,2,3 阶频率的比值为

$$p_1 : p_2 : p_3 = f_1 : f_2 : f_3 = 1 : 4 : 9$$

$$f_1 = \frac{p_1}{2\pi} = \frac{\pi}{2l^2}\sqrt{\frac{EJ}{\rho A}} = \frac{1.571}{l^2}\sqrt{\frac{EJ}{\rho A}}$$

其振型函数：

$$y_{0j} = A\sin a_j x = A\sin\left(\frac{j\pi x}{l}\right), \quad j = 1,2,3,\cdots \tag{3-22}$$

3.2.4　等截面叶片弯曲振动固有频率影响因素

参见固有频率计算公式（3-18）$f_i = \dfrac{(al)_i^2}{2\pi l^2}\sqrt{\dfrac{EJ}{\rho A}}$。

1. 材料对固有频率影响

对于叶片常用材料，在给定温度下 E、ρ 均为常数，其 $\sqrt{E/\rho}$ 值如表 3-1 所示。

表 3-1　常用叶片材料参数值[16, 17]

材　　料	E/GPa	$\rho/(\mathrm{kg/m^3 \times 10^3})$	$\sqrt{E/\rho}/(\mathrm{m/s})$
铝合金	70	2.8	5 000
钛合金	110	4.5	4 944
钢	200	7.8	5 063
耐热合金（室温）	200	8.2	4 938
耐热合金（$T = 800℃$）	140	8.2	4 132

压气机叶片常用的材料，钢、铝合金、钛合金等，其室温下材料相关系数 $\sqrt{E/\rho}$ 值相差不超过 2%。这说明，对于同样几何尺寸（截面积、长度）的梁，改换常用 4 种叶片材料其固有频率变化很小。

2. 约束对固有频率的影响

由上面推导可知，同样几何尺寸，对于不同的边界条件，对各阶固有频率影响系数 $(al)_i^2$ 是明显不同的。表 3-2 列出几种典型边界条件的等截面梁频率方程及基频。可见约束自由度越多，固有频率越高。

表 3-2　等截面叶片频率方程及基频

叶片支承形式	边界条件		特征频率方程式	第一阶频率公式	各阶频率对第一阶频率的比值
	$x = 0$	$x = l$			$f_1 : f_2 : f_3 : f_4 \cdots$
a 转子叶片	$y_0 = 0$ $y'_0 = 0$	$y''_0 = 0$ $y'''_0 = 0$	$1 + ch\,al\cos al = 0$	$f_1 = \dfrac{0.560}{l^2}\sqrt{\dfrac{EJ}{\rho A}}$	$1 : 6.267 : 17.5$
b 轴、导向叶片	$y_0 = 0$ $y''_0 = 0$	$y_0 = 0$ $y''_0 = 0$	$\sin al = 0$	$f_1 = \dfrac{1.571}{l^2}\sqrt{\dfrac{EJ}{\rho A}}$	$1 : 4 : 9 : 16$
c 导向叶片	$y_0 = 0$ $y'_0 = 0$	$y_0 = 0$ $y''_0 = 0$	$\tan al\,cth\,al = 1$	$f_1 = \dfrac{1.708}{l^2}\sqrt{\dfrac{EJ}{\rho A}}$	$1 : 3.25 : 6.77$
d 中介机匣支板	$y_0 = 0$ $y'_0 = 0$	$y_0 = 0$ $y'_0 = 0$	$1 - \cos al\,ch\,al = 0$	$f_1 = \dfrac{3.58}{l^2}\sqrt{\dfrac{EJ}{\rho A}}$	$1 : 2.76 : 5.40$

3. 叶片长度对固有频率的影响

叶片固有频率与叶片长度平方成反比,叶片越长,刚性越弱,固有频率越低。

4. 叶片截面主惯性半径对固有频率的影响

按定义主惯性半径 r_η 与截面积 A 和惯性矩 J 的关系为 $r_\eta^2 A = J_\eta$。惯性半径 r_η 代表截面 A 远离主惯性轴 η 的程度,r_η 越大,截面积抗弯惯性矩越大,则固有频率越高。对等厚平板叶片,$r_\eta = h/(2\sqrt{3})$,其中 h 为板厚。

3.3　等截面叶片扭转及其他复杂振动

3.3.1　等截面叶片扭转振动

叶片扭转振动也是比较常见的振动形式。在单纯扭转振动的情况下,各截面绕确定的轴线(弯心连线)旋转。设截面的极惯性矩为 J_0,截面的抗扭几何刚性为 J_T,则在微元段 dx 上(图 3-6)作用的扭矩为

$$(M + dM) - M = dM$$

此扭矩与微元段的惯性力矩相平衡,即

$$dM = \rho J_0 \frac{\partial^2 \phi}{\partial t^2} dx$$

式中，ϕ 为截面的扭角。

由材料力学知识可知，对于自由扭转，

$$M = GJ_T \frac{\partial \phi}{\partial x}$$

式中，$G = \dfrac{E}{2(1+\mu)}$ 为剪切模量。

$$dM = G \frac{\partial}{\partial x}\left(J_T \frac{\partial \phi}{\partial x}\right) dx$$

从而

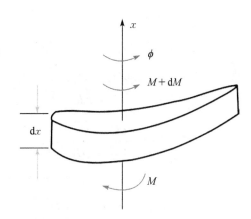

图 3-6　作用在叶片微元段上的扭矩

$$G \frac{\partial}{\partial x}\left(J_T \frac{\partial \phi}{\partial x}\right) = \rho J_0 \frac{\partial^2 \phi}{\partial t^2}$$

令 $\phi = \phi_0(x)\cos pt$，代入上式得

$$G \frac{d}{dx}\left(J_T \frac{d\phi_0}{dx}\right) = -\rho J_0 p^2 \phi_0 \qquad (3-23)$$

对于等截面叶片则为

$$\frac{d^2\phi_0}{dx^2} = -a^2\phi_0 \qquad (3-24)$$

式中，

$$a^2 = \frac{\rho p^2 J_0}{GJ_T} \qquad (3-25)$$

对于等截面叶片，J_0 和 J_T 都是常数，故 a 也是常数，式(3-24)的通解为

$$\phi_0 = C_1 \sin ax + C_2 \cos ax \qquad (3-26)$$

对于一端固装的叶片，$x=0$，$\phi_0=0$，故得 $C_2=0$；在自由端，$x=l$，$\dfrac{d\phi_0}{dx}=0$，得 $C_1 a \cos al = 0$。因 C_1 不等于零(否则方程式无非零解)，故得频率方程：

$$\cos al = 0$$

解得频率方程的根为

$$(al)_i = \left(i - \frac{1}{2}\right)\pi, \quad i = 1, 2, 3, \cdots$$

式中，$(al)_1 = \dfrac{\pi}{2}$ 为一阶扭转振动；$(al)_2 = \dfrac{3\pi}{2}$ 为二阶扭转振动；$(al)_3 = \dfrac{5\pi}{2}$ 为三阶

扭转振动。

由式(3-25)得扭转自振频率为

$$p_i = \frac{(al)_i}{l}\sqrt{\frac{GJ_T}{\rho J_0}} = \left(i - \frac{1}{2}\right)\frac{\pi}{l}\sqrt{\frac{GJ_T}{\rho J_0}}\ ,\quad i = 1,2,3,\cdots$$

$$f_i = \frac{(al)_i}{2\pi l}\sqrt{\frac{GJ_T}{\rho J_0}} = \left(i - \frac{1}{2}\right)\frac{1}{2l}\sqrt{\frac{GJ_T}{\rho J_0}}\ ,\quad i = 1,2,3,\cdots$$

$$p_1 : p_2 : p_3 = f_1 : f_2 : f_3 = 1 : 3 : 5 \tag{3-27}$$

因 $C_2 = 0$，振型函数式(3-26)成为

$$\phi_{0i} = C_1 \sin(a_i lx/l) = \phi_{0l}\sin\left[\left(i - \frac{1}{2}\right)\pi x/l\right]\ ,\quad i = 1,2,3,\cdots \tag{3-28}$$

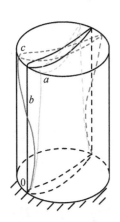

其中，ϕ_{0l} 为悬臂端角位移。图 3-7 说明叶片扭转振型意义。为清楚起见，假设叶片是圆柱体的一部分。0-1 是平衡位置的轴向母线，0-a、0-b-c 各为一、二阶扭转振动的情况。

在实际计算中，要确定叶片截面(叶型)的 J_T 和 J_0。对于 J_0，从材料力学知：

$$J_0 = \sqrt{J_\eta^2 + J_\xi^2}$$

式中，J_η、J_ξ 意义同第 1 章。对于 J_T，则计算较复杂(有专门计算程序,详见发动机强度设计、试验手册),简便的经验公式如下:

$$J_T = \frac{0.162BC^3}{\left(1 + 1.43\dfrac{C^2}{B^2} + 2.87\dfrac{h^2}{B^2}\right)}$$

图 3-7 叶片扭转振动示意图

$$J_0 = 0.038CB^3 + 0.041BC(C^2 + h^2)$$

式中，B 为弦长；C 为叶型最大厚度；h 为中弧线最大弯度，见图 3-8。

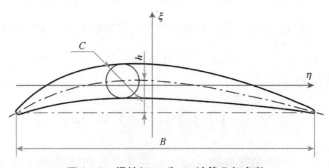

图 3-8 惯性矩 J_T 和 J_0 计算几何参数

例题 3-1 钢制等截面叶片,弹性模量 $E = 206$ GPa,叶片弦长 $B = 32$ mm,中弧线最大弯度 $h = 2$ mm,叶片长 $L = 118$ mm,$C = 2.1$ mm。求各阶扭转自振频率。

由于

$$J_0 = 0.038 \times 2.1 \times 32^3 + 0.041 \times 32 \times 2.1(2.1^2 + 2^2) = 2\,640 \text{ mm}^4$$

$$J_T = \frac{0.162 \times 32 \times 2.1^3}{1 + 1.43\left(\frac{2.1}{32}\right)^2 + 2.87\left(\frac{2}{32}\right)^2} = 47.2 \text{ mm}^4$$

故

$$p_1 = \frac{\pi}{2l}\sqrt{\frac{GJ_T}{\rho J_0}} = \frac{\pi}{2 \times 0.118}\sqrt{\frac{7.93 \times 10^{10} \times 47.2}{7.8 \times 10^3 \times 2\,640}} = 5\,675 \text{ rad/s}$$

$$f_1 = 903 \text{ Hz}$$

$$f_2 = 3f_1 = 2\,709 \text{ Hz}$$

对于变截面叶片,J_T、J_0 沿叶高是变化的,一般只能进行近似计算。采用传递矩阵法计算扭转振动十分方便(详见第 5 章)。

3.3.2 叶片复杂振动

除弯曲和扭转振动外,在叶片上还会出现许多复杂振型。其中有的是弯曲与扭转的复合振动,有些振动还难以给出名称(图 3-9)。随着振型的复杂化,其相

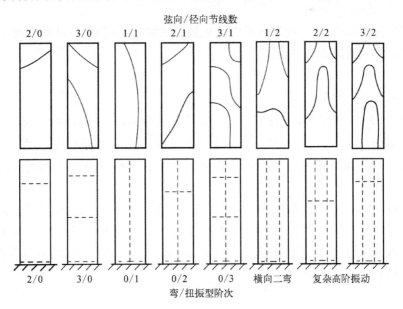

图 3-9 叶片的典型复合振型

应的自振频率也随之提高。一般来讲,自振频率越高,振幅越小,在实际使用中危险性越小。常见的叶片振动损坏事故,其自振频率大都在数百至一二千赫兹的范围内,少数可达三四千赫兹。所以,对于压气机叶片而言,最重要的是一弯、二弯和一扭振动。对于涡轮叶片,大多是一弯和一扭振动,个别的情况,也出现过高频振动的损坏实例。

以上计算是以梁的理论为基础的,适用于长叶片,对于低展弦比叶片误差较大。故目前广泛使用"有限元素法",其计算误差一般小于 5%。此外还有建立在梁的理论基础上,应用变分法计算叶片双向弯曲振动及弯扭复合振动。

3.4　变截面叶片弯曲振动的近似解法

实际叶片大多数要考虑为变截面梁,截面面积 A 以及截面的最小惯性矩 J 沿叶高 x 都是变化的。若不计扭向的影响,其他假设同 3.1 节,公式(3-7)仍适用,即

$$\frac{\partial^2}{\partial x^2}\left(EJ\frac{\partial^2 y}{\partial x^2}\right)+\rho A\frac{\partial^2 y}{\partial t^2}=0$$

仍采用简谐振动假设 $y=y_0\cos pt$ 代入得

$$\frac{\mathrm{d}^2}{\mathrm{d}x^2}\left(EJ\frac{\mathrm{d}^2 y_0}{\mathrm{d}x^2}\right)=\rho A p^2 y_0 \qquad (3-29)$$

除特殊情况外,上式都不能用解析方法求解。求解这类问题,可借助近似计算法,下面介绍常用的渐近法与能量法。

3.4.1　渐近法

由式(3-28)可见,弹性线 y_0 是由分布载荷 $\rho A p^2 y_0$ 引起的。先假设一个 $y_0(x)$ (即已知 y_0 与 x 的关系),则在梁的各处以 $\rho A p^2 y_0$ 为分布载荷,可求出新的 $y_0(x)$,若与原假设值一致,则 $y_0(x)$ 即为解。若不一致,则须经多次迭代,直到一致时为止。

理论和实际计算表明,这种迭代计算是收敛的。如果能较好地选择 y_{00},一般只要经过两次迭代便可得到满意的结果。此法对一阶弯曲振动分析很适用,对高阶弯曲很难应用,因为当计算高阶振动时,必须从 y_{0i} 中清除比其阶次低的振型(此过程较复杂,不详述)。

计算实例见表3-3和表3-4。其计算步骤如下。

(1) 把叶片按长度分为 5~10 个等分,第 0 截面取在叶根,最末的第 n 截面取

在叶尖。不计叶片的扭向影响,计算各截面的面积 A 和最小惯性矩 J。列在表上的第 2 项和第 8 项。

（2）假设原始振型函数为 y_{00},通常取 $y_{00} = (x/l)^2$,列在第 1 项。

（3）分布载荷 $q = \rho A p^2 y_{00}$。其中 ρ、A 为已知常数,p 为待定的常数,可留待最后处理。此处仅计算各截面的 Ay_{00} 值,即 $Ay_{00} = q/(\rho p^2)$,把第 1 项与第 2 项相乘,即(1)×(2),列在第 3 项。

（4）切力 $Q_i = \sum_n^i q_{mi} \Delta x$,其中 q_{mi} 为任意两相邻截面 i 及 $i+1$ 间 q 的平均值,可以近似地写为

$$q_{mi} = \frac{q_i + q_{i+1}}{2}$$

或

$$2q_{mi} = q_i + q_{i+1}$$

计算时取 $\dfrac{2q_{mi}}{\rho p^2} = [(Ay_{00})_i + (Ay_{00})_{i+1}]$,即 $(3)_i + (3)_{i+1}$,列在第 4 项。例如第 7 与第 8 截面之间 $\dfrac{2}{\rho p^2} q_m$ 值是 0.806,它是 0.448 与 0.358 之和。

求 Q 时,应由叶尖的第 n 截面向叶根方向积分(因叶尖处 Q 为零),即

$$Q_i = \sum_n^i q_{mi} \Delta x$$

因 Δx 为常数,计算时取 $Q_i / \Delta x = \sum_n^i q_{mi}$,或 $\dfrac{2}{\rho p^2 \Delta x} Q_i = \sum_n^i \left(\dfrac{2}{\rho p^2} q_{mi} \right)$,即 $\sum_n^i (4)$,列在第 5 项。

（5）按相同原理求第 i 与 $i+1$ 截面间切力的平均值 Q_{mi}。$\dfrac{4}{\rho p^2 \Delta x} Q_{mi} = (5)_i + (5)_{i+1}$,列在第 6 项。

（6）同理,$M_i = \sum_n^i Q_{mi} \Delta x$,或 $\dfrac{4}{\rho p^2 (\Delta x)^2} M_i = \sum_n^i (6)$,仍由叶尖开始向叶根方向积分。列在第 7 项。

（7）为了求斜率,先要计算 M/J,此处计算 $\dfrac{4}{\rho p^2 (\Delta x)^2} \left(\dfrac{M}{J} \right)_i = (7)/(8)$。列在第 9 项。

（8）同理，求 $\dfrac{M}{J}$ 的平均值 $\dfrac{8}{\rho p^2 (\Delta x)^2}\left(\dfrac{M}{J}\right)_{mi} = (9)_i + (9)_{i+1}$，列在第 10 项。

已知：

$$\dfrac{\mathrm{d}^2 y_{01}}{\mathrm{d}x^2} = \dfrac{M}{EJ}, \text{ 或 } E \dfrac{\mathrm{d}^2 y_{01}}{\mathrm{d}x^2} = \dfrac{M}{J}$$

所以

$$\dfrac{8E}{\rho p^2 (\Delta x)^2}\left(\dfrac{\mathrm{d}^2 y_{01}}{\mathrm{d}x^2}\right)_{mi} = \dfrac{8}{\rho p^2 (\Delta x)^2}\left(\dfrac{M}{J}\right)_{mi}$$

（9）$\left(\dfrac{\mathrm{d}y_{01}}{\mathrm{d}x}\right)_i = \sum\limits_0^i \left(\dfrac{\mathrm{d}^2 y_{01}}{\mathrm{d}x^2}\right)_{mi} \Delta x$，故 $\dfrac{8E}{\rho p^2 (\Delta x)^3}\left(\dfrac{\mathrm{d}y_{01}}{\mathrm{d}x}\right)_i = \sum\limits_0^i$（10）此处须由叶根截面开始向叶尖方向积分，因为叶根处的斜率为零。列在第 11 项。

（10）同理可知斜率的平均值为

$$\dfrac{16E}{\rho p^2 (\Delta x)^3}\left(\dfrac{\mathrm{d}y_{01}}{\mathrm{d}x}\right)_{mi} = (11)_i + (11)_{i+1}$$

列在第 12 项。

（11）新的振型函数的斜率已经求得，则新的振型函数 y_{01} 可由上项积分而得。因叶根处挠度为零，故应从叶根截面开始向叶尖方向积分，即

$$\dfrac{16E}{\rho p^2 (\Delta x)^4} y_{01} = \sum\limits_0^i (12)$$

列在第 13 项。

（12）上项得出的 y_{01} 在叶尖处不为 1（例如表 3 - 3 中为 6 512）。为便于比较，全部 y_{01} 值均除以 6 512 归一化，记以 $\bar{y}_{01}$，列在第 14 项。

比较表 3 - 3 第 1 项与第 14 项，可见有少量差别。以后再进行第 2 次迭代，把表 3 - 3 的 $\bar{y}_{01}$ 作为表 3 - 4 的 y_{01}，重复上述步骤；得出新的 $\bar{y}_{02}$，见表 3 - 4。观察这次得出的 $\bar{y}_{01}$ 与 y_{01} 几乎无差别了。可见表 3 - 4 已经得出了准确的振型函数。这样看来，只要一次迭代就已足够。实际工作时，用二次迭代以作校核之用。

以上计算得到任何变截面悬臂梁的一阶弯曲振动的振型函数，以下再求其自振频率。

计算自振频率 p 仍基于下列原理，如果 y_0 是真实的振型函数，则在梁的各处按 $\rho A p^2 y_0$ 作为分布载荷作用在这个梁上，所得到各处的挠度仍应为 y_0，在表 3 - 4 中，y_{01} 已经很接近真实振型函数，以 $\rho A p^2 y_{01}$ 为载荷作用在该梁上，得出的新的振型

表 3-3　渐进法解变截面叶片频率振型首次计算过程列表

截面 i			0	1	2	3	4	5	6	7	8	9	10
(1)	y_{00}	$(x/l)^2$	0.00	0.01	0.04	0.09	0.16	0.25	0.36	0.49	0.64	0.81	1.00
(2)	A	给定	1.70	1.46	1.26	1.09	0.96	0.86	0.77	0.73	0.70	0.68	0.68
(3)	$q_i/(\rho p^2)$	$(1)\times(2)$	0	0.0146	0.0504	0.0981	0.154	0.215	0.277	0.358	0.448	0.511	0.680
(4)	$\dfrac{2q_{mi}}{\rho p^2}$	$(3)_i+(3)_{i+1}$	0.015	0.065	0.149	0.252	0.369	0.492	0.635	0.806	0.999	1.231	—
(5)	$\dfrac{2}{\rho p^2}Q_i$	$\sum\limits_n^i (4)$	5.01	5.00	4.93	4.78	4.53	4.16	3.67	3.04	2.23	1.23	0
(6)	$\dfrac{4}{\rho p^2}Q_m$	$(5)_i+(5)_{i+1}$	10.01	9.93	9.71	9.31	8.69	7.83	6.71	5.27	3.46	1.23	—
(7)	$\dfrac{4}{\rho p^2(\Delta x)^2}M_i$	$\sum\limits_n^i (6)$	72.15	62.14	52.21	42.50	33.19	24.50	16.67	9.96	4.69	1.23	0
(8)	J	给定	0.0279	0.0212	0.0157	0.0108	0.0084	0.0061	0.0045	0.0037	0.0032	0.0030	0.0030
(9)	$\dfrac{4}{\rho p^2(\Delta x)^2}\left(\dfrac{M}{J}\right)_i \times 10^{-2}$	$(7)/(8)$	25.9	29.3	33.3	39.4	39.5	40.2	37.0	26.9	14.7	4.1	0
(10)	$\dfrac{8}{\rho p^2(\Delta x)^2}\left(\dfrac{M}{J}\right)_{mi} \times 10^{-2}$	$(9)_i+(9)_{i+1}$	55.2	62.6	72.6	78.9	79.7	77.2	63.9	41.6	18.8	4.1	—
(11)	$\dfrac{8E}{\rho p^2(\Delta x)^3}\left(\dfrac{\mathrm{d}y_{01}}{\mathrm{d}x}\right)_i \times 10^{-2}$	$\sum\limits_0^i (10)$	0	55	118	190	269	349	426	490	532	550	554
(12)	$\dfrac{16E}{\rho p^2(\Delta x)^3}\left(\dfrac{\mathrm{d}y_{01}}{\mathrm{d}x}\right)_{mi} \times 10^{-2}$	$(11)_i+(11)_{i+1}$	55	173	308	459	618	775	916	1022	1082	1104	—
(13)	$\dfrac{16E}{\rho p^2(\Delta x)^4}y_{01} \times 10^{-2}$	$\sum\limits_0^i (12)$	0	55	228	536	995	1613	2688	3304	4326	5408	6512
(14)	$\bar y_{01}$	$(13)/6512$	0	0.008	0.035	0.082	0.153	0.248	0.367	0.507	0.664	0.830	1.000

表 3 - 4　渐进法解变截面叶片频率振型二次迭代计算过程列表

截面		0	1	2	3	4	5	6	7	8	9	10
(1) y_{01}	$(x/l)^2$	0	0.008	0.035	0.082	0.153	0.248	0.367	0.567	0.664	0.830	1.000
(2) A	给定	1.70	1.46	1.26	1.09	0.96	0.86	0.77	0.73	0.70	0.68	0.68
(3) $q_i/(\rho p^2)$	$(1)\times(2)$	0	0.0117	0.0441	0.0894	0.147	0.213	0.283	0.370	0.465	0.565	0.680
(4) $\dfrac{2q_{mi}}{\rho p^2}$	$(3)_i+(3)_{i+1}$	0.117	0.0558	0.134	0.236	0.360	0.496	0.653	0.835	1.03	1.25	—
(5) $\dfrac{2}{\rho p^2}Q_i$	$\displaystyle\sum_n^i (4)$	5.06	5.05	4.99	4.86	4.62	4.26	3.77	3.12	2.28	1.25	0
(6) $\dfrac{4}{\rho p^2}Q_m$	$(5)_i+(5)_{i+1}$	10.11	10.04	9.85	9.48	8.88	8.03	6.89	5.40	3.53	1.25	0
(7) $\dfrac{4}{\rho p^2 (\Delta x)^2}M_i$	$\displaystyle\sum_n^i (6)$	73.47	63.36	53.32	43.47	33.94	25.11	17.07	10.18	4.78	1.25	0
(8) J	给定	0.0279	0.0212	0.0157	0.0108	0.0084	0.0061	0.0045	0.0037	0.0032	0.0030	0.0030
(9) $\dfrac{4}{\rho p^2 (\Delta x)^2}\left(\dfrac{M}{J}\right)_i \times 10^{-2}$	$(7)/(8)$	26.3	29.9	34.0	40.2	40.5	41.1	37.9	27.5	14.9	4.17	0
(10) $\dfrac{8}{\rho p^2 (\Delta x)^2}\left(\dfrac{M}{J}\right)_{mi} \times 10^{-2}$	$(9)_i+(9)_{i+1}$	56.2	63.9	74.2	80.7	81.6	79.0	65.4	42.4	19.1	4.17	—
(11) $\dfrac{8E}{\rho p^2 (\Delta x)^3}\left(\dfrac{dy_{02}}{dx}\right)_i \times 10^{-2}$	$\displaystyle\sum_0^i (10)$	—	56	120	194	275	357	436	501	543	562	566
(12) $\dfrac{16E}{\rho p^2 (\Delta x)^3}\left(\dfrac{dy_{02}}{dx}\right)_{mi} \times 10^{-2}$	$(11)_i+(11)_{i+1}$	56.2	176	314	469	632	793	937	1044	1105	1128	—
(13) $\dfrac{16E}{\rho p^2 (\Delta x)^4}y_{02} \times 10^{-2}$	$\displaystyle\sum_0^i (12)$	0	56	232	546	1015	1647	2440	3377	4421	5526	6654
(14) $\bar{y}_{02}$	$(13)/6654$	0	0.008	0.035	0.082	0.153	0.248	0.367	0.508	0.664	0.830	1.000

y_{02} 应与 y_{01} 完全一致。第(13)项表示 $\dfrac{16E \times 10^{-2}}{\rho p^2 (\Delta x)^4} y_{02}$，它的最后一个数字是 6 654，此处应 $y_{02} = 1$，即取：

$$\frac{16E \times 10^{-2}}{\rho p^2 (\Delta x)^4} = 6\ 654$$

由此式解得自振频率为

$$p = \frac{0.4}{\sqrt{6\ 654}\ (\Delta x)^2} \sqrt{\frac{E}{\rho}}$$

如果令 $\Delta x = 1 (l = 10\ \text{cm})$，则得 $\sqrt{E/\rho} = 5 \times 10^5\ \text{cm/s}, p = 2\ 451\ \text{rad/s}, f = 390.1\ \text{Hz}$。如果只取一次迭代的结果(表 3 - 3)，也可以得到满意的结果，即

$$\frac{0.4}{\sqrt{6\ 512}\ (\Delta x)^2} \sqrt{\frac{E}{\rho}} = 2\ 478\ \text{rad/s}, \quad f = 394.4\ \text{Hz}$$

两者相差仅 1%。用此法得到的自振频率总是偏高的(计算程序见附录)。

3.4.2　能量法

此法又称瑞利法，是根据机械能守恒定律得到的基频近似估算方法，只要给出一个满足边界条件的近似振型函数，即可对基频进行估算。

由材料力学知，在一根弯曲梁的微元段 $\mathrm{d}x$ 上，如果不计切力的影响，其变形能 (即势能)为 $\dfrac{M^2}{2EJ}\mathrm{d}x$，全梁的总变形能为 $\displaystyle\int_0^l \dfrac{M^2}{2EJ}\mathrm{d}x$。其中 M 为梁所受的弯矩，因 $M = EJ\dfrac{\mathrm{d}^2 y}{\mathrm{d}x^2}$，故总变形能可写为

$$U = \frac{E}{2}\int_0^l J\left(\frac{\mathrm{d}^2 y}{\mathrm{d}x^2}\right)^2 \mathrm{d}x \tag{3-30}$$

当梁振动到振幅最大位置，变形能达到最大值。这时式中的 y 就是 $y_0(x)$，故

$$U_{\max} = \left(\frac{E}{2}\right)\int_0^l J\left(\frac{\mathrm{d}^2 y_0}{\mathrm{d}x^2}\right)^2 \mathrm{d}x \tag{3-31}$$

当梁振动到平衡位置(中心位置)时，变形能为零(因为 $y = 0$)，此时的动能达到最大值，

$$T_{\max} = \frac{1}{2}\int_0^l \rho A v_{\max}^2 \mathrm{d}x \tag{3-32}$$

式中，A 为梁的横截面面积；$v_{\max}$ 为梁各微元段通过平衡位置时的速度。

由于

$$y = y_0 \cos pt, v = \frac{\mathrm{d}y}{\mathrm{d}t} = -y_0 p \sin pt$$

当 $\sin pt = 1$ 时，v 的绝对值最大，即

$$v_{\max}^2 = y_0^2 p^2$$

故得

$$T_{\max} = \frac{\rho p^2}{2} \int_0^l A y_0^2 \mathrm{d}x \tag{3-33}$$

在梁的振动过程中，势能和动能互相转换。在边缘位置时，动能为零而势能为 $U_{\max}$；在平衡位置时，势能为零，动能为 $T_{\max}$。故

$$T_{\max} = U_{\max}$$

由此得到频率表达式为

$$p^2 = \frac{E}{\rho} \frac{\int_0^l J \left(\frac{\mathrm{d}^2 y_0}{\mathrm{d}x^2}\right)^2 \mathrm{d}x}{\int_0^l A y_0^2 \mathrm{d}x} \tag{3-34}$$

对于等截面或变截面梁，式(3-34)相对计算简单，但必须首先知道振型函数 y_0，而准确的 y_0 事先无从知道。能量法有一个特性，即在一定范围内，所选的 y_0 的变化对算出的 p 值很不敏感。在实际计算中，只要按照经验，大致给出一个适合边界条件的近似的 y_0 值，即可求出较准确的自振频率。

例题 3-2 用能量法计算等截面叶片基频。

解：

选近似振型函数 $\qquad y_0 = B [Z^2 (6 - 4Z + Z^2)] \tag{3-35}$

其中，令 $Z = x/l$，则

$$y_0'' = \frac{12B}{l^2} [1 - 2z + z^2] = \frac{12B}{l^2} (Z - 1)^2 \tag{3-36}$$

易验证其满足两端点边界条件：

$$y_0(0) = y_0'(0) = 0, \quad y_0''(1) = y_0'''(1) = 0$$

将式(3-35)和式(3-36)代入式(3-34)解得

$$p^2 = \frac{EJ}{\rho A l^4} \frac{\int_0^l (12 - 24z + 12z^2)^2 \mathrm{d}z}{\int_0^l (6z^2 - 4z^3 + z^4)^2 \mathrm{d}z} = \frac{EJ}{\rho A l^4} \frac{28.80}{2.311} = 12.462 \frac{EJ}{\rho A l^4}$$

数值解 $p_{1能量} = \dfrac{3.530}{l^2} \sqrt{\dfrac{EJ}{\rho A}}$，理论解 $p_{1理论} = \dfrac{3.516}{l^2} \sqrt{\dfrac{EJ}{\rho A}}$。与理论解的 3.516 系数相比[参见式(3-18)]，能量法解的误差仅有 0.4%。

对于变截面叶片，仍可取等截面叶片受均布载荷的静挠度式(3-34)作为振型函数，结果仍很满意。但在积分式(3-34)中，面积 A、惯性矩 J 沿叶高是变化的，对于发动机叶片通常沿叶高给出几个截面的值，因此对式(3-33)只能用数值积分求解。由于式中 y_0 是近似振型函数，故利用此法所得频率值为近似值，其精度取决于振型函数的选取。然而不管选用哪种近似振型函数，计算值总是偏高。为此如同时选用几种近似振型函数计算时，应取其中频率最低的计算值。

当叶片带冠或有阻尼台时，在动能表达式中应包括这部分集中质量的动能。

能量法理论上可以用于求解高阶固有频率。但当计算高阶振型时，要利用振型的正交条件，在所选的近似振型函数中清除低阶振型成分，在工程近似分析中，这点是较难做到的。

3.5　旋转叶片的弯曲振动

前节讨论的均为叶片的静频计算。对于实际转子叶片，还要承受很大的离心力，本节介绍在离心力作用下的各阶弯曲振动频率的计算。

发动机在旋转时，叶片上受到强大的离心力，如图 3-10(a)和(b)所示，叶片无论在旋转平面内或在轴向平面内振动，叶片上任一微元段质量 $\mathrm{d}m$ 所受的离心力都有促使叶片回到平衡位置的趋向。这相当于增强了叶片的弹性恢复力，结果使叶片各阶固有频率有所提高。换言之，旋转着的叶片的自振频率(简称"动频")比静止着的叶片的自振频率(或称静频)高。

"动频"的精确计算比较复杂，下面介绍由能量法推得的"动频"近似估算方法。

首先分析叶片只在轴向平面内振动的情况(图 3-10)。从能量关系看，叶片在离心力场中振动时，要克服离心力而做功，因此，其微元段的能量除动能 T 和变形能 U(见能量法)外，还有离心力场的势能 U_ω。在振幅最大位置时，离心力势能最大，因此，与前节所述的能量法原理类似：

$$T_{\max} = U_{\max} + U_{\omega,\max} \tag{3-37}$$

以下分项叙述求解过程。

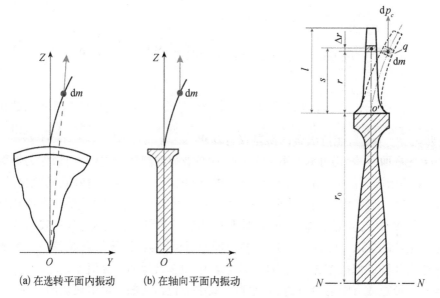

图 3 - 10　叶片的两种振动形式　　　图 3 - 11　旋转叶片受离心力作用示意

（a）在旋转平面内振动　　（b）在轴向平面内振动

（1）参考图 3 - 11，叶片上任一微元段 dm 在平衡位置时与转轴 $N-N$ 的距离为 $s+r_0$，当振动到振幅最大位置时，dm 向旋转轴移近了 Δr。对于不同的微元段，Δr 也不同，故在离心力场中的做功为

$$U_{\omega,\,\max} = \int \Delta r dp_c \qquad (3-38)$$

而

$$dp_c = \rho A \omega^2 (r_0 + r)\, dr \qquad (3-39)$$

式中，ω 为发动机转子角速度，单位是 rad/s；A 为叶片横截面面积。

由图 3 - 11 可知：

$$\Delta r = s - r$$

假设叶片在振动时保持其长度不变，即在平衡位置时，dm 与叶根的距离 s 等于在振幅最大位置时的弧长 $\widehat{o'q}$，即

$$\widehat{o'q} = \int_0^r \sqrt{1 + \left(\frac{dy_0}{dr}\right)^2}\, dr = s$$

而

$$\sqrt{1 + \left(\frac{dy_0}{dr}\right)^2} = 1 + \frac{1}{2}\left(\frac{dy_0}{dr}\right)^2 - \frac{1}{8}\left(\frac{dy_0}{dr}\right)^4 + \cdots$$

由于振幅不大, dy_0/dr 本身已经很小, 其高次项可以忽略不计。于是

$$s = \int_0^r \left[1 + \frac{1}{2} \left(\frac{dy_0}{dr} \right)^2 \right] dr = r + \frac{1}{2} \int_0^r \left(\frac{dy_0}{dr} \right)^2 dr$$

故

$$\Delta r = s - r = \frac{1}{2} \int_0^r \left(\frac{dy_0}{dr} \right)^2 dr \tag{3-40}$$

把式(3-39)及式(3-40)代入式(3-38), 可得

$$U_{\omega,\max} = \int \Delta r \, dp = \frac{\rho \omega^2}{2} \int_0^l A(r_0 + r) \left[\int_0^r \left(\frac{dy_0}{dr} \right)^2 dr \right] dr = C_1 \omega^2 \tag{3-41}$$

式中,

$$C_1 = \frac{\rho}{2} \int_0^l A(r + r_0) \left[\int_0^r \left(\frac{dy_0}{dr} \right)^2 dr \right] dr \tag{3-42}$$

可见, 当振型函数 y_0 确定后, C_1 即可确定。

（2）研究式(3-37), $T_{\max} = U_{\max} + U_{\omega,\max}$, 由式(3-31)、式(3-32)已知:

$$T_{\max} = \frac{\rho p^2}{2} \int_0^l A y_0^2 dr$$

$$U_{\max} = \frac{E}{2} \int_0^l J \left(\frac{d^2 y_0}{dr^2} \right)^2 dr$$

$$U_{\omega,\max} = C_1 \omega^2$$

故

$$\frac{\rho p^2}{2} \int_0^l A y_0^2 dr = \frac{E}{2} \int_0^l J \left(\frac{d^2 y_0}{dr^2} \right)^2 dr + C_1 \omega^2$$

$$p^2 = \frac{E \int_0^l J \left(\frac{d^2 y_0}{dr^2} \right)^2 dr}{\rho \int_0^l A y_0^2 dr} + \frac{2 C_1 \omega^2}{\rho \int_0^l A y_0^2 dr} \tag{3-43}$$

上式中等式右边第 1 项为叶片在无离心力作用下的弯曲自振频率平方, 记为 p_0^2 [参见式(3-34)]。但应注意, 在离心力作用时, 振型函数将与静止（不旋转）状况有所区别。严格说来, 此项不能完全代表叶片的静止自振频率。然而在研究能量法时已经叙述, 振型函数的偏差在一定范围内对计算得到的频率影响不大, 同时,

通过计算也可以证明有离心力与无离心力作用下的振型的形状相差不十分明显。因此上述推论仍可以认为正确。图3-12为不同转速下的振型函数。

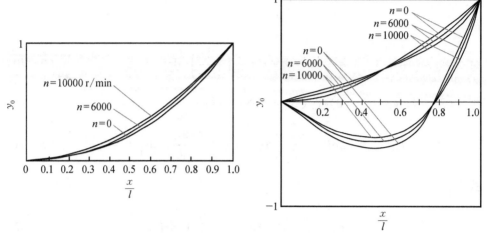

(a) 转速对等截面叶片一阶弯曲振型的影响   (b) 转速对变截面叶片一、二阶弯曲振型的影响

图 3-12   不同转速下的振型函数

式(3-43)右边第二项可以认为：$C_1\omega^2$ 是当叶片由平衡位置移到振幅最大位置时克服离心力所做的功。此时唯一的假设是叶片的长度不变。在这一项中,未出现叶片刚性的参数。故可理解为无刚性、但有质量的叶片(可以想象为一条弦线上带着许多质量)。这样的系统可在离心力作用下振动。在振幅最大位置时,势能 $U_{\omega,\,\mathrm{max}}$ 为 $C_1\omega^2$,在平衡位置时,动能 $T_{\mathrm{max}} = \dfrac{\rho p^2}{2}\displaystyle\int_0^l Ay_0^2\mathrm{d}r$,其自振频率(为区别起见,记以$p_2$)为

$$p_2^2 = \frac{2C_1\omega^2}{\rho \displaystyle\int_0^l Ay_0^2\mathrm{d}r}$$

这样,式(3-43)将为

$$p^2 = p_0^2 + p_2^2$$

为区别起见,在有离心力作用下的自振频率记以 p_d(即动频),则

$$p_d^2 = p_0^2 + p_2^2 \tag{3-44}$$

或

$$f_d^2 = f_0^2 + f_2^2$$

在实际计算中,又可把 f_2 写为

$$f_2^2 = \frac{p_2^2}{4\pi^2} = \frac{2C_1\omega^2}{4\pi^2\rho\int_0^l Ay_0^2 dr} = \frac{2C_1\left(2\pi\dfrac{n}{60}\right)^2}{4\pi^2\rho\int_0^l Ay_0^2 dr} = \frac{2C_1}{\rho\int_0^l Ay_0^2 dr}\left(\frac{n}{60}\right)^2 = B\left(\frac{n}{60}\right)^2$$

式中, n 为发动机转速,单位是 r/min; B 为常数, $B = \dfrac{2C_1}{\rho\int_0^l Ay_0^2 dr} =$

$$\frac{\int_0^l A(r+r_0)\left[\int_0^r\left(\dfrac{dy_0}{dr}\right)^2 dr\right]dr}{\int_0^l Ay_0^2 dr}。$$

于是

$$f_d^2 = f_0^2 + B\left(\frac{n}{60}\right)^2 \tag{3-45}$$

在一般的工程计算中,通常不用解析法计算 B,而借助经验公式。B 值无单位,它与叶片本身及盘的尺寸有关。简化的计算只考虑叶片顶部与根部的截面面积比 x 及轮毂比 r_0/R 的影响,并假设无扭向,安装角为 90°(即只在轴向平面内振动,见图 3-13)。这种情况的 B 值记以 B_1,而在安装角 α(图 3-13)时的 B 值则为

$$B = B_1 - \cos^2\alpha \tag{3-46}$$

B_1 值可从图 3-14 和图 3-15 中查出。对于有扭向的叶片,α 取叶片中部截面的数值。

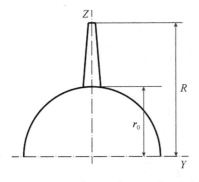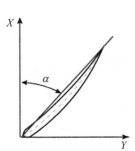

图 3-13　B 值计算参数示意图

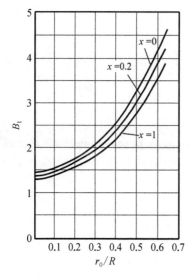

图 3-14　一阶弯曲振动 B_1 值

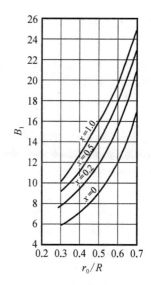

图 3-15　二阶弯曲振动 B_1 值

例题 3-3　某叶片根部 α 为 $10°$，截面面积为 $5.0\ \mathrm{cm}^2$，叶尖 α 为 $60°$，截面面积为 $2.5\ \mathrm{cm}^2$；一弯静频为 $180\ \mathrm{Hz}$，二弯静频为 $600\ \mathrm{Hz}$。$r_0 = 15\ \mathrm{cm}$，$R = 31\ \mathrm{cm}$，转速为 $11\,000\ \mathrm{r/min}$，求动频。

解：面积比 $x = \dfrac{2.5}{5.0} = 0.5$，$\dfrac{r_0}{R} = \dfrac{15}{31} = 0.49$，假设叶片均匀扭向，则中部截面的

$\alpha = \dfrac{1}{2}(10° + 60°) = 35°$。

$$\cos^2 35° = 0.82^2 = 0.67$$

查图 3-14 得一弯 B_1 值为 2.8，故得

$$B = B_1 - \cos^2\alpha = 2.8 - 0.67 = 2.1$$

一弯动频为

$$f_{d1} = \sqrt{180^2 + 2.1\left(\frac{11\,000}{60}\right)^2} = 321\ \mathrm{Hz}$$

查图 3-15 得二弯振动 B_1 值为 13.8，

$$B = 13.8 - 0.67 = 13.1$$

二弯动频为

$$f_{d2} = \sqrt{600^2 + 13.1\left(\frac{11\,000}{60}\right)^2} = 895\ \mathrm{Hz}$$

离心力对一、二弯振动频率的影响很明显。在上例中,一弯频率增加了 77%;二弯频率增加了 49%。对于较短或较厚的叶片,则影响较小。

由前面推导可知,叶片弯曲振动的动频不是常数,它随转速的增加而提高。图 3-16 是式(3-43)对应的图线。横坐标为转速,纵坐标为自振频率。a 点代表静频 180 Hz, b 点代表 $n = 11\,000$ r/min 的动频 320 Hz。曲线 $a-b$ 为一抛物线。在实际发动机上,由于制造上的尺寸误差,一整级的所有叶片的静频不可能完全相同,设 c 点代表最高的静频,则最高动频为 $c-d$ 线;同样,最低动频为 $e-f$ 线。二弯动频线与此类似。

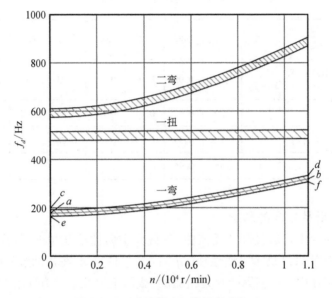

图 3-16　叶片转速与自振频率关系

理论和实验都证明,转速对扭转和其他复杂振型的自振频率影响较小,亦即 $B \approx 0$,其动频线近似为一横直线带。

3.6　影响叶片自振频率的其他因素

在 3.2 节中讨论了影响叶片固有频率的四大主要因素,所叙述均针对简化的等截面叶片,对于实际叶片还有一些其他因素需要考虑,下面分别予以叙述。

3.6.1　温度的影响

材料的弹性模量 E 随温度而改变。叶片各阶弯曲和扭转振动都随 E 而变(参见表 3-2),因此

$$f_t = f_0 \sqrt{\frac{E_t}{E_0}} \tag{3-47}$$

式中，f_0、f_t 为常温和温度 t 下的自振频率；E_0、E_t 为常温和温度 t 下的弹性模量。

常用材料的 $\sqrt{E_t/E_0}$ 值参见表 3-5。由表 3-5 可见，温度对叶片频率最多影响约 19%，影响相对较大是钛合金。其他叶片材料温度对弹模的影响为 11% ~ 15%。

表 3-5　常用叶片材料的 $\sqrt{E_t/E_0}$ 值[16, 17]

材料 ＼ 温度/℃	20	100	200	300	400	500	600	700	800
GH32、GH33、GH37 等镍基高温合金	1	1	0.99	0.99	0.98	0.95	0.93	0.90	0.87
TC11 钛合金	1	0.9	0.94	0.91	0.88	0.86	0.81		
1Cr11Ni2W2MnV 不锈钢	1	1	0.99	0.94	0.91	0.85			
LD8 等铝合金	1	0.99	0.96	0.89	—	—	—	—	—

3.6.2　叶片扭向的影响

前面的讨论中曾假设叶片无扭曲，各截面主惯性轴互相平行，且在同一平面内。还假设叶片只绕最小主惯性轴（ η 轴）作弯曲振动，在振动过程中，梁的轴线始终在同一平面内。但实际叶片是扭曲的，截面主惯性轴的方向沿叶高是变化的（参见图 3-17）。在振动过程中，叶片的轴线并不保持在同一平面内，而为一空间曲线，这时的振动是由两个方向的横向振动耦合而成，振动时，绕两个主惯性轴独立振动的各阶频率消失，出现了新的自振频率；相应的振型也发生变化，这样的振动称为"双向弯曲"振动，如图 3-17(c)所示。

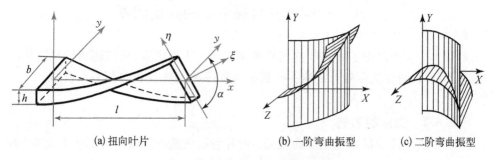

(a) 扭向叶片　　　　(b) 一阶弯曲振型　　　　(c) 二阶弯曲振型

图 3-17　扭向叶片及其弯曲振型

　　扭角对叶片固有频率的影响主要是由于叶片宽度与厚度不等引起。叶片扭曲后的挠曲刚性发生变化,当宽厚比等于 1(正方形截面)时,从理论上讲扭角对各阶自振频率无影响。压气机叶片宽厚比大,扭角的影响大。通常用频率比 ψ_n 表示扭角对 n 阶自振频率的影响程度:

$$\psi_n = \frac{f_{nT}}{f_n}$$

或

$$f_{nT} = \psi_n f_n$$

式中,f_n 为无扭角叶片 n 阶弯曲振动自振频率;f_{nT} 为有扭角叶片 n 阶弯曲振动自振频率。

　　图 3-18 为不同宽厚比的矩形叶片 ψ_n 随扭角 α 而变化的曲线,由图可见,随扭角增加,一阶频率略有升高,二阶频率明显下降,三阶频率通常是上升。扭角对自振频率的影响程度还和叶片锥度及展弦比有关。锥度越大,展弦比越低,其影响程度越大。

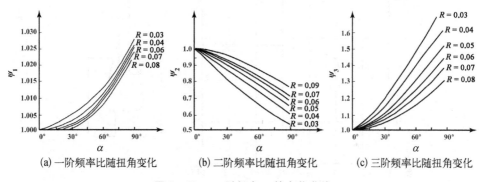

(a) 一阶频率比随扭角变化　　(b) 二阶频率比随扭角变化　　(c) 三阶频率比随扭角变化

图 3-18　ψ_n 随扭角 α 的变化曲线

3.6.3　支承盘刚度的影响

　　前面的叙述中都假设叶片根部是固装的,它的力学模型就是一个悬臂梁。这种情况在根部轮盘很厚(质量和刚性都比较大)的情况下才是正确的。在实际发动机中(尤其是近期发动机的整体叶盘),压气机盘很薄,叶片也可能很长很重(例如风扇叶片)。这样,当叶片振动时,轮缘甚至一部分盘,都不会完全静止,而是在一定程度上参加了振动(图 3-19)。这样就必须重新考虑叶片振动的力学模型,对于单个叶片来说,是一种根部非固装的情况,各阶自振频率有所降低。

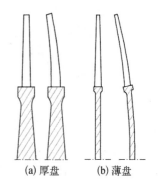

(a) 厚盘　　(b) 薄盘

图 3-19　薄盘与叶片的耦合振动

3.6.4　根部非固装情况的影响

大多数叶片榫头与盘槽的配合是留有少量间隙的,目的是消除工作时的热应力。严格地说,这种连接结构不能看作固装形式,因为随转速增加,叶身的巨大离心力作用在榫头上,结合面上产生巨大的压力,从而逐渐使叶片失去其在间隙内活动的可能,最终导致成"完全固装"的条件。关于完全固装叶片的自振频率的计算,前面已详细分析过。当盘不转对叶片进行静频测量,或当发动机转速较低,叶片离心力尚小时,叶片就成为"半固装"形式,此时叶片的各阶自振频率都会明显地降低。

特别值得提出的是,当转速尚未达到应有数值,叶片榫头处于半固装状态,榫头间存在明显的阻尼,这对抑制叶片振动是很有益的。

图 3-20 及图 3-21 说明在实验室中用丝杠或虎钳在榫头上施加静力,来模拟实际叶片的离心力,测得叶片一弯自振频率的变化情况。图中,横坐标代表所施

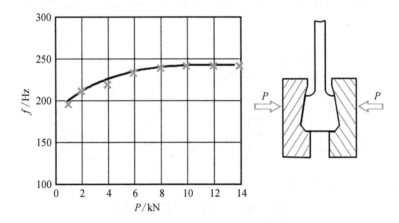

图 3-20　叶片夹持力对固有频率影响

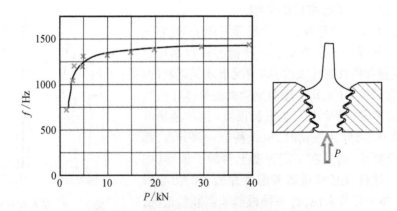

图 3-21　模拟叶片离心力对固有频率影响

加的静力,也可以把它折合成转速作为参考。

在实际发动机上,当转速达到最大值的某一百分比时(对 WP6 发动机约为 60%),叶片就可以看成"完全固装"了。

3.6.5　叶片长厚比的影响

前面叙述的叶片频率及应力计算均基于"长梁"的假设。在长梁中,横截面上的弯曲应力按线性分布,并且不计切应变的影响,因而可以容易地求出弹性线、振动频率和振动应力的表达式。对于实际叶片,以上情况有所不同。

通常可用叶片截面最小惯性半径 r_η(定义为 $J = A r_\eta^2$)定义叶片长厚比 l/r_η。长厚比大的叶片弯曲更符合长梁假设。

(1) 以悬臂梁为例,仔细研究其应力情况。在固装端附近,叶片截面骤然过渡到很大,在$(2\sim3)h$ 的长度内[参见图 3-22(a)],应力沿横截面上分布不可能仍保持线性关系。在这部分结构中, $M = EJ\,\mathrm{d}^2 y/\mathrm{d}x^2$ 不再适用,前面的许多推导都因而产生误差。对于长叶片,上述影响较之整个叶片是很小的,可以忽略不计;但对于短叶片,剪切变形的影响不可忽略。

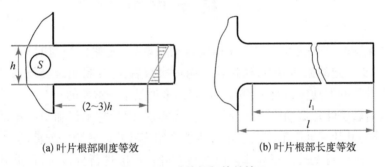

(a)叶片根部刚度等效　　　　　　　(b)叶片根部长度等效

图 3-22　叶片根部等效情况

(2) 实际上,在叶根的基础部分[参见图 3-22(a)中 S 区],若有应力存在,则必有一定的变形,致使"理想的固装"不完全成立,其结果也使振动频率降低。这个影响对于短梁更为明显。

(3) 实际叶片的叶根有圆弧过渡[参见图 3-22(b)]。计算时所取的长度通常为名义尺寸 l,实际上合理长度在 l_1 和 l 之间,这样造成的误差对于短梁也特别明显。

要精确判断上述各点对短叶片自振频率的影响是复杂的。常用的方法是以"长厚比 l/r_η"为参数,通过实验得出修正系数, l 为叶片长度, r_η 为根部截面的最小惯性半径[1]。图 3-23 的横坐标为 l/r_η,纵坐标为 f_t/f_∞ 即实验求得的自振频率与

---

① 惯性半径 r_η 定义为 $r_\eta = \sqrt{J/A}$。

按一般公式计算得出的自振频率之比(注意这只是一个粗略的结果)。图中曲线 1 和 2 代表两组不同榫头的叶片。由图可见当 $l/r_\eta \approx 10$ 时,实际频率比值几乎下降到 0.6。当 $l/r_\eta > 50$ 时,比值接近于 1。当然,对于不同叶片还会有差别。

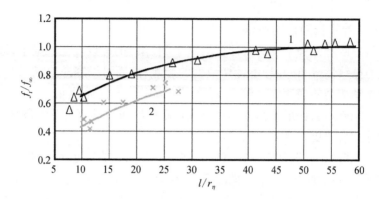

图 3 - 23　叶片的弯曲自振频率与细长比的关系

3.7　振动应力

叶片振动时承受交变应力。在稳定振动(保持一定幅值和周期不变)的情况下,叶片承受一定的振动应力,经过若干循环次数后,叶片易出现裂纹,甚至断裂。因此预估叶片的振动应力对于预测叶片寿命来说是十分重要的。

目前对转子叶片振动应力的计算还很难实现,因为它不仅和引起振动的激振力有关,还与叶片振动阻尼有关。本章主要介绍当叶片以各阶振型振动时,振动应力以及它在全叶身上的分布规律。以便在对叶片故障进行分析时,根据叶片断裂的部位判断损坏是由于哪一阶振型引起的,进而找出引起叶片损坏的激振源,为分析和排除故障提供依据。

对于等截面叶片,各阶弯曲振动的振型函数 $y_0(x)$ 是已知的,对应于各阶振动的应力可借助下面的公式进行计算。叶片每个横截面的弯曲力矩:

$$M = EJ\frac{\mathrm{d}^2 y_0}{\mathrm{d}x^2}$$

振动应力:

$$\sigma_v = \frac{M}{W} = hE\frac{\mathrm{d}^2 y_0}{\mathrm{d}x^2}$$

式中,h 的意义见图 3 - 24;W 为截面抗弯系数。

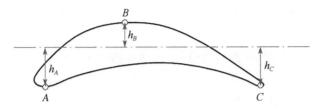

图 3 - 24　叶片横截面上可能最大弯曲应力点位置

显然可见,最大振动应力在 A、B、C 三处各为

$$\sigma_A = \frac{M}{W_A} = h_A E \frac{\mathrm{d}^2 y_0}{\mathrm{d}x^2}$$

$$\sigma_B = \frac{M}{W_B} = h_B E \frac{\mathrm{d}^2 y_0}{\mathrm{d}x^2}$$

$$\sigma_C = \frac{M}{W_C} = h_C E \frac{\mathrm{d}^2 y_0}{\mathrm{d}x^2}$$

由上式可见,对于等截面叶片,振动应力和弹性线的曲率($\mathrm{d}^2 y_0/\mathrm{d}x^2$)成正比。图 3 - 25 表示等截面悬臂叶片 1~3 阶弹性线的曲率,亦即表示 1~3 阶振动应力沿叶高的分布。图 3 - 26 为变截面叶片一阶弯曲振动应力沿叶高分布(计算值)。

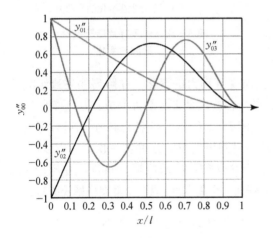

图 3 - 25　等截面悬臂梁 1~3 阶弯曲弹性线的曲率(二阶导数)

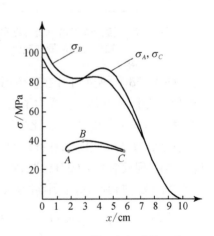

图 3 - 26　某压气机叶片一阶弯曲振动应力分布

3.8　激振力分析

叶片所受的激振力可分为两类:① 机械激振力。由于盘的振动,摇动叶片根

部,使叶片发生振动;② 气动激振力。由于气流对叶片表面周期性的压强变化,激起叶片振动。

在两种激振力中,气动激振力研究具有更重要的意义。

3.8.1   尾流激振

设想在环形气流通道中存在一个障碍物,由于阻力造成气流能量损失,在这个障碍物下游的气流总压和流速都有所降低,如图 3-27 所示。当转子叶片通过这段障碍区时,所受的气动力将有所改变。下面以气动力减少为例进行分析。

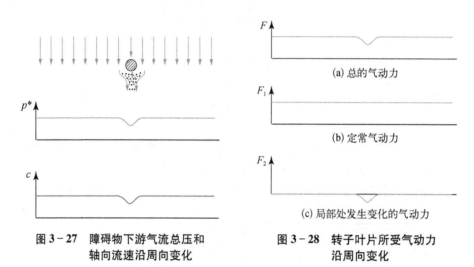

图 3-27   障碍物下游气流总压和   图 3-28   转子叶片所受气动力
轴向流速沿周向变化   沿周向变化

图 3-28(a) 表示叶片在整个周长内所受气动力的变化。在障碍物尾迹影响区内,受力减小,而其他位置受力不变。总的气流力由两部分叠加而成:① 不变的气动力[图 3-28(b)];② 局部变化的气动力[图 3-28(c)]。前者为静力,对叶片振动无影响;后者为局部冲击力,在叶轮每一转中对同级所有叶片冲击一次。所以,对任一叶片,都受到频率为 $n/60$ Hz 的脉冲力(n 为发动机转速,单位是 r/min)。用 $F(\theta)$ (周期为 2π)表示叶片力这个周期性函数,对任何一个周期性函数,均可展成傅氏级数:

$$F(\theta) = F_0 + F_1\cos(\theta + \varphi_1) + F_2\cos(2\theta + \varphi_2) + F_3\cos(3\theta + \varphi_3) + \cdots$$

令

$$\theta = \omega t, \quad \omega = 2\pi n/60 \text{ rad/s}$$

则

$$F(t) = F_0 + F_1\cos(\omega t + \varphi_1) + F_2\cos(2\omega t + \varphi_2) + F_3\cos(3\omega t + \varphi_3) + \cdots$$

$$(3-48)$$

说明一个局部脉冲力可看作恒定力 F_0，以及频率分别为 $\omega, 2\omega, 3\omega, \cdots$ 的谐振力 F_i 之和。由于 $\omega = n/60$ Hz，于是各谐振力的频率(Hz)各为转速的 $1, 2, 3, \cdots$ 倍。分别称这些力为 $1, 2, 3, \cdots$ 倍频力。例如 $n = 12\,000$ r/min，其 $1, 2, 3, \cdots$ 倍频力的频率为 200 Hz，400 Hz，600 Hz，$\cdots$。倍频力的频率与转速的关系见图 3－29。

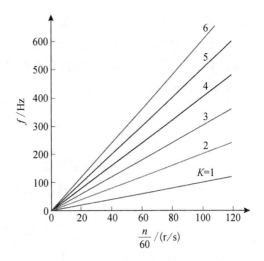

图 3－29　倍频力的频率与转速的关系

上述情况都指一个局部障碍而言，在实际发动机中这种障碍常不止一个。例如四个周向均布的支板可看为四个障碍物，见图 3－30，这时的激振力展开式将为

$$F(t) = F_0 + F_4\cos(4\omega t + \varphi_4) + F_8\cos(8\omega t + \varphi_8) + \cdots \qquad (3-49)$$

这里主要存在 $4, 8, 12, \cdots$ 倍频力。

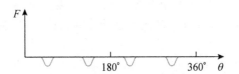

图 3－30　四个周向均布支板障碍物的气动力沿周向变化

火焰筒出口流场是不均匀的，对于下游的涡轮工作叶片产生类似于均布障碍的影响。例如有 10 个火焰筒，则激振力为

$$F(t) = F_0 + F_{10}\cos(10\omega t + \varphi_{10}) + F_{20}\cos(20\omega t + \varphi_{20}) + \cdots \qquad (3-50)$$

它主要含 $10, 20, 30, \cdots$ 的高倍频力。其他情况类推。

不论障碍物数是多少，上述傅氏级数都是收敛的，收敛的快慢随具体障碍物气动阻力而异。式(3－46)代表一个障碍物的情况，如果障碍物很小，则频谱仍可能比较丰富(傅氏级数收敛较慢)，因而同样可造成许多倍频的激振力，危害较大。

上述分析指出，局部障碍物将引起各种频率的激振力，其频率可用下式计算：

$$f_e = SZ\left(\frac{n}{60}\right) = K\left(\frac{n}{60}\right), \quad S = 1, 2, 3, \cdots$$

式中,Z 为均布障碍物的数目,如为四根支柱,则 $K = 4,8,12,\cdots$。

当 $n = 10\,000$ r/min 时,$f_e = 666,1\,332,1\,998,\cdots$。 当激振力中任一个谐波频率与邻近叶片的任一振型的自振频率相等时,将可能会发生"共振",导致危险,这时的发动机转速称为"叶片共振转速"。叶片的动频计算公式为

$$f_d^2 = f_0^2 + B\left(\frac{n}{60}\right)^2$$

式中,f_0 为叶片静频;B 为修正系数。

共振时 $f_e = f_d$,由此得出"叶片共振转速"为

$$n = \frac{f_0 \times 60}{\sqrt{K^2 - B}} \tag{3-51}$$

判断叶片工作时是否出现危险共振,可借助共振图(Campbell 图)来说明,见图 3-31,图中从 0 点出发的各条射线为倍频线,其意义见图 3-29,图中还有三条自振频率线,各代表叶片一弯、一扭、二弯的自振频率随转速改变的情况(详见 3.5 节)。自振频率线与倍频线的交点都代表共振情况。由于叶片的制造分散性,自振频率线应为一条频率带。这样,共振不仅发生在一个点,而是在一个范围,在这个范围内,都可能有叶片在某振型下共振。例如,一弯线与 $K = 2$ 的倍频线相交,在 $n = 6\,000 \sim 7\,300$ r/min 的范围内,都认为是叶片的共振转速,在此范围内,都可能发生一弯共振。

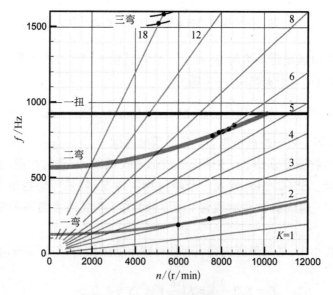

图 3-31   叶片共振图

在某一级叶片的共振图中,共振点可能很多,但这些点不都是有害的。这个问题以后还要讨论,这里先叙述有关倍频力的大小问题。

对于明显的障碍物,如四个进气支柱可产生 4,8,12,…倍频的很强的激振力。其他如导向叶片、火焰筒、放气窗口、中间支柱等情况类似。进气道(如 S 型)的流场不均,好像具有一个无形的障碍物,可造成 1,2,3,…直至 6~10 倍频力,频谱很宽。在图 3-31 所示的许多倍频力中,哪些线代表强激振力,哪些线意义不大(可以忽略),可根据实际情况判断。例如某压气机第一级转子叶片,前无整流叶片,但有 4 个进气支柱,后有 18 个导向叶片。这时可考虑为:① 4,8,12 倍频力很强,16,20,…倍频力仍存在,但不很强;② 18,36 倍频力很强;③ 进气道流场不均,常表现为 1~6 倍频力比较明显。如无特殊情况,其他倍频可不考虑。通常军用发动机的工作范围较宽,在慢车至最大转速范围没有共振转速是很难做到的,因此叶片避振设计时可以按激振力分门别类采用分级的避频裕度(参见第 3.11 节)。

3.8.2 旋转失速和随机激振

在压气机上,除障碍物尾流激振外,还有一种旋转失速引起的激振。研究图 3-32 所示的叶栅,某种原因使 A 处的气流攻角变大,因而产生了气流分离(失速)。由于气流堵塞,使 B 处的攻角变大,于是这里的气流也分离,由于堵塞,气流以较小的攻角流入相邻的叶栅 A,使 A 处叶片气流的分离现象消失,于是 A 处气流迅速恢复正常,这样的连续反应,形成一个失速区不断向叶背方向移动的现象。

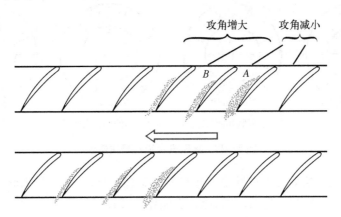

图 3-32 旋转失速发生过程示意图

失速区的数目和它的旋转速度是重要的,但目前尚难以准确地计算。对旋转速度的大略估计是,在静子叶栅上,失速区旋转速度约为发动机转速的一半。对于转子叶栅,失速区也相对它本身以发动机转速的一半向叶背方向旋转,但此时叶栅又向反向旋转,所以对于静止的观察者而言,失速区将以 1/2 发动机转速的速度,与发动机转子同向旋转。

可以想象,对任一叶片,它在正常气流状态和失速状态下,所受的气体力是不同的。这样,当叶片交替地通过正常区和失速区时,叶片就受到交变的激振力。此激振力的频率将随失速区的相对旋转速度 $n_0(\text{r/min})$ 而改变,即

$$f_e = Z\left(\frac{n_0}{60}\right)$$

式中,Z 为失速区数目。

例如某发动机的转速为 10 000 r/min,静子叶栅的失速区共 5 个,如果令 n_0 为 1/2 发动机转速,则对于任一转子叶片,激振力频率为

$$f_e = 5 \times \frac{10\,000}{2 \times 60} = 417 \text{ Hz}$$

如果此频率与叶片自振频率重合,就会引起叶片的强烈振动。

上述现象称为旋转失速。它发生在静子叶栅或转子叶栅上。失速区可以扩充到全部叶片,也可以只在几个叶片的叶尖部分产生。失速区的数目常不止一个,随发动机转速增加,失速区数目可能由少变多(最多曾观察到 8 个等距失速区),图 3-33 说明了这种情况。

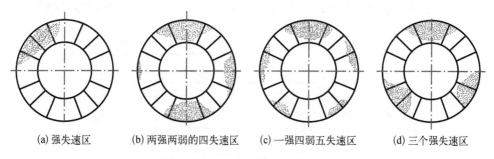

(a) 强失速区　　　(b) 两强两弱的四失速区　　　(c) 一强四弱五失速区　　　(d) 三个强失速区

图 3-33　某压气机级叶栅失速图

旋转失速现象只发生在发动机低转速状态(如 45%~70% 最大转速)下,所以它引起的叶片振动只是短时间的,但它也能导致叶片损坏。

另外一种激振形式为"随机激振",这种激振力具有广泛的频率谱,即在各个频率下都有激振力。这些激振力作用在叶片上,将引起叶片的普遍的强迫振动,而在某几个频率下引起共振。这几个频率就是叶片的自振频率,随机激振力是时变的,因而叶片振动也是时变的,称为随机振动。这种振动可在实际发动机叶片上观测到,发动机的随机激振源是强大的噪声,故常把由此引起的叶片疲劳称为噪声疲劳。噪声源是叶片对气流的干扰和气流燃烧。噪声越大,激振力越强,叶片

受损可能性越大。发动机叶片随机振动近几年才受到注意,目前研究工作正在逐步深入。

3.9　振 动 阻 尼

阻尼对叶片振动起抑制作用,《机械振动学》已证明,单自由度振系共振时的振幅为

$$y_0 = \frac{F_0}{cp}$$

式中,F_0 为激振力幅,单位是 N;c 为黏性阻尼系数,单位是 N·s/m;p 为自振频率,单位是 Hz。

叶片虽然属于无限自由度的弹性体,但是振幅与阻尼关系是类似的。

叶片的振动阻尼有下列三类:气动阻尼、构造阻尼和材料阻尼。

3.9.1　气动阻尼

叶片振动时,气流相对攻角有周期性的变化,因而产生阻尼,如图 3-34 所示。当叶片无振动时,气流以速度 w 吹向叶片,攻角为 α。假设叶片在垂直于叶弦方向平行地移动(相当于弯曲振动情况),当叶片向上运动时,气流相对速度为 w_1,气流攻角也由 α 减少了 $\Delta\alpha$,变为 α_1;反之,当叶片向下运动时,攻角将增加。这种在攻角连续不断变化的状态下,叶片所受的气动力计算是复杂的。为了说明问题,用稳定状态(气流相对速度不变、攻角稳定)的机翼理论,来解释叶片的气动阻尼。

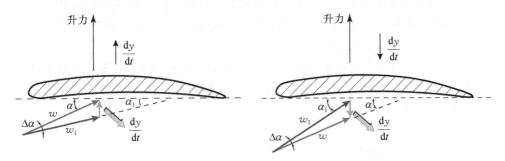

图 3-34　叶片振动时气流攻角改变

根据机翼理论,单位叶片长度上的升力为

$$L = \frac{1}{2}\rho w^2 b C_L \qquad (3-52)$$

式中,ρ 为气流密度;w 为气流相对叶片的流速;b 为叶片截面叶型弦长;C_L 为升力系数。

由于 C_L 是攻角 α 的函数,故当 α 改变时,C_L 随之改变,从而升力 L 也将发生变化。b 及 ρ 为常数,忽略 w 的微小变化后,则

$$\Delta L = \frac{1}{2}\rho w^2 b \frac{\mathrm{d}C_L}{\mathrm{d}\alpha}\Delta\alpha \tag{3-53}$$

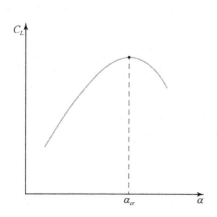

图 3-35　升力系数与攻角的关系

对于一定的叶型,C_L 与 α 的关系大致如图 3-35 所示。当气流攻角小于临界攻角 α_{cr} 时,C_L 与 α 同时增加,$\mathrm{d}C_L/\mathrm{d}\alpha$ 为正,因此 $\mathrm{d}L/\mathrm{d}\alpha$ 也为正,亦即 α 增加时,升力也增加;而当 $\alpha > \alpha_{cr}$ 时,一切相反,亦即 α 的增加将引起升力的降低。

按照上述受力分析可知:对于图 3-35,在 $\alpha < \alpha_{cr}$ 情况下,当叶片向上运动时,α 角减小,升力减小;当叶片向下运动时,α 角增大,升力增加,升力的变化阻碍叶片运动,起了阻尼作用。在 $\alpha > \alpha_{cr}$ 时,情况相反,气流对叶片起激振作用,如颤振。

3.9.2　构造阻尼

利用结构措施来抑制振动是目前广泛采用的一种方法。这种结构可分为两类。

(1) 盘-叶片连接阻尼。目前实际应用的有双榫结构和涂固体润滑剂等办法。另外,盘叶之间的三种连接方式:枞树榫、燕尾榫或销钉连接结构也产生结构阻尼。参见图 3-49、图 3-50。

(2) 叶片-叶片连接阻尼,使相邻叶片的振动互相受到牵制。这是一种常用的行之有效的办法。具体构造有减振凸台、叶冠、箍带(拉筋)、缘板阻尼等形式。参见图 3-51~图 3-55。

3.9.3　材料阻尼

金属材料的应力-应变关系,即使在比例极限内,也不完全是条直线。实际上"加载"和"卸载"是沿着不同的过程线进行的,如图 3-36(a)所示。一个应力-应变循环 $ABCDA$ 形成一个闭环,环面积即代表能量消耗。在小的循环应力下,这个面积很小,即实际的阻尼很小,当应变进入塑性区后,或温度升高时,阻尼才明显增大。但实际叶片绝不允许其振动应变进入塑性区,所以只有涡轮叶片的材料阻尼

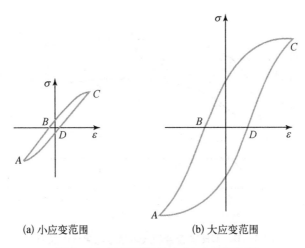

(a) 小应变范围　　　　　　　(b) 大应变范围

图 3 - 36　金属材料的应力-应变迟滞环

才有实际意义。

　　值得注意的是含铬 13% 的不锈钢,其材料阻尼比一般钢和铝高得多。而一般常用的金属材料的阻尼总不够满意。目前发展的复合材料如硼、碳素纤维材料具有大得多的阻尼值,其比强也很高,是值得研究使用的压气机叶片材料。

　　材料阻尼通常用衰减系数 δ 表示,即

$$\delta = \frac{\Delta E}{E}$$

式中, E 为振动时全振动体的总机械能; ΔE 为经一周振动后,振动体机械能量的衰减量。

　　各种材料的 δ 相差很大,表 3 - 6 所列数据是在应力幅为 35 MPa 下测得的。

表 3 - 6　不同材料在应力幅 35 MPa 下的 δ 值

温度/℃ 材料	25℃	150℃	250℃	370℃	480℃	560℃	660℃	700℃	800℃
碳钢	0.001 1	0.003	0.002	0.003	—	—		—	
3.5% 镍钢	0.000 65	0.000 5	0.000 5	0.001 4	0.001	0.002	0.006 3		
含铬 13% 不锈钢	0.002	0.002 8	0.003 3	0.005 7	0.006	0.01		—	
GH33 合金	0.002						0.007	0.009	0.013

　　涡轮叶片采用的镍基合金在高温下有较高的 δ 值,这对涡轮叶片十分有利。图 3 - 37 给出 GH33 合金的 δ 值变化情况。

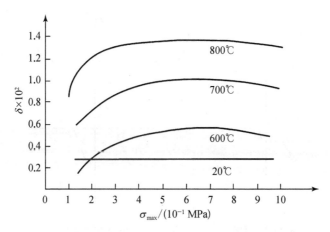

图 3 - 37　GH33 合金的衰减系数与温度的关系

在上述三种阻尼中,气动和构造阻尼更常用。

3.10　颤　振

颤振是叶片振动的另一种形式。在一些航空涡轮发动机中,由于压缩比高,工作范围广,因而气流攻角的变化范围很大,再加上气流流速高,叶片薄而长,形成了叶片产生这类振动的条件。

颤振属于"自激振动"。颤振时,叶片的振型及频率都大致与自由振动的情况相同(包括弯曲及扭转振动)。它与强迫振动不同之处在于它不伴有任何带频率(扰频)的激振力。颤振的频率基本由叶片自身的几何尺寸及材料性质所决定,因而称为"自激振动"。

在一些发动机中,压气机和某些涡轮转子叶片(尤其风扇叶片和前几级压气机叶片)的颤振已成为一个严重的问题。

颤振的种类已知有:亚声速失速颤振、亚声速非失速颤振、超声速失速颤振、超声速非失速颤振及堵塞颤振等。目前在航空发动机上,最重要的是亚声速失速颤振,本节只讨论这种振动。

在实验室中,可以用简易的办法造成一种类似的失速颤振类型,如图 3 - 38 所示。压缩空气经喷嘴以一定的攻角吹向叶片进气边,能很容易地得到一阶弯曲振型的自激振动。

图 3 - 38　叶片自激振动模拟

叶片自激振动时,必然要从气流吸取能量,用以补偿振动的阻尼功(此时只有材料阻尼及结构阻尼)。当叶片振动时,围绕它的气流不再是稳定的状态,它将随着叶片振动而有所改变。仍借用机翼理论进行定性解释,如图3-34、图3-35所示,当 $\alpha > \alpha_{cr}$ 时,气流是振动能量的来源。如在某一振型和振幅下,从气流吸取的功等于叶片的阻尼功,则叶片将稳定在这一状态继续振动下去。假设叶片的阻尼功 $E_{阻}$ 随振幅 y 的变化曲线如图3-39上的曲线①,而自气流吸取的激振功 $E_{激}$ 随 y 的变化如直线②所示,则振动将稳定在 A 点(振幅为 y_a)。若气流流速加大, $E_{激}$ 随 y 的变化线为图上的直线③,此时振幅增大到 y_b。

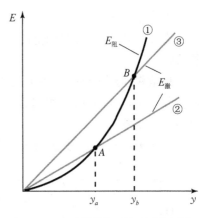

图3-39　叶片颤振时气流激振功与叶片阻尼功的关系

按以上解释,颤振发生的条件必须是气流攻角大于临界攻角,叶背气流分离引起升力变化,导致颤振。这和实际情况相符。如果喷嘴吹出的是不稳定气流(流速随时间变化),则攻角不断地变化,有可能还来不及形成一个稳定状态,攻角已发生变化。也就是说,当振动频率足够高时,气流产生的升力不能按照图3-39的理想情况变化,有可能不会发生颤振。判断是否发生颤振,采用频率参数 λ:

$$\lambda = \frac{\left(\dfrac{b}{w}\right)}{\left(\dfrac{1}{f}\right)} = \frac{bf}{w} \tag{3-54}$$

式中, b 为叶型弦长; w 为相对气流速度; f 为激振频率。 b/w 代表气流从进气边流到排气边所需要的时间。相对攻角减小后,叶背上气体分离得到改善,这种改善从叶片进气边开始到气流流到原分离区后,整个气流情况才得到改善。反之,当攻角增大,气流流动情况恶化过程也类似。这就是说,气流的变化有一个过程,需要一定的时间,这个时间就以 b/w 表征。 $1/f$ 即为叶片振动周期,上述气流变化的时间要小于这个周期时间,才有可能发生颤振。于是两个时间之比成为判断是否出现颤振的准则参数。一般认为,对一扭振动:

$$\lambda \leqslant 1.5 \tag{3-55}$$

对于一弯振动:

$$\lambda \leqslant 0.3$$

将可能发生颤振。

在整个叶片上,各截面上的 b 及 w 不尽相同,通常以 2/3 叶高处截面作为判断标准。

形成失速颤振还须具备下列条件: ① 相对流速足够大; ② 相对攻角足够大。颤振是一个复杂问题,上述判据有一定应用价值,但非绝对准确。有时满足以上条件也不一定发生颤振。

与强迫振动不同,失速颤振有如下特点。

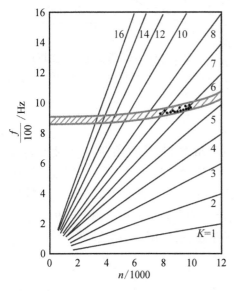

图 3 - 40　发生颤振的区域

（1）引起颤振的主要原因是发动机工作状态（气流状态）改变造成的。

（2）在相同振型下,颤振的频率和叶片自振频率大致相同,也可有少量差别。

（3）颤振极少有高阶振型。

（4）强迫振动发生在一定的转速下,而颤振发生在一定折合转速 $n/\sqrt{T_1}$ 下（折合转速反映气流攻角的改变）。当大气温度改变时,发生颤振的转速也改变。

（5）颤振的发生与转速的倍频无关。在共振图上,振动不仅是一个点,而是一段带区（图 3 - 40）。所以当发现颤振点不在倍频线,就应当想到颤振的可能。

（6）由于每个叶片的自振频率不尽相同,颤振时,同级各叶片振动频率也不尽相同,这是判断颤振的重要依据。

（7）颤振的记录波形是起伏的,有时呈明显的葫芦状（图 3 - 41）。

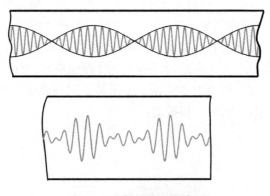

图 3 - 41　颤振的记录波形

（8）失速颤振多数发生在叶尖部位。

（9）压气机叶片发生颤振的转速为最大转速的 60%~80%。

（10）进气道气流畸变可以促使颤振发生,但不是决定因素。

（11）颤振是叶片的自激振动,喘振是气流的振荡,是两个不同的概念,但它们都是由气流失速引起,颤振经常开始发生于喘振边界附近。

颤振的危害性很大,严重的可使叶片在极短的时间内破坏。中等程度的颤振会造成累积损伤而降低叶片寿命。所以强烈的颤振是绝对不允许的。中等以下程度的颤振是否允许需经过审慎的考察。

排除颤振故障可从下列三点着手。

（1）改善气流情况。包括改善进气道气流、导向器出口角,改变工作叶片部分扭角,采用旋转导流叶片,合理设计放气带形式等。

（2）增加阻尼。阻尼可以使振动水平下降,或使颤振完全不能发生。前节所述采用阻尼凸台等结构,对抑制颤振均有利。

（3）改变叶型设计参数。对宽叶片,取大的 b 值,若相对厚度不变,则叶型厚度也增大,其各阶自振频率也高。所以宽叶片的 λ 值较高,有利于防止或推迟颤振的发生。

（4）采用错频叶片转子。

早在 20 世纪 60 年代苏式发动机即应用错频转子结构,以推迟叶片颤振和排除颤振故障,国产某发动机的一级压气机转子叶片分为三组,每组内叶片的频差不低于 5 Hz,组与组之间相邻的叶片频差不低于 11 Hz。又如某发动机对压气机第一和第二级叶片也规定了频差要求。这样,可有效地避免叶片颤振故障。通常将同级叶片固有频率之间的偏差称为"频率失调",又称为"错频"。由于"频率失调",在振动时除盘片之间有耦合作用外,还在叶片之间发生耦合。图 3 - 42 的照片显示了一整级叶片和盘之间的耦合振动图形。图中,叶栅区明显地分为六个振动区。须强调指出,叶片的"频率失调"问题,是当前国内外学术界十分关注的一个重要课题,有不少问题尚需进一步从理论和实验上进行研究。但如下两点是比较一致的:

（1）叶片频率失调对颤振具有明显的抑制作用;

（2）叶片在受迫振动时,频率失调将使某些叶片的振幅较平均值明显地增大。

图 3 - 42　盘与叶片间的耦合
振动(全息摄影)

3.11 叶片振动故障的排除

发动机叶片振动损坏故障的原因很多,例如:设计不合理;材料质量不好,热处理工艺不适当,加工质量低及使用不当等。叶片损坏的形式有好多种,如叶身裂纹或折断;榫齿裂纹或折断;叶根裂纹或折断;叶尖刮伤、叶身碰伤或擦伤等。

3.11.1 叶片振动故障的判别

以往的实验表明,叶片损坏原因很多,如果其中振动为主要原因,则称为振动损坏或疲劳损坏。典型的叶片振动损坏有下列特点:

(1)断口分析证明为疲劳损坏;

(2)断口附近材料检查无明显缺陷;

(3)计算和实验都证明裂纹起源是在某阶振型应力较大的区域;

(4)裂纹自起源处基本沿着主应力的垂直方向发展;

(5)叶片损坏具有明显的统计规律性。

但是,要判断叶片损坏的主要原因并不容易。一般要从振动的破坏力、材料的抵抗力以及工作条件诸方面进行综合分析,才能得到符合实际的结论。转子工作时,叶片不可避免地要发生振动,在无其他不利条件时,合理设计的叶片一般能够抵抗这种振动,达到其应有的工作寿命。但如果设计或使用不当,可使激振力增强而造成叶片损坏;在叶片抗力方面,由于材料或工艺不良,叶片抵抗力下降,也要造成损坏。

3.11.2 叶片振动故障排除及减振措施

1. 改变激振力频率或减弱激振力

叶片振动应力主要取决于振幅。振幅则决定于激振力的大小和频率,以及叶片的阻尼力。共振情况下,激振力的频率与叶片自振频率重合,较小的激振力会激起较大的振幅。故设法改变激振力频率以避开危险共振频率。或将激振力减弱,也可使振动减弱。这些都是较为积极的措施。但这些措施常常涉及结构更动,因而对发动机来说更适用于产品试制阶段,对于批量产品,改动结构应非常慎重。还必须注意,激振力频率改变后,有可能会引起其他级叶片或其他阶振型的振动。具体可通过以下措施。

1) 改进支柱设计

进气支柱可使其下游的一、二级转子叶片受到较强烈干扰,中间支柱除了影响下游叶片外,还有可能影响上游的叶片,如涡轮后的排气支柱可以影响末级涡轮叶片的振动。

如前所述,支柱的尾迹激振力频率为

$$f_e = SZ\left(\frac{n}{60}\right) = K\left(\frac{n}{60}\right), \quad S = 1, 2, 3, \cdots$$

式中, Z 为均布支柱数。

例如, $Z = 4$,则当发动机转速为 12 000 r/min,则 $f_e = 800, 1 600, 2 400, \cdots$ 这些都是容易引起危险振动的频率。

支柱尾迹引起一、二级转子叶片的振动,在早期的设计中比较常见。目前的发动机较多采用多支柱(如 20 根)的设计,这实际上是将一级导向叶片设计成支板。这样,激振力频率就变得很高(约 3 000 Hz 以上),使共振机会明显减少。

另一措施是减小尾迹影响,将支柱前移,或改善支柱型面设计,使尾迹引起的激振力减弱到叶片能够抵抗的水平。

2）改进燃烧室的设计

分管式和联管式燃烧室结构,使气流分股进行燃烧,在燃烧室出口段的整个环形通道上形成明显的尾迹。对环形燃烧室,某些(带燃烧碗或涡流器的)构造也会造成喷嘴的明显尾迹(出口温度不均),其尾迹情况与支柱障碍物类似。计算其激振力频率时,式中的 Z 为火焰管数目或环形燃烧室的喷嘴数目。

通常 $Z = 6 \sim 10$,这可能引起低频激振力。在发动机上,由燃烧室火焰筒或喷嘴的尾迹引起的涡轮叶片振动是常见的。

火焰筒或喷嘴尾迹引起的谐激振力($K = 1Z, 2Z, 3Z, \cdots$)还取决于每个火焰筒内气流的分布情况,对于环形燃烧室则取决于每一喷嘴的对应出口截面内的气流分布,所以改变燃烧室气流激振力可从两方面着手:① 改变火焰筒或环形燃烧室喷嘴的数目;② 改善火焰筒或环形燃烧室喷嘴对应区的燃烧质量以改善气流分布。

引起涡轮叶片振动的另一情况是火焰筒之间的气流情况的差别。设想在出口整环形区域内,上、下两部分的火焰筒温度较高;左、右两区温度较低,显然会引起二倍频的激振力。如果只有某一区的燃烧温度特别高,则引起 $K = 1,2,3,\cdots$ 的谐激振力。如果判断确定由此引起了严重的共振,则应采取措施,减弱此激振力,如调换喷嘴就是一种措施。办法是根据测出的温度场,在温度较高区,换成小流量喷嘴,温度较低区换大流量喷嘴。

3）改变静子叶片数目和栅距

由于转子叶片总是紧靠等栅距的静子叶片,静子叶片形成的尾迹难以扩散,从而使转子叶片受到一系列等间距脉冲力的作用。这常常是导致转子叶片振动的主要原因。如 WP6 压气机三级转子叶片,曾出现过比较严重的断裂故障,经多方面分析原因,乃是由于二级静子叶片尾迹在慢车转速激起的一扭共振,于是采用了改变静子叶片数目或将静子叶片设计成不等栅距,改变了激振力等周期的性质,减弱了激振作用。但须指出,引用不等栅距减振要极其慎重,因为对于栅距不同的排列形式,其尾迹的周期及幅值是不同的,若使用不当,反而会加剧转子叶片的振动。如某发动机改型设计中,由于采用了不等栅距,导致了转子叶片断裂。因此,采用不等栅距结构,首先必须对激振力作傅氏级数分解,并结合位于其后的转子叶片各阶固有频率进行分析和结构减振优化设计,以保证在工作转速范围内,不出现低阶共振。某压气机一级静子叶片采用不等栅距,减小了二级转子叶片的振动,见图 3-43。

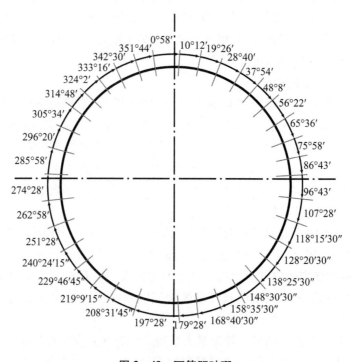

图 3-43　不等距叶珊

另外,在同一级静子叶片中,由于制造和安装精度原因,使叶片间通道面积或气流出口角不均匀,从而导致流场不均,这种情况在可调导向叶片级中更甚。为此要求制订适当的装配规范,保证出口角和栅距的误差在一定范围内。其次,由于转子叶片前后静子叶片数目设计不当,而产生低频激振力,也会引起叶片的振动。如图 3-44 所示,有 A、B 两排静子叶片,片数各为 20 和 19,在叶栅中总有一处的 A、B 栅叶片错开,前后叶片相互堵塞(图上②区),叶栅中气流量分布如图中曲线所示,形成低频激振力。

如两级相邻静子叶片 A、B 叶片数相差为 Z,则会引起相对较低的激振频率:

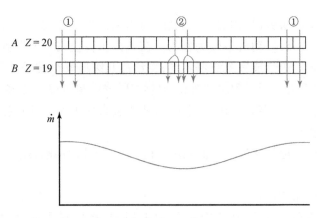

图 3-44 叶栅的排列与气流量的关系

$$f_e = SZ\left(\frac{n}{60}\right) = K\left(\frac{n}{60}\right), \quad K = 1Z, 2Z, 3Z, \cdots$$

采用斜静子叶片可以有效地减弱对转子叶片的激振力,见图 3-45,这种静子叶片可以使其尾迹力逐渐施加到转子叶片上,因而大大减小了激振作用,使振动得到改善。

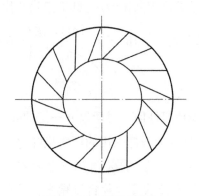

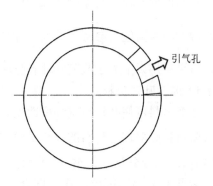

图 3-45 斜静子叶片   图 3-46 不合适的抽气方案

4)减少其他障碍物的影响

前面已经提到过,在 360°的环形通道内,局部障碍能引起多个倍频的激振力,而且随倍频数增加,激振力幅衰减变慢。说明局部障碍虽小,但它的激振频率范围却很宽。所以,在发动机气流通道中应尽量避免这种局部障碍。例如在静子叶栅中放置一个小测压管,压气机从一个孔中抽气(图 3-46),都可能引起转子叶片的强烈振动,放气孔造成周向气流不均激振作用类似于障碍物的尾迹。

5)进气道气流流场不均的影响

在飞行中气流进入发动机之前,可能先经过形状不甚规则的(如 S 型)进气道,在那里气流流场的参数(压力、流量、温度等)沿周向出现不均匀的现象,这在现代隐身要求较高的飞机发动机中较为常见。在飞机作特技飞行或遇到侧风时,不均匀现象还要严重。进气道气流流场不均,将给前几级压气机转子叶片带来强大的激振力,这种激振力实际上和尾迹激振力的性质一样,也可以分为多阶谐力。对许多进气道,一阶和二阶谐力常比较明显,这些激振力如果和叶片自振频率相重合,会引起强烈的振动。

如何改善进气道气流流场以消除压气机一、二级叶片振动,须从飞机和发动机匹配上去考虑。

6) 放气窗口的影响

放气装置在轴流式发动机上是经常采用的,放气量可达压气机总流量的10%~25%,如果形成激振力,将是较强的。

各种放气机构形成不同排列的障碍物,其尾迹影响将造成许多阶次的强大激振力。过去经验说明,放气机构的设计对叶片振动关系极大。如某发动机压气机放气结构安装在第三和第四级压气机之间,该发动机的第四、五、六级压气机转子叶片振动掉块故障就相对较多。

2. 改变叶片自振频率

设法改变叶片的自振频率,避开某一转速下的已知共振转速,也是排除叶片振动故障的积极措施。参考等截面叶片自振频率公式 $(3-18)$ $f_i = \dfrac{(al)_i^2}{2\pi l^2}\sqrt{\dfrac{EJ}{\rho A}}$,在设计阶段可采用以下方法改变叶片自振频率。

1) 改变叶片材料

改变材料可使叶片自振频率改变,而不影响原机性能。对于尺寸一定的叶片,其各阶自振频率均与材料的 $\sqrt{E/\rho}$ 值成正比。但目前普遍采用的压气机叶片材料如钛合金、铝合金及不锈钢、各种耐热合金其室温下的 $\sqrt{E/\rho}$ 值相差最多不超过2%(参见表3-3),因此改换不同金属材料不能有效改变叶片自振频率。只有玻璃钢和复合材料的 E/ρ 值变化较大,所以实际上只能考虑换用这两种材料,才能有效地达到改变自振频率的目的。当然还要综合考虑材料的其他性能,如比强度值及最高使用温度。

但是,在排除叶片振动故障时,有时采用换材料的办法,其主要目的还在于利用材料的比强度高、抗疲劳性能好的优点,如将铝合金叶片换成钛合金叶片,当然还要综合考虑其质量增加的成本。

2) 改变叶身截面惯性半径或厚度

等截面叶片弯曲自振频率正比于截面惯性半径 $r_\eta = \sqrt{J/A}$,对矩形截面梁其截面惯性半径正比于厚度 h,因而正比于梁弯曲自振频率。改变叶身厚度的方法,可在几个截面或全部截面上适当加厚或减薄。在排故阶段也可采用涡轮叶片削角、压气机叶片削边(如图 3-47、图 3-48 所示),这对调整某些较高自振频率的局部振动是有效的。

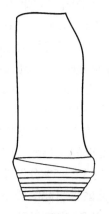 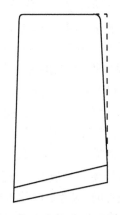

图 3-47　涡轮叶片切角　　　　　图 3-48　压气机叶片修边

改变厚度不但要保持原有的叶型气动性能,并达到改变自振频率的目的,而且应使工艺方面的改变尽可能少。全叶身加厚或减薄的办法几乎无须更动加工刀具和模具,但此法对频率改变的效果不甚显著,且增加质量的代价太大。通常采用加厚根部或减薄尖部措施,对增加叶片弯曲频率比较有效。如果采取相反措施,虽对降低叶片弯曲频率有效,但对叶根强度是减弱的,要慎用。

3) 改变叶片支承刚度

由表 3-2 可见,改变叶片支承方式或增加支承自由度[改变 $(al)_i^2$]会明显改变叶片自振频率,支承刚度越大、支承自由度越多,自振频率越高。比如叶根单固支的叶片增加叶冠或凸台结构会明显提高叶片自振频率。

另外叶片和盘采用销钉式连接对减振有一定效果,而且它的弯曲自振频率(主要是一弯频率)与销钉孔配合间隙有关。在一定范围内加大配合间隙,可以使一弯频率降低,反之则提高。在实际加工装配中,只要改变销子直径,并不更动叶片和盘本身,就可以达到改变叶片自振频率的目的,这是销钉式连接的优点之一,因而适宜在叶片排除振动故障时使用。但是这种方法改变自振频率相对量有限,对某发动机高压一级风扇叶片仅能改变约 2%。

4) 改变叶片长度

对等截面叶片,其弯曲自振频率反比于叶片长度平方。理论上改变叶片长度可以有效改变叶片自振频率。但是叶片长度是在发动机流道气动方案设计阶段就确定了,在排故阶段是无法轻易改变的。

叶片振动抑制设计工作中一个重要的方法就是发动机共振转速与工作转速避

开,但是该项工作也是十分具有挑战的设计工作。因为理论上每个叶片具有无穷多个固有频率,且由于激振力的倍频特性,尾流激振力一旦有,就可能具有无穷阶,因此"在发动机工作范围内不发生共振是不可能的[2]"。某国军标中给出了叶片共振评定标准"在发动机整个工作范围内,叶片和盘的固有频率不得引起有害的共振[18, 19]",国军标 GJB 241A—2010/242A—2018 中也明确给出"在发动机整个工作范围内所有转速推力状态下,包括稳态和瞬态,不应发生破坏性振动[6, 7]"。国军标要求是顶层原则性要求,但为了实现避振设计的可操作性,还需有进一步的叶片振动抑制设计避频细节评定标准。现有相应的避免共振设计评定标准不尽相同[2, 5, 18-20],但总结起来有以下共同点:① 主要考虑叶片的前几阶(一弯、二弯、一扭、弦向一弯)振型;② 主要考虑已知的尾流激振力源[前两级和后一级静子叶片(支板)、燃烧室喷嘴、前后静叶数差等]基频和支板的二倍频;③ 一级转子叶片因制造公差和材料性能的分散性,会使固有频率产生 3%~5% 分散性。在进行叶片的共振频率避开设计时,应考虑叶片各阶固有频率分散带引起的最差叶片避频裕度要求;④ 早期的叶片共振频率避让裕度一般要求为 10%,但随着叶片固有频率分析计算精度的提高,并在充分考虑叶片固有频率分散性影响下的最差叶片避频要求,共振频率避让裕度可以根据不同激振源及倍频、不同共振振型酌情分组降低;⑤ 发动机工作稳态转速(如慢车、巡航、中间功率状态)下的共振必须避开;在慢车至最大转速范围内若不能完全避开有害共振时,可允许共振点出现在较低转速(如 $80\% n_{max}$ 或最小巡航转速)下的过渡态;⑥ 除了上述共振频率避开设计要求以外,随着5(及以上)代飞机隐身要求的提高,军用发动机进气畸变问题越来越严重,随之需要考虑由进气畸变基频及低倍频作为特殊尾流激振源的叶片有害共振频率避开设计。

改变叶片自振频率,使之提高或降低,变化幅度大小应根据避频需要与可能具体而定。结合改变激振力频率,达到叶片激振力频率和自振频率在转子主要工作转速下避开的目标。总体原则是重点保证 80% 最大转速或最小巡航转速以上工作范围不出现有害共振,具体共振频率避开裕度可根据不同类型激振力(进气畸变、前支板、相邻级叶片)及不同阶倍频的严重程度,对不同的叶片共振振型酌情选取适当的避频裕度(如 5%~10%)。

3. 提高叶片抗振能力

叶片避振设计要有的放矢,搞清重点避振目标,才能采取有效措施。在叶片设计试制实践中,对于叶片振动故障分析最好弄清楚振动的原因:激振力的来源、激振频率、叶片的振型和自振频率。但进行这项工作往往需要较长的时间和大量的试验,有时在生产和使用中往往难以做到。特别是在有些情况下,由于叶片各阶固有频率引起的共振转速的复杂性,要彻底避开共振通常是非常困难的。因此,寻找能迅速用到生产上的可靠排除叶片振动故障的方法就显得非常重要。这种方法可以针对各种振型和频率(包括颤振),使振动降低到可以允许的水平。因此,在不完全了解振动原因的情况下,甚至在设计过程估计到会出现某种难以解决的振动时,都可采用这种方法。所以目前无论在研制或批量生产的发动机上,都广泛采取一些措施来提高叶片抗振能力。

提高叶片抗振能力总体上分为:① 提高叶片材料表面抗疲劳特性;② 提高叶片抗振阻尼。按照 3.8 节叶片阻尼知识,后者又可分为:① 提高叶片气动阻尼;② 提高叶片材料阻尼;③ 提高叶片结构阻尼。

1)提高叶片材料抗疲劳特性

提高叶片材料抗疲劳特性方法主要有:① 减少叶片材质缺陷;② 提高叶片表面完整性(提高表面光洁度、避免尖锐倒角及棱边);③ 表面耐腐蚀防护(涂防腐漆);④ 优先选用比强度好的材料(如钛合金);⑤ 采用叶片表面喷丸、激光强化等手段提高叶片表面材料疲劳强度。目前该方法已被用于振动问题比较突出的整级叶片。

2)提高叶片气动阻尼

提高叶片气动阻尼是在叶片气动设计阶段保证的,使叶片工作时的攻角处于临界攻角之下,接近临界攻角时要留有余量,保证叶片工作状态的稳定性。

3)提高叶片材料阻尼

金属叶片的材料阻尼是有限的,且以牺牲材料寿命为代价,因此收效有限。近年来发展的复合材料如树脂基碳纤维增强复合材料、多层板夹层蜂窝结构,其阻尼可能超过金属材料十倍,能有效地抑制叶片振动,并已在大涵道比风扇叶片上成功使用(如 GE90 一级风扇叶片)。另外表面涂防腐漆的叶片材料阻尼也会有一定提高,这是因为叶片表面漆层和金属本体形成类似复合材料结构。

4)提高叶片结构阻尼

叶片结构阻尼设计是航空发动机叶片较广泛采用的结构减振措施,它们又可细分为:① 叶片-轮盘之间减振结构;② 叶片-叶片之间减振结构。

(1)提高叶片与盘连接结构的抗振阻尼。目前叶片与盘的连接结构主要包括:燕尾形榫连接、枞树形榫连接、耳片式连接结构方式。当叶片振动时,叶身带动叶片榫头/销钉有微小的振动,使叶片和轮盘发生摩擦,耗去一定能量,也就产生了结构阻尼。阻尼的大小也用衰减系数 δ 表示。榫头阻尼大小与榫头形式和发动机转速有关。图 3-49 给出各种叶盘连接结构的衰减系数随转速改变的情况。从图 3-49 可见,三种盘叶连接方式中燕尾榫阻尼最低,枞

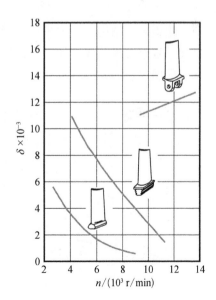

图 3-49 各种榫头的阻尼

树榫阻尼次之,销钉耳片连接结构阻尼最大。燕尾榫结构只有一对榫齿,随着转子转速增大到一定程度(如 WP6,转速增加到 60% n_{max} 以上时,榫连接相当于黏连接触状态)时,连接结构阻尼就很小了;而枞树形榫连接有多对齿传力,而各对齿的传力分配比例可以不同。阻尼好的榫齿传力设计是使下面的齿传力比例大,上面的齿传力小。这样在叶片振动时,叶片形成以下面齿为圆心的摆动振动,形成盘叶上面齿之间会有相对摩擦运动,从而产生摩擦阻尼。耳片连接结构叶片振动时,叶片以耳片销钉为圆心往复运动,从而形成销钉与耳片之间的摩擦运动而产生阻尼。可以通过调整销钉/耳片之间的配合间隙在一定程度上改变耳片连接结构阻尼。

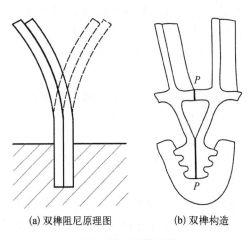

(a) 双榫阻尼原理图   (b) 双榫构造

图 3-50　双榫构造

(2) 提高叶片与叶片连接结构的抗振阻尼。叶-叶连接阻尼结构由叶榫至叶尖排列可细分为: ① 双榫结构; ② 缘板阻尼结构; ③ 减振箍带(拉筋); ④ 凸台; ⑤ 叶冠等。

双榫构造如图 3-50 所示,这种构造有较好的阻尼。当任何一个叶片有振动时,就会在 $P-P$ 面上产生摩擦。由于两个叶片的离心力使两个叶片在 $P-P$ 面造成压力,如图 3-50(a) 所示,两片双层板,在板面间有压紧力。可见,在发生弯曲振动时,板面有相对滑动,因而产生摩擦消耗能量,能有效地减小振幅。

缘板阻尼结构。如图 3-51 所示,缘板阻尼结构是在相邻涡轮叶片缘板下方之间搭接放置封严弹簧片或质量块。前者是利用弹簧片张力顶在相邻涡轮叶片下缘板底面,当相邻叶片振动时会产生缘板相对位移,而使它们与缘板相互摩擦产生

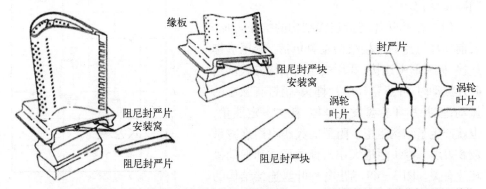

高压涡轮转子叶片相邻缘板下表面安装报动阻尼组件   低压涡轮转子叶片的封严阻尼结构

图 3-51　缘板阻尼结构

阻尼;后者是利用质量块的离心力作用,压在相邻涡轮叶片下缘板底面,当它们振动产生相对位移时,搭接放置的质量块与缘板相互摩擦产生阻尼。

　　箍带(拉筋)阻尼结构。箍带又称拉筋,一般设计在 2/3 叶高位置,周向把叶片连成一组以抵抗振动,它所产生的阻尼不大,因而抗振效果并不十分理想,同时对涡轮/压气机效率有较大影响;因在叶身打孔,叶片强度也有所削弱。但它构造简单,最早用于蒸汽轮机上。个别航空发动机涡轮叶片上也曾有采用,如 WP7 的低压涡轮,如图 3 - 52 所示。

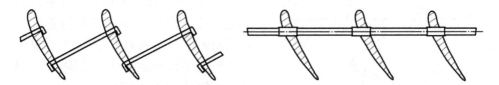

图 3 - 52　箍带/拉筋阻尼结构

　　减振凸台阻尼结构。大涵道比风扇发动机,风扇叶片可长达 1 m,如此长叶片将有较多的危险振型,用常规办法,振动问题难以解决。在蒸汽轮机中也有类似长叶片。这类长叶片可用减振凸台来减振。减振凸台结构如图 3 - 53 所示,是在叶身中上部(约 2/3 叶高)两侧叶型面上各设计一个凸台(可整体加工或分散加工后焊接在一起)。叶片工作时受气体力和离心力的作用,要向一个方向扭转,相邻凸台之间产生一定压紧力。当个别叶片振动时,在接触面上产生相对运动形成摩擦阻尼,抑制振动;同时在叶片之间产生力的联系,单个叶片不能单独作幅度较大的振动(限幅);同时增加了叶片支撑刚度,提高了叶片固有频率。

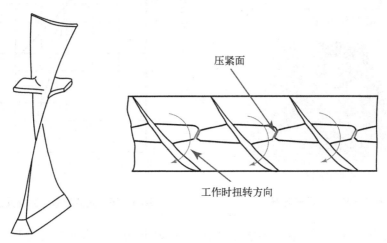

图 3 - 53　叶片的减振凸台

减振凸台对于消除不易解决的复杂振动问题,有很好效果,近年来在许多机种上应用,如斯贝 MK-512 低压 1、5 级转子叶片,高压一级转子叶片均有减振凸台。但从构造角度来看,叶身结构复杂给制造工艺上带来困难,削弱了叶片强度,增加质量,还会降低叶轮机效率。因此,目前该结构主要应用在大涵道比发动机的风扇叶片上。

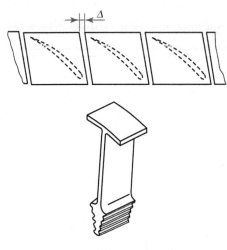

图 3-54　平行四边形叶冠

叶冠减振结构。在涡轮叶片上可采用叶冠结构。叶冠的作用除在原理上因减少了径向漏气而提高了涡轮效率外,还可抑制振动,其减振原理与减振凸台类似。叶冠构造分为平行四边形叶冠(参见图 3-54)和锯齿形叶冠(参见图 3-55)。平行四边形叶冠结构简单,但因为叶片一弯振动叶尖位移方向与摩擦面之间夹角(一般 3~10° 为宜)可设计性差,导致摩擦阻尼较小。而锯齿形叶冠结构稍复杂,但提高了叶尖位移方向与摩擦面之间夹角可设计性,从而可获得更好的摩擦阻尼。

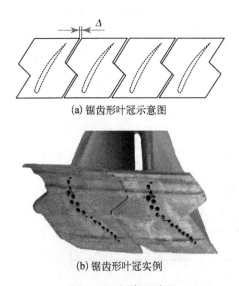

(a) 锯齿形叶冠示意图

(b) 锯齿形叶冠实例

图 3-55　锯齿形叶冠

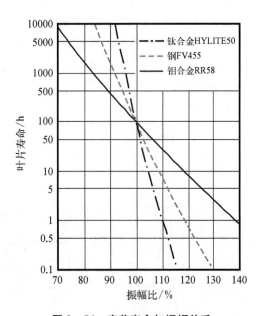

图 3-56　疲劳寿命与振幅关系

当工作转速与共振转速不能充分避开时,以上减振结构可有效降低振幅。由图 3-56 可见,振幅比(应力比)增加 10%,寿命将可能降低 9/10;反之,振幅比降低 10%,寿命就可能提高 10 倍。叶片阻尼结构减振设计对提高叶片高周疲劳寿命效果明显。

【案例部分】

某双简支等截面导叶,在 1/2 叶高断裂,试判断:

(1) 引起该断裂的弯曲振型阶次?

(2) 激振力频率?

(3) 为什么?

解:(1) 最可能引起该断裂的弯曲振型阶次为一阶弯曲。

(2) 一阶激振力频率公式为

$$p_1 = \frac{(al)_1^2}{l^2}\sqrt{\frac{EJ}{\rho A}} = \frac{\pi^2}{l^2}\sqrt{\frac{EJ}{\rho A}}$$

$$f_1 = \frac{p_1}{2\pi} = \frac{\pi}{2l^2}\sqrt{\frac{EJ}{\rho A}} = \frac{1.571}{l^2}\sqrt{\frac{EJ}{\rho A}}$$

(3) 将长度为 l 的导叶模型简化为双简支等截面梁。其振型通解为

$$y_0 = A\sin ax + B\cos ax + C\operatorname{sh} ax + D\operatorname{ch} ax$$

代入双简支梁边界条件:

$$x = 0,\ y_0 = 0,\ M = 0\left(\text{即}\frac{\mathrm{d}^2 y_0}{\mathrm{d}x^2} = 0\right)$$

$$x = l,\ y_0 = 0,\ M = 0\left(\text{即}\frac{\mathrm{d}^2 y_0}{\mathrm{d}x^2} = 0\right)$$

可解得频率公式及振型函数:

$$p_i = \frac{(al)_i^2}{l^2}\sqrt{\frac{EJ}{\rho A}} = \frac{(i\pi)^2}{l^2}\sqrt{\frac{EJ}{\rho A}},\ f_i = \frac{(al)_i^2}{2\pi l^2}\sqrt{\frac{EJ}{\rho A}},\quad i = 1,2,3,\cdots$$

$$y_{0j} = A\sin a_j x = A\sin\left(\frac{j\pi x}{l}\right),\quad j = 1,2,3,\cdots$$

其中,$(al)_i = i\pi, i = 1、2、3,\cdots,n$。

$$y''_{0j} = A\left(\frac{j\pi x}{l}\right)^2\sin\left(\frac{j\pi x}{l}\right),\quad j = 1,2,3,\cdots$$

$$\text{令}\ y'''_{0j} = A\left(\frac{j\pi x}{l}\right)^3\cos\left(\frac{j\pi x}{l}\right) = 0,\quad j = 1,2,3,\cdots$$

$$\text{令}\ x = l/2\ \text{得}\ \frac{j\pi}{2} = \left(\frac{\pi}{2} + m\pi\right),\quad m = 0,1,2,\cdots$$

取满足上式的最小 j，得 $j = 1$，$m = 0$，解得故障叶片的最低阶共振振型为一阶弯曲振动。

【小结】

（1）等截面叶片固有频率、振型推导采用微元梁段的力和矩平衡方程，结合纯弯梁弯矩公式及惯性力表达式，综合整理得四阶常微分方程；代入两端 4 个边界条件得求解 4 个待定系数的齐次线性方程组，联立求解得固有频率解及振型函数。

（2）变截面叶片固有频率及动频常规计算方法有渐进法、能量法，它们编程计算量及计算资源占用少，但目前其作用仅限于求解一阶或前几阶固有频率及振型，以便校验比较其他数值解的精度。计算高阶固有频率时，其振型试函数需与前几阶已知振型函数正交，处理较麻烦。

（3）叶片外场振动故障判别方法需综合考虑以下方面：① 断口是疲劳特征；② 断口起裂点附近无材料及表面加工缺陷；③ 断口起裂点扩展面基本沿垂直主应力方向；④ 计算及试验证明起裂点及裂纹扩展面处于某低阶振动应力极值截面或附近；⑤ 破坏位置及发生概率具有规律性。

（4）影响叶片振动性能的 4 大主要因素有：材料、截面惯性半径、支承方式、长度；其他因素有：温度、扭向、非刚性固支、非长梁及约束端影响。

（5）叶片减振、耐振措施方法有四大类：① 提高叶片抗疲劳特性；② 减小激振力/减少低倍频激励/调整激振力频率；③ 增加叶片阻尼；④ 调整叶片固有频率。具体① 包括：减少材质缺陷、提高表面光洁度、加工划痕不垂直于离心方向、表面强化、表面防腐涂层；② 包括：改进支柱形状和/或与静止叶片级合并（增加支柱数）、改善燃烧室设计及调整个数、变导叶栅距或斜静子叶片、合理设计引起口放气窗、尽量降低进气畸变影响；③ 包括：气动、材料、结构阻尼。其中叶片结构阻尼包括：盘叶之间燕尾榫连接、枞树榫连接、耳片销钉连接；叶叶之间包括：叶冠、凸台、拉筋、缘板阻尼、双榫结构；④ 叶片固有频率调整方法主要有：改变叶片截面惯性半径（加厚叶根）、加凸台、叶冠设计提高叶片支承约束及刚性、调整耳片/销钉连接紧度、涡轮叶片削角、压气机叶片削边。

【习题】

1. 思考题

（1）叶片振动激励有哪几种类型？

（2）推导等截面悬臂叶片的弯曲振动频率方程为什么要做"长梁"假设？非"长梁"主要需额外考虑什么应力分量影响？

（3）等截面悬臂叶片有多少个自振频率？

（4）如何根据等截面悬臂叶片的断裂位置判断引起该断裂的弯曲振型及

阶次?

（5）静止叶片的自振频率称作什么? 旋转叶片的自振频率称作什么? 后者相对前者主要变化规律是什么?

（6）试说明转速、温度及叶片扭向对叶片固有振动频率的影响。

（7）叶片的振型有哪几种基本类型。

（8）设计阶段决定叶片自振频率的 4 大要素是什么? 外场排故改型阶段,调整叶片自振频率有哪些主要方法?

（9）试画出转子叶片的共振转速图,并给出叶片激振力频率、动频和共振转速计算公式。

（10）激振频率公式 $f_e = SZ(n/60)$ 的适用条件?

（11）判断:当气流攻角小于临界攻角时,气流对叶片振动起阻尼作用;当气流攻角大于临界攻角时,气流对叶片振动起激励作用。

（12）叶片的振动阻尼有哪三类? 起什么作用?

（13）列举出一些常用的抑制叶片振动的阻尼结构形式。

（14）燕尾形、枞树形、销钉式三种榫头榫槽的连接方式中,哪种连接方式抗振阻尼效果更好?

（15）从气动和结构强度两个方面分析带冠叶片的优缺点。

（16）叶片设计振动抑制措施有哪些?

2. 计算题

（1）等截面导向叶片,其弯曲振动方程为 $\dfrac{\partial^4 y}{\partial x^4} + \dfrac{\rho A}{EJ} \dfrac{\partial^2 y}{\partial t^2} = 0$, 其中 ρ、E 分别为材料质量密度与弹性模量, A、J 分别为叶片截面的面积与惯性矩,试推导:① 两端固支叶片固有频率、振型计算公式;② 两端铰支叶片固有频率、振型计算公式;③ 一端固支、一端铰支叶片固有频率、振型计算公式,并求出前三阶频率比。

（2）某发动机高压转子前有四个周向均布支板,当发动机转速为 6 000 r/min 时,进气支柱造成的气流尾迹形成的前三阶倍频力的频率分别为?（400 Hz、800 Hz、1 200 Hz）。

附录　渐近法计算变截面叶片固有频率程序及示例

1. 变截面叶片一阶固有频率渐进法计算程序

```
C========================================================
C      PURPOSE：变截面叶片一阶固有频率渐进法估算
C      INPUT
C      N       叶片分段数
C      N1=N+1   叶片截面数
C      AL      叶片长度[cm]
C      A(N1)   叶片各截面面积[m**3]
C      BJ(N1) 叶片各截面惯性矩[cm**4]
C      E       弹性模量[N/m**2]
C      ROU     材料密度[kg/m**2]
C      EPS     振型迭代精度控制变量
C      NDMAX   最大迭代次数
C      YO(N1)  振型初值
C      OUTPUT
C      ND      迭代次数
C      P       叶片一弯频率
C      Y1(N1) 迭代后的一弯振型
C========================================================
      PROGRAM MAIN
      PARAMETER NMAX=20
C     INTEGER N,N1,ND,NDMAX,I
C     REAL E,ROU,EPS,AL,H,P,YMAX,PI,FRQ
      REAL A(NMAX),BJ(NMAX),Y0(NMAX),Y00(NMAX),Y1(NMAX),YA(NMAX)
      REAL YJ(NMAX),YY1(NMAX),YY2(NMAX),YY3(NMAX),YY4(NMAX)
C     原始数据输入及输出检查

      OPEN(5,FILE='DAT1.DAT') ! DAT1.DAT 为输入数据文件
      OPEN(8,FILE='DAT1.RES')
      WRITE(8,*) 原始数据:'
      READ(5,*)N,NDMAX
      IF(N.GT.NMAX-1) STOP 'N > NMAX+1'
      WRITE(8,11)N,NDMAX
      READ(5,*)E,ROU,AL
      WRITE(8,12)E, ROU, AL
```

```
      N1=N+1
      READ(5,*)(A(I),I=1,N1)
      WRITE(8,15)(A(I),I=1,N1)
      READ(5,*)(BJ(I),I=1,N1)
      WRITE(8,16)(BJ(I),I=1,N1)


11    FORMAT(4X,'N=',I5,4X,'NDMAX=',I5)
12    FORMAT(4X,'E=',F17.2,'N/M**2'/4X,'ROU=',F8.2,
     &       'KG/M**3'/4X,'AL=',F7.2,'CM')
15    FORMAT(4X,'A=',1X,5F10.6,'M**2')
16    FORMAT(4X,'BJ=',5F10.6,'CM**4')


      EPS=10.0**(-6)！设定振型迭代精度！注意:不能将10.0写成10!!! 下同
      H=AL/N
      ND=1
      DO I=1,N1
        Y0(I)=((I-1.0)/N)**2！初始振型设定,假定是无因次坐标的二次函数
      END DO
      DO I=1,N1
        Y00(I)=Y0(I)！保存初始振型值
      END DO
C------------------------迭代求解一阶固有频率------------------------
100   CONTINUE
      DO I=1,N1
        YA(I)=Y0(I)*A(I)！计算叶片各段平均分布载
      END DO
      CALL ZFXL(YA,YY1,N1)！计算叶片各段平均剪力
      CALL ZFXL(YY1,YY2,N1)！计算叶片各段平均弯矩
      DO I=1,N1
        YJ(I)=YY2(I)/BJ(I)！计算叶片各段平均斜率
      END DO
      CALL ZFOX(YJ,YY3,N1)
      CALL ZFOX(YY3,YY4,N1)！计算叶片各段平均振幅
C     一阶频率
      P=4/(H**2)*SQRT(E/(ROU*YY4(N1)))
C     一阶振型归一化
      DO I=1,N1
        Y1(I)=YY4(I)/YY4(N1)
      END DO
```

```
C       振型收敛性判定
        YMAX=0.0
        DO I=1,N1
          YM=ABS(Y1(I)-Y0(I))! 判断 Y0 与 Y1 的差别的一范数
          IF(YM>YMAX)   YMAX=YM
        END DO
        ND=ND+1
        DO I=1,N1
          Y0(I)=Y1(I)
        END DO
        IF (YMAX>EPS.AND.ND<NDMAX) GO TO 100
        PI=3.1415926
        FRQ=P/(2*PI)
C       结果输出
        PRINT *,'----------------------------------------------------'
        WRITE(8,*)'计算结果:'
        WRITE(8,201) ND,P,FRQ
        WRITE(8,202) (Y00(I),I=1,N1)
        WRITE(8,203) (Y1(I),I=1,N1)
201     FORMAT(4X,'ND=',I3,4X,'P=',F10.4,'RAD/S',4X,'FRQ=',F10.4, &     'HZ')
202     FORMAT(4X,'Y0=',5F10.6)
203     FORMAT(4X,'Y1=',5F10.6)
        STOP
        END
C==================================================================
        SUBROUTINE ZFXL(Y,YY,N1)
C==================================================================
C     PURPOSE:   由叶根截面向 i 截面梯形公式积分
C     INPUT
C       N1       叶片截面数
C       Y(N1)    叶片截面参数
C     OUTPUT
C       YY(N1)   叶片各段积分
C==================================================================
C     INTEGER I
        REAL Y(11),YY(11),F(11)
        F(N1)=0.0
        YY(N1)=0.0
        DO I=1,N1-1
```

```
     F(I)=Y(I)+Y(I+1)
  END DO
  DO I=N1,2,-1
     YY(I-1)=YY(I)+F(I-1)
  END DO
  RETURN
  END
C=================================================
     SUBROUTINE ZFOX(Y,YY,N1)
C=================================================
C    PURPOSE:  由叶尖截面向 i 截面梯形公式积分
C    INPUT
C      Y(N1)   叶片截面参数
C    OUTPUT
C      YY(N1)  叶片各段积分值
C=================================================
     INTEGER I
     REAL Y(11),YY(11),F(11)
     F(N1)=0.0
     YY(1)=0.0
     DO I=1,N1-1
       F(I)=Y(I)+Y(I+1)
     END DO
     DO I=2,N1
       YY(I)=YY(I-1)+F(I-1)
     END DO
     RETURN
     END
C=================================================
```

   2. 变截面叶片一阶固有频率计算实例 1

   1）原始数据

   弹性模量

   密度 $\rho = 2\,850\ \text{kg/m}^3$，叶片长 $L = 10\ \text{cm}$

截面 \ 项目	1	2	3	4	5	6
截面积 A/m^2	0.000 170	0.000 146	0.000 126	0.000 109	0.000 096	0.000 086
惯矩 J/cm^4	0.027 9	0.021 2	0.015 7	0.010 8	0.008 4	0.006 1

续　表

截面＼项目	7	8	9	10	11	
截面积 A/m^2	0.000 077	0.000 073	0.000 07	0.000 068	0.000 068	
惯矩 J/cm^4	0.004 5	0.003 7	0.003 2	0.003 0	0.003 0	

2）输入数据文件

```
A>TYPE DAT1.DAT
10  10
71540000000.00  2850.00  10.00
0.000170  0.000146  0.000126  0.000109  0.000096  0.000086  0.000077
0.000073  0.000070  0.000068  0.000068
0.027900  0.021200  0.015700  0.010800  0.008400  0.006100  0.004500
0.003700  0.003200  0.003000  0.003000
```

3）计算结果

```
   ND=  5    P= 2458.8455RAD/S    FRQ=  391.3374HZ
Y0=  0.000000  0.010000  0.040000  0.090000  0.160000
Y0=  0.250000  0.360000  0.490000  0.640000  0.810000
Y0=  1.000000
Y1=  0.000000  0.008449  0.034942  0.082179  0.152690
Y1=  0.247583  0.366604  0.507320  0.664227  0.830368
Y1=  1.000000
```

4）结果截图

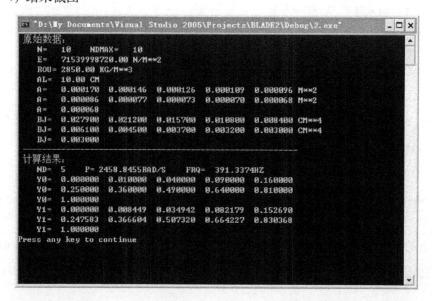

3. 计算实例 2

1）输入数据文件

```
10 10
70.60E9          2750.00          13.2250
5.7033E-4   5.1188E-4   4.6727E-4   4.1572E-4   3.7660E-4   3.5800E-4
3.1697E-4   3.0056E-4   2.8414E-4   2.2274E-4   1.9600E-4
3.8344E-1   3.3200E-1   2.8056E-1   2.2913E-1   1.7353E-1   1.3000E-1
1.0737E-1   0.8817E-1   0.6897E-1   0.4985E-1   0.4000E-1
```

2）计算结果

```
ND=  6    P= 3226.2156RAD/S    FRQ=  513.4682HZ
Y0=  0.000000  0.010000  0.040000  0.090000  0.160000
Y0=  0.250000  0.360000  0.490000  0.640000  0.810000
Y0=  1.000000
Y1=  0.000000  0.011257  0.044899  0.100655  0.178402
Y1=  0.278060  0.398277  0.535441  0.684627  0.840857
Y1=  1.000000
```

3）结果截图

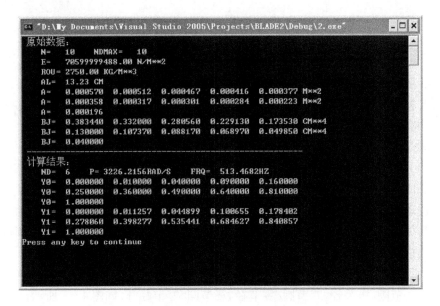

第4章
轮盘振动

【学习要点】
- 熟悉轮盘振动的基本形式。
- 熟悉等厚圆盘固有振动频率、振型推导方法及主要结论。
- 熟知影响盘自振频率的影响因素及规律。
- 熟悉盘动波、驻波、逆行波、临界转速概念及临界转速公式。
- 熟悉轮盘共振条件。

4.1 圆盘振动的形式

在航空涡轮发动机上,为了减小质量,轮盘特别是压气机盘都尽量做得很薄,因而容易引起振动。在实际发动机上也曾出现过由于振动而造成的盘损坏事故。

圆盘振动和其他弹性体振动一样,也有各种振动形式。

圆盘的弯曲振动可分成下列三类。

(1) 第一类振动:振动形式对称于中心,全部节线都是同心圆,其中最简单的是中心固定的一节圆(固定点四周形成一个小节圆)的一阶振动,如图 4-1 所示。这种振动又称为伞形振动,它有许多振型,每一振型对应于一个确定的节圆数。节圆数与振型阶次数相等。图 4-2 是中心固定的二阶振动,三阶以上的振动形式可以此类推。

为了方便起见,将圆盘振动类型采用统一符号标记,如 1/0,2/0,3/0… 分别对应表示一节圆/零节径,二节圆/零节径,三节圆/零节径等,如图 4-3 所示。

这类振型可以通过简单的实验观察到。如图 4-4 所示,为一圆盘振动试验装置,该装置用压电晶体激振,当激振力频率与自振频率相近时,盘上出现有规则的砂子分布形状。对应每一种砂形,有一个确定的自振频率。

对于边缘固定的圆盘,振动时没有中心节点,节圆情况与中心固定的类似,见图 4-5。

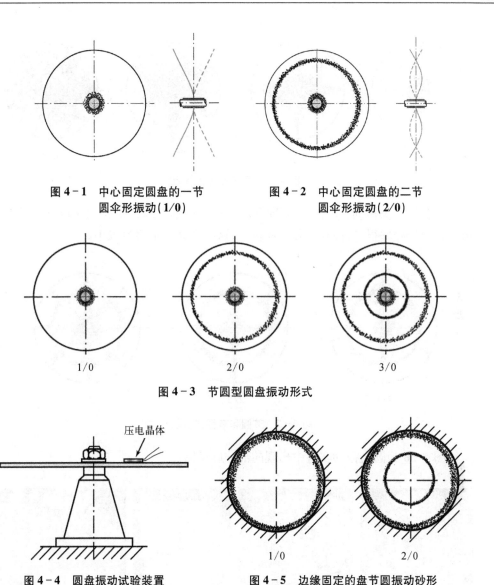

图 4-1 中心固定圆盘的一节 图 4-2 中心固定圆盘的二节
圆伞形振动(1/0) 圆伞形振动(2/0)

1/0   2/0   3/0

图 4-3 节圆型圆盘振动形式

压电晶体

图 4-4 圆盘振动试验装置

1/0   2/0

图 4-5 边缘固定的盘节圆振动砂形

这类振动在航空涡轮发动机上可能产生,由于涡轮联轴器的制造或者安装不准确,在工作时轴向力发生周期性变化,可引起上述振动。但根据经验,这种振动一般不易导致盘的损坏。

(2)第二类振动:扇形振动。全部振动节线都是沿圆盘面径向分布的直线,这些线称为节径,其形式和标记见图 4-6,其中"-""+"号代表振动时的位移方向,记为 0/1,0/2…。

这类振动无论是中心固定或边缘固定的圆盘都可能产生。在实际发动机上,这类振动最容易引起轮盘损坏。

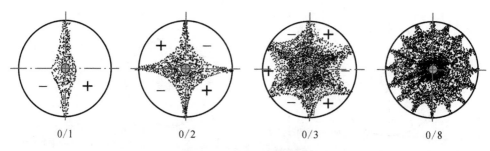

图 4-6　节径型圆盘振动

（3）第三类振动：复合振动，即伞形振动和扇形振动的组合，如图 4-7 所示。由于其自振频率很高，故在实际发动机上，这些振动的危险性较小。

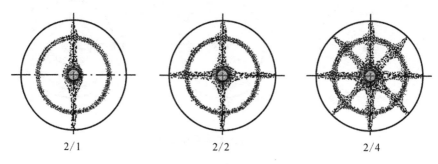

图 4-7　节圆和节径复合振动

图 4-8 为圆盘振动实验中出现的部分砂型图。

(a) 三节圆五节径振动　(b) 三节圆三节径振动　(c) 二节径振动　(d) 有规律的非典型振动

图 4-8　中心固支圆盘振动实验砂型图

4.2　薄等厚圆盘的自振频率及振型

基本假设：薄盘、等厚、简谐弯曲振动。

根据薄板弯曲振动理论，在极坐标系中，盘上某点的横向位移 w，可用极坐标

r、θ 及时间 t 来描述。设横向位移为

$$w(r,\theta, t) = R(r) \cdot \cos m\theta \cdot \cos pt \qquad (4-1)$$

参考一维梁振动方程:

$$\frac{d^2}{dx^2}\left(EJ\frac{d^2}{dx^2}y\right) = q = -\rho A\ddot{y} = \rho A p^2 y$$

对等截面叶片振型函数可表示为算子形式微分方程:

$$\left(\frac{d^4}{dx^4} - k^4\right)y_0 = \left(\frac{d^2}{dx^2}\frac{d^2}{dx^2} - k^4\right)y_0 = 0$$

其中,

$$k^4 = \frac{\rho A p^2}{EJ}$$

推广至二维薄板弯曲振动位移方程:

$$\nabla^2(D \ \nabla^2 w) = q = -\rho h\ddot{w} = \rho h p^2 w \qquad (4-2)$$

其中,板的弯曲刚度 $D = \dfrac{Eh^3}{12(1 - \nu^2)}$。

二维拉普拉斯算子:

$$\nabla^2 = \frac{\partial^2}{\partial x^2} + \frac{\partial^2}{\partial y^2} = \frac{\partial^2}{\partial r^2} + \frac{1}{r}\frac{\partial}{\partial r} + \frac{1}{r^2}\frac{\partial^2}{\partial \theta^2}$$

对等厚板,D 为常数,可令

$$k^4 = \frac{\rho h p^2}{D} \qquad (4-3)$$

式中,ρ 为材料密度;h 为盘厚度;E 为材料弹性模量。

由式(4-2)、式(4-3)得算子表示的板弯微分方程:

$$(\ \nabla^2 \ \nabla^2 - k^4)R(r)\cos m\theta = 0 \qquad (4-4)$$

或

$$(\ \nabla^2 \pm k^2)R(r)\cos m\theta = 0$$

将式(4-1)代入上式对 θ 微分后消去 $\cos m\theta$ 得

$$\left(\frac{d^2}{dr^2} + \frac{1}{r}\frac{d}{dr} - \frac{m^2}{r^2} \pm k^2\right) = R(r) = 0 \qquad (4-5)$$

令 $z = kr$ 代入上式得

$$\left(\frac{\mathrm{d}^2}{\mathrm{d}z^2} + \frac{1}{z} \frac{\mathrm{d}}{\mathrm{d}z} - \frac{m^2}{z^2} \pm 1 \right) R(r) = 0 \tag{4-6}$$

则对于沿径向变化的振幅函数 $R(r)$ 的两个控制微分方程为式(4-7a)和式(4-7b)：

$$\left(\frac{\mathrm{d}^2}{\mathrm{d}z^2} + \frac{1}{z} \frac{\mathrm{d}}{\mathrm{d}z} - \frac{m^2}{z^2} + 1 \right) R(r) = 0 \tag{4-7a}$$

$$\left(\frac{\mathrm{d}^2}{\mathrm{d}(\mathrm{i}z)^2} + \frac{1}{\mathrm{i}z} \frac{\mathrm{d}}{\mathrm{d}(\mathrm{i}z)} \frac{m^2}{(\mathrm{i}z)^2} + 1 \right) R(r) = 0 \tag{4-7b}$$

式(4-7a)为纯实自变量 z 的贝塞尔函数控制方程，式(4-7b)为纯虚自变量 $\mathrm{i}z$ 的贝塞尔函数控制方程，其通解为

$$R_m(r) = AJ_m(z) + BY_m(z) + CJ_m(\mathrm{i}z) + DY_m(\mathrm{i}z) \tag{4-8}$$

其中，$J_m(z) = \sum\limits_{k=0}^{\infty} \frac{(-1)^k}{k! \; \Gamma(m+k+1)} \left(\frac{z}{2} \right)^{m+2k}$ 为 m 阶第一类贝塞尔函数；$Y_m(z) = \frac{J_m(z) \cos m\pi - J_{-m}(z)}{\sin m\pi}$ 为 m 阶第二类贝塞尔函数。

式(4-8)中 A、B、C、D 为任意常数，需用盘内、外缘处 4 个边界条件确定。

盘外缘固支实心盘例。对半径为 a 的外缘处固装的实心圆盘，其边界条件为：在盘心 $r=0$ 处，w、$\frac{\partial w}{\partial r}$ 均有界；在外缘 $r=a$ 固支端处，$w=0$，$\frac{\partial w}{\partial r}=0$。

根据贝塞尔函数的性质，当 $r=0$ 时，w、$\frac{\partial w}{\partial r}$ 均有界，而第二类贝塞尔函数为无穷，因此必有 $B=D=0$。因而由通解(4-8)化简得

$$R_m(r) = AJ_m(z) + CJ_m(\mathrm{i}z) \tag{4-9}$$

再利用外缘 $r=a$ 处，$w=0$，$\frac{\partial w}{\partial r}=0$ 条件，代入式(4-9)，得

$$\begin{bmatrix} J_m(ka) & J_m(\mathrm{i}ka) \\ J'_m(ka) & \mathrm{i}J'_m(\mathrm{i}ka) \end{bmatrix} \begin{pmatrix} A \\ C \end{pmatrix} = \begin{pmatrix} 0 \\ 0 \end{pmatrix} \tag{4-10}$$

由 A、C 的非零解条件可得频率特征方程：

$$\begin{vmatrix} J_m(ka) & J_m(\mathrm{i}ka) \\ J'_m(ka) & \mathrm{i}J'_m(\mathrm{i}ka) \end{vmatrix} = 0$$

或

$$\mathrm{i}J_m(ka) J'_m(\mathrm{i}ka) - J_m(\mathrm{i}ka) J'_m(ka) = 0 \tag{4-11}$$

借助于贝塞尔函数性质,可将其导数 J'_m 表示为

$$J'_m(z) = \frac{1}{2}[J_{m-1}(z) - J_{m+1}(z)] \qquad (4-12)$$

将式(4-12)代入式(4-11)得特征方程:

$$iJ_m(ka)[J_{m-1}(ika) - J_{m+1}(ika)] - J_m(ika)[J_{m-1}(ka) - J_{m+1}(ka)] = 0 \qquad (4-13)$$

可从上式求出给定节径数为 m 时所对应的根 $k_m a$。令 $\alpha_m = (k_m a)^2$,由式(4-3)可得等厚薄盘固有频率:

$$p_m = \frac{a^2 k_m^2}{a^2}\sqrt{\frac{D}{\rho h}} = \frac{\alpha_m}{a^2}\sqrt{\frac{Eh^2}{\rho 12(1-v^2)}} \qquad (4-14)$$

$$f_m = \frac{\alpha_m}{2\pi a^2}\sqrt{\frac{Eh^2}{\rho 12(1-v^2)}}$$

由式(4-10)得盘固有振动径向振型函数:

$$R_m(r) = A\left[J_m(k_m r) - \frac{J_m(k_m a)}{J_m(ik_m a)}J_m(ik_m r)\right] \qquad (4-15)$$

或代入式(4-1)得周边固支实心盘 m 节径固有振型函数:

$$w(r,\theta)_{0,m} = A\left[J_m(k_m r) - \frac{J_m(k_m a)}{J_m(ik_m a)}J_m(ik_m r)\right]\cos m\theta, \quad m = 0,1,2,3,4 \qquad (4-16)$$

对于实心盘其他各种边界条件下的频率也可用式(4-13)表示,其对应的 α_m 值可由表4-1查出。

表4-1　实心等厚圆盘静频 α_m 系数[21]

周边条件	节圆数	节径数 m			
		0	1	2	3
周边固支	盘心自由 1	10.22	21.26	34.88	51.03
	2	39.77	60.83	84.58	111.02
	3	89.10	120.08	153.81	190.30
	4	158.18	199.05	242.72	289.18

周边条件	节圆数	节径数 m	0	1	2	3
周边自由	盘心自由	1	0.00	0.00	5.72	12.28
		2	7.25	18.74	32.59	48.90
		3	37.40	58.57	82.42	108.94
		4	86.87	117.90	151.69	188.23
周边简支		1	4.93	13.88	25.56	39.84
		2	29.68	48.38	69.92	94.22
		3	73.96	102.41	133.68	168.35
		4	137.99	176.48	217.88	262.17
周边自由	中心固定	1	3.72	—	5.33	12.33
		2	20.30	21.07	34.72	51.86
		3	57.70	59.99	—	—

注：周边固支盘系数为理论解，与 μ 无关；周边自由盘系数为 $\mu=0$ 时的理论解；后两组系数为 $\mu=0.3$ 时的有限元解。

由表 4-1 系数可见，对于同一边界条件下的某节圆型振动，复合节径数越高则自振频率越高（任一列系数由上而下单调增）；同样对于同一边界条件下的某节径型振动，复合节圆数越高则自振频率也越高（任一行系数由左向右单调增）。

4.3　影响盘自振频率的因素

4.3.1　盘自振频率的4大主要影响因素

影响盘自振频率的 4 大主要因素可从盘自振频率公式(4-13)获得。

$$p_m = \frac{\alpha_m}{a^2}\sqrt{\frac{Eh^2}{\rho 12(1-v^2)}}$$

它们分别是：盘半径 $1/a^2$、厚度 $h/(2\sqrt{3})$、材料 $\sqrt{\dfrac{E}{\rho(1-v^2)}}$、盘支承方式 $\alpha_m = a^2 k_m^2$。上述 4 大影响因素与等截面叶片影响规律甚至形式都完全相似。

4.3.2　叶片对盘自振频率的影响

实际的压气机盘，除具有中心孔、变厚度等特点外，外缘还装有叶片、带加强边或其他特殊结构。它们对盘的自振频率都有一定的影响,其中以叶片的影响最大。对于带叶片的薄盘振动,实际是盘和叶片的耦合振动,其振动特性和单个盘的振动特性不一样。表 4-2 列出对固装有 10 片等厚叶片的中心固定的等厚度铝质薄圆盘结构采用有限元素法计算的前几阶自振频率。图 4-9 为对应的振型。由表 4-2 可见,当盘片耦合振动时,出现新的频率和振型,它们均不同于单个叶片或盘的振动情况,振动的节圆可能移到轮盘之外,对应有叶片的弯曲振动,此时,盘和叶片作为一个振动体来考虑。这种振动的计算比较复杂,故不详细叙述。

表 4-2　等厚盘叶固有频率

振动体 \ 各阶自振频率	f_1	f_2	f_3	f_4	f_5	f_6	f_7	f_8
盘片结构	111 Hz	120 Hz	127 Hz	176 Hz	205 Hz	244 Hz	539 Hz	555 Hz

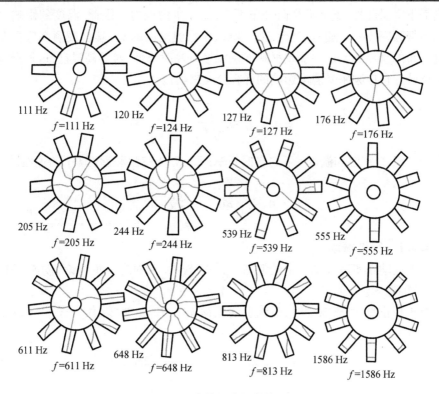

图 4-9　盘片耦合振动的振型

4.3.3　离心力的影响

当发动机旋转时,压气机及涡轮盘承受很大的离心力(叶片和盘本身的惯性力)。轮盘在离心力场中振动时,要克服离心力而做功,故轮盘上的势能除变形能外,还有离心力场的势能,这样相当于增加了盘的刚性,因此自振频率随转速的增加而升高。为区别两者,同样称角速度 ω 等于零时的盘振动频率为"静频",旋转盘的频率为"动频"。动频的计算,可类似叶片振动分析采用能量法。计算公式(其推导类似第 3 章)为

$$f_d^2 = f_0^2 + B\left(\frac{n}{60}\right)^2 \tag{4-17}$$

式中,f_d 为动频;f_0 为静频;n 为每分钟转速;B 为离心力影响系数,对于不同的边界和阶次,B 值是不同的。

4.3.4 温度对轮盘自振频率的影响

发动机工作时,由于压气机盘特别是涡轮盘温度很高,而弹性模量 E 则随温度升高而下降。此外,温度沿径向分布不均,而产生内应力。因此,温度的影响可使盘的自振频率改变。通常,对轮心温度低、轮缘温度高的盘,其自振频率比常温下温度均布的盘要低。这主要是材料 E 随温度升高时降低,对等高温盘,这种影响仍可借助叶片自振频率受温度影响的计算公式来估计。

$$f_t = f_0 \sqrt{\frac{E_t}{E_0}}$$

式中,f_0、f_t 为室温和温度 t 下的自振频率;E_0、E_t 为室温和温度 t 下的弹性模量。

4.4 动   波

4.4.1 行波振动

扇形振动在实际发动机中最常见,且危害较大,下面进一步讨论"动波"和"临界转速"的概念。

对于静止盘,由于振动时,节线上的位移 $w(r, \theta, t)$ 为零,代入式(4-1)可得节线位置:

$$m\theta = i\pi + \pi/2, \quad i = 0, 1, \cdots, 2m-1$$

或

$$\theta = (i\pi + \pi/2)/m, \quad i = 0, 1, \cdots, 2m-1$$

可见,节线位置与时间 t 无关,即节线(或波形)在盘上的位置是不变的,故称为"驻波"。由三角函数的关系,式(4-1)可改写为

$$w(r, \theta, t) = \frac{1}{2}R(r)\cos(m\theta - pt) + \frac{1}{2}R(r)\cos(m\theta + pt) \qquad (4-18)$$

即圆盘的节径不动的扇形振动是由两个余弦波组成,这两个波具有相同的角频率 p,相同的幅值 $\frac{1}{2}R(r)$,但旋转方向则相反。

由式(4-10),满足位移为零的条件是

$$\cos(m\theta \mp pt) = 0$$

或

$$m\theta \mp pt = \frac{i\pi}{2}, \quad i = 1, 3, 5, \cdots$$

由此得节线相对于盘的运动方程为

$$\theta = \frac{i\pi}{2\,m} \pm \frac{pt}{m}$$

对应的角速度:

$$\frac{\mathrm{d}\theta}{\mathrm{d}t} = \pm \frac{p}{m} \qquad (4-19)$$

可见,这两个余弦波的节线(波形)以大小相等,方向相反的角速度在盘上旋转,波形随时间变化,故称为"动波"。它具有下述特性:

(1) 在全圆周上任何时间都有 $2m$ 个节点、$2m$ 个极大值和极小值;

(2) 这些节点随时间以一定角速度 $\pm p/m$ 在圆周上旋转,如图 4-10 所示。在

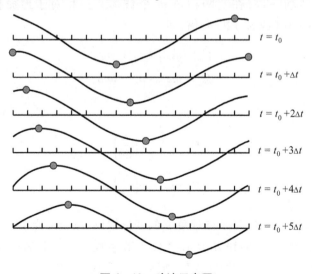

图 4-10　动波示意图

实际发动机盘上,可出现任一个单独的动波,这种现象值得注意。

对于盘上任一质点,每通过一个单独的"动波"时,该质点振动一次,所以当"动波"相对于轮盘旋转一周,盘上的质点振动 m 次,即意味着质点振动的角频率是"动波"移动角速度的 m 倍,也即"动波"的角速度为 p/m。

4.4.2 驻波与临界转速

以上讨论盘是不动的,即 $\omega = 0$。当盘以角速度 ω 旋转时,则"动波"相对于地面移动的角速度 ω_1、ω_2 为

$$\omega_1 = \frac{p}{m} + \omega$$
$$\omega_2 = \frac{p}{m} - \omega$$

$$(4-20)$$

必须注意,当盘旋转时,其自振角频率 p 较不转情况的自振角频率为高。为区别起见,旋转情况的自振角频率写为 p_d,则

$$\omega_1 = \frac{p_d}{m} + \omega$$
$$\omega_2 = \frac{p_d}{m} - \omega$$

$$(4-21)$$

式中,以角速度 ω_1 旋转的"动波",其旋转方向和盘旋转方向一致,称"顺动波";以角速度 ω_2 旋转的"动波",其旋转方向和盘的旋转方向相反,称"逆动波"。当"动波"相对地面转动一周,在空间扫过 m 个波形。盘相对于地面振动的角频率 Ω_1(或 Ω_2)应是 ω_1(或 ω_2)的 m 倍,即

$$\Omega_1 = m\omega_1 = p_d + m\omega$$
$$\Omega_2 = m\omega_2 = p_d - m\omega$$

或

$$F_1 = f_d + m\left(\frac{n}{60}\right)$$
$$F_2 = f_d - m\left(\frac{n}{60}\right)$$

$$(4-22)$$

图 4-11 表示 F_1、F_2 随旋转速度 n 的变化情形,纵坐标代表频率 F_1、F_2 或 p_d,横坐标代表盘的转速。曲线 A、B、C 各代表节径数为 4、3、2 的自振频率 f_d 曲线,A_1、B_1、C_1 为相应节径数的顺动波振动频率 F_1;曲线 A_2、B_2、C_2 则相应于逆动波振

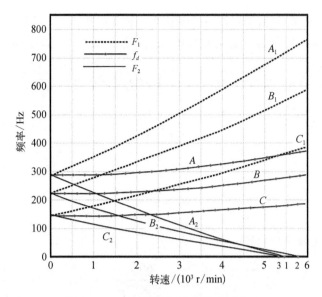

图 4-11　振动频率与旋转速度的关系

动频率 F_2。

由式(4-20)或式(4-21)可见，$p = m\omega$ 或 $f_d = m\left(\dfrac{n}{60}\right)$ 时，$F_2 = 0$。这表示"逆动波"节线相对于盘的转动角速度大小等于盘的转动速度，而方向则相反。节线将在空间停止不动，即波形不动，形成"驻波"。这种情况对应于图 4-10 横轴上的1，2，3 三点。而盘的各点仍以转速 n 向前转动，其运动情况见图 4-12。图上 0，1，2，…代表盘上的各点。

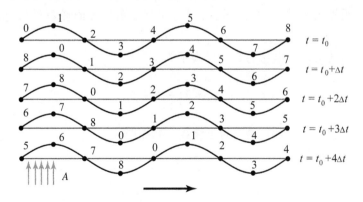

图 4-12　出现空间静止波动时，盘的各点运动情况

在图 4-11 上，例如在 A 区域附近，任何时刻，盘的横向运动永远是向上的，如果此处作用有不变的气动力，则凡经此区域的盘上各点，都可以从这个气动力得到

某些能量。于是,盘的振动得以维持和扩大。在实际的盘上,只要沿圆周的某区域的气体压力不均匀,就会引起上述的振动,而这种压力不均匀现象几乎是不可避免的。

发生上述"驻波"现象时,其转速 n_{cr} 称为盘的"临界转速",即

$$\frac{n_{cr}}{60} = \frac{f_d}{m}$$

或

$$n_{cr} = \frac{60f_d}{m} \qquad\qquad (4-23)$$

或上式结合式(4-17)可得

$$n_{cr,m} = \frac{60f_0}{\sqrt{m^2 - B}} \qquad\qquad (4-24)$$

由经验得知,对于多节径的振动(如 $m=4$),由于频率较高,在临界转速下,振动不会很激烈。此外,由于曲线斜度的关系,一节径振动的临界转速不存在[当 $m=1$ 时(在图4-10中未画出),其逆动频曲线随转速是单调递增的,"逆动波"曲线与横坐标无交点]。在设计圆盘时,应计算 $m=2,3,4$ 的临界转速,注意它是否可能与工作转速重合。

4.4.3　轮盘共振特性

轮盘共振需满足以下两个条件:① 激振力频率与轮盘的行波振动频率相等;② 尾流激振力的倍频数等于轮盘振动的节径数。此时轮盘的转速就是共振转速。

已知由尾流形成的激振力频率可表示为

$$f_e = K\left(\frac{n}{60}\right)$$

式中,K 为激振力源的结构系数,为正整数。共振时:

$$f_e = F_j$$

或

$$K\left(\frac{n}{60}\right) = f_d \pm Zm\left(\frac{n}{60}\right)$$

其中,$Z=1$ 代表前行波或逆行波共振,$Z=0$ 时代表动频本身共振。

解之得

$$n_{res,\,m} = \frac{60f_d}{K \pm Zm} = \frac{60f_0}{\sqrt{(K \pm Zm)^2 - B}} \qquad (4-25)$$

当 $K = 0$ 时,上式退化为式(4-24)。此时轮盘的共振转速等于驻波时的临界转速。$K = 0$ 表示交变激振力等于零,只要方向恒定(周向可能不均匀)的分布力存在,便可激起轮盘的驻波振动。发动机流道中这种周向不均的恒定分布气动力是经常存在的,因此驻波振动容易发生,也更危险。

将 $k = m$ 条件代入式(4-25),发现此时式(4-25)中取"-"号时共振转速无解,即前行波与 $K = m$ 的倍频激励线不相交,从而式(4-25)可改写为

$$n_{res,\,m} = \frac{60f_d}{K + Zm} = \frac{60f_d}{m(1 + Z)} = \frac{60f_0}{\sqrt{m^2(1 + Z)^2 - B}}$$

上式中取 $Z = 0$ 时,代表 $K = m$ 倍频线与动频线相交的共振转速,这个共振转速就等于轮盘的共振转速。而 $Z = 1$ 时,$K = m$ 倍频线与逆行波相交的共振转速如式(4-26):

$$n_{res,\,m} = \frac{30f_d}{m} = \frac{60f_0}{\sqrt{4m^2 - B}} \qquad (4-26)$$

这个共振转速在数值上约等于相应临界转速的一半。

变厚度盘的振动,其振动特性和等厚盘类似,但固有频率分析需借助有限元法或试验分析。文献[15]给出一个利用有限元法分析整体叶盘振动特性,并结合盘叶强度设计进行整体叶盘一体化减振设计例子。

4.5　盘振动的激振力

引起盘振动的激振力大致有三种来源:

(1) 叶片受到的周期性气体力传给盘;

(2) 其他零件的力通过鼓筒或轴传给盘;

(3) 盘面气体压力不均,或有周期性变化。

盘面的气体压力的变化不但能引起盘的共振,而且还可以引起盘的自激振动,其机制类似叶片的颤振(详见第 3 章)。但鉴于盘面未在气流的主流道内,因此盘腔的气流相对平稳,除非人为设计的通冷气的冷却盘腔,可能存在冷气导入口的结构非均匀因素。相比之下来自周期性受力的叶片作用力会大概率发生。

从叶片传来的激振力,大多为周向通道内的气体压力不均而引起的。例如尾

流激振或不均匀的燃烧室出口。如全部火焰筒中,有一个气流情况特殊,致使其有不同的总压损失,而造成周向流场不均匀,则此火焰筒出口处的涡轮叶片都会突然承受一个比平均值偏大或偏小的气体轴向力,这种力对观察者来说是不动的。当 $n = f_d/m$ 时,会出现"驻波"现象(图 4-10),有可能引起盘的破坏。

多转子发动机涡轮叶片之间,有复杂的干扰力,由于各级转子之间的转速有变化,将带来频谱广泛的激振力,使叶片与盘都受到影响。

【案例部分】

(1) 文献[15]给出一个利用有限元法分析整体叶盘振动特性,并结合盘叶结构强度优化设计进行轮盘减振优化设计的例子。

(2) 振动故障排故分析例。故障现象:某航空发动机二、三级压气机间鼓筒从封严篦齿起裂,沿轴向出现 10 mm 长的裂纹。

原因分析:经多次仿真分析模拟、改型前后动应力测量,发现引起鼓筒裂纹故障的主要原因之一是:① 在特定工作转速下,鼓筒会出现节径型(花瓣型)振动,裂纹故障与此高度相关;② 同时有封严环因为结构原因不能保证绝对圆,不可避免存在封严间隙周向不均而引起低倍摩擦激励;③ 篦齿与封严环摩擦副材料不匹配摩擦时在篦齿尖形成高硬易碎熔融金属,在摩擦受力下沿篦齿开裂向根部扩展;④ 在鼓筒节径型振动下裂纹进一步沿鼓筒轴向扩展形成长裂纹。

改进措施:① 加厚鼓筒,调高鼓筒节径型(花瓣型)自振固有频率;② 改相对短粗篦齿设计,强壮封严篦齿;③ 改封严环封严材料,避免摩擦时形成高硬易碎熔融金属。

验证结论:通过台架试车、外场领先飞行验证,改进后的措施有效解决了鼓筒封严篦齿裂纹故障。

【小结】

(1) 圆盘振动分节圆型、节径型振动,以及它们的复合型振动。相比而言,节径型振动更容易因为气流的周向不均而被激起,因此有更大的危害性。

(2) 圆盘振动固有频率公式为: $f_m = \dfrac{\alpha_m}{2\pi a^2}\sqrt{\dfrac{Eh^2}{\rho 12(1-v^2)}}$,它与材料、盘厚度、半径及支承方式有关。

(3) 离心力对圆盘节圆型振动固有频率有较明显的提升作用,对节径型振动固有频率影响不明显。

(4) 一个静止盘节径型振动波型可分解为两个大小相等运动速度相同方向相反的动波(前行波和后行波);叠加旋转盘角速度后的逆行波运动速度为零时的转速称为盘的临界转速,而这时的逆行波称为驻波。因盘驻波容易从周向不均匀的静止外力获得稳定输入能量而被激起并维持,因此设计中应避免盘工作在临界转速状态,一般是使各阶节径型振动临界转速至少大于 1.1 倍最大工作转速。

(5)轮盘发生共振的条件是激振力频率与盘动频相等,且共振转速与工作转速相等或接近。

【习题】

思考题

(1)圆盘振动分哪几种基本形式? 它们各自的节线是什么形状?

(2)圆盘振动固有频率与哪四大基本要素有关?

(3)离心力对圆盘振动固有频率有何影响?

(4)名词解释: ① 驻波;② 动波;③ 前行波;④ 后行波。

(5)试画出轮盘共振转速图,并说明与叶片共振转速图的主要区别。

(6)薄盘的临界转速指什么? 为什么轮盘会发生驻波共振,设计中如何避免驻波共振?

(7)轮盘发生共振的条件是什么?

第 5 章
转子振动与平衡

【学习要点】
- 临界转速的概念与特性。
- 顿克公式及其适用范围。
- 陀螺力矩概念、公式和影响因素。
- 转子正、反进动概念及其特点。
- 临界转速计算的传递矩阵法。
- 抑制转子振动的措施与设计方法。
- 转子的静、动平衡概念及平衡工艺。

5.1 概　　述

　　任何一种旋转机械,在工作过程中,都会发生振动现象,有时在某一二个转速下,出现强烈的振动,低于或高于这个转速时,振动又明显减弱。航空涡轮发动机也不例外。这种振动现象的主要来源是由于转子的不平衡度与它的"临界转速"特性引起的。工作时,转子产生不平衡离心力与力矩,由于它们是旋转的,并通过支承作用在静子上,因此引起静子振动,接着又通过安装节传到飞机上,形成整个飞机的振动。这种由发动机转子、静子和飞机结构一起参与的振动,形成了一个复杂的振动系统。它将是力学研究中的一个很复杂的问题。但是从根本上看,转子是振源。因此,本章将从转子振动开始叙述。

　　发动机转子有一种特有的现象,就是在转速增加到某些特定转速时,转子的挠度会明显增大(图5-1),这时,它的每一部分都围绕着轴线作圆周运动,当转速超过该转速时,挠度又明显减小。这种特定的转速称为"临界转速"。如果在这种转速附近工作,由于挠度较大,会产生巨大的不平衡离心力及力矩,从而引起整个发动机的强烈振动,并导致转子寿命下降,甚至突然破坏;转子的振动不但会损坏其本身,也会造成叶尖与机匣相碰,导致叶片的损坏;此外,密封装置也可能受损,严

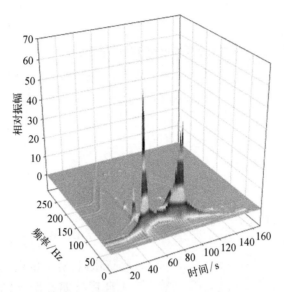

图 5-1　某转子启动-运行-停止过程中振动三维频谱图

重时使发动机不能正常工作;当飞机发生振动时,驾驶员工作也会受到影响,容易疲劳,仪表盘图像不清,严重时飞机不能正常工作。

5.2　转子临界转速的基本特性

为了说明转轴临界转速的基本现象,现设置一个模型,在轴的中央装有一个薄盘,两端分别支撑在铰支座上,并略去轴质量,整个转子垂直放置,如图 5-2 所示,以避免重力对挠度的影响,从而构成一个单盘无重轴的典型模型。

一般的单盘转子是不平衡的,它的质心 O_2 与盘心 O_1(轮盘的轴心)并不重合,而是带有一定的偏心距 e。

当转子旋转时,轮盘在不平衡离心力作用下,转轴产生挠度 y,由于轮盘置于转轴中央,因此,它只作平面运动,不产生偏摆。在平稳工作情况下,且不计阻尼,则轮盘的离心力应与轴的弹性恢复力取得平衡。轮盘质量为 m 的离心力为

$$P_c = m\omega^2(y + e)$$

对应的轴的弹性恢复力为

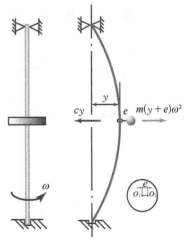

图 5-2　单盘无重轴的受力模型

$$P_c = cy$$

式中，ω 为轴的转速；c 为放置轮盘处轴的刚性系数。

两力平衡得

$$m\omega^2(y + e) = cy$$

解出轴的挠度为

$$y = \cfrac{e}{\cfrac{c}{m}\cfrac{1}{\omega^2} - 1} \qquad (5-1)$$

根据上式可以看出：

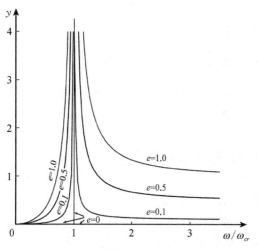

图 5 – 3   轴挠度与转速的关系

（1）当分母等于零，挠度 y 趋于无限时，对应的转速值 $\omega_{cr} = \sqrt{c/m}$，且其与偏心距 e 的大小无关，如图 5 – 3 所示。所以，由该值表示的转速是转子的一种固有特性，故称为临界转速。如果偏心距 $e=0$，则临界状态时的挠度 y 呈任意值。不难发现，临界转速 ω_{cr} 与该系统的弯曲振动固有频率 p 在数值上是一致的，即

$$\omega_{cr} = \sqrt{c/m} = p \qquad (5-2)$$

因此，常用测定或计算的弯曲振动固有频率作为该系统不计陀螺力矩情况下的临界转速。

应该指出，转子的临界转速与弯曲固有频率在实质上是不同的。临界转速是指旋转的转子在该转速下，其本身挠度明显增大，转子出现失稳现象；而固有频率乃是指不转的转子作弯曲振动，其挠度发生交变变化。所以，仅就受力而言，两者的情况已截然不同。将式（5 – 1）改写成：

$$\frac{y}{e} = \frac{(\omega/\omega_{cr})^2}{1 - (\omega/\omega_{cr})^2} \qquad (5-3)$$

（2）当转子工作转速 $\omega < \omega_{cr}$ 时称为亚临界状态，它的特征是 $y/e > 0$，且随转速增加而增加。这意味着挠度 y 与偏心距 e 是同向的，如图 5 – 4(c) 所示，即轮盘的质心位于轴挠曲线的外侧。随着转速的增大，在轮盘的不平衡离心力作用下，轴的挠度将逐渐变大，并越来越烈。

　　由图 5-3 还可以看出,转子平衡得越好,偏心距 e 值就越小,则在同样的转速下,挠度将成比例地减小。因此,良好的平衡能够减小转子振动,甚至当 $e = 0$ 时,可以看作不产生挠度与振动。

　　(3) 当 $\omega > \omega_{cr}$ 时称为超临界状态。它的特征是 $y/e < 0$,且随转速增大,该比值的绝对值变小。比值为负意味着挠度 y 与偏心距 e 是反向的,即轮盘的质心位于轴挠曲线的内侧[参见图 5-4(d)],由于盘质心的回转半径骤然变成$(y-e)$(亚临界时的回转半径为 $y+e$),因此不平衡离心力相应变小,从而使轴的挠度急剧减小,并逐渐趋于偏心距 e(即 $y/e \to 1$),最后以质心落到旋转轴线上为极限。这就是超临界状态的"自位"作用。如果转子的平衡越好,则它的"自位"效果越佳。由于其使支承作用力保持为不大的常数[因为 $(y-e)\omega^2$ 几乎为零],所以,在工程上,具有相当重要的意义。

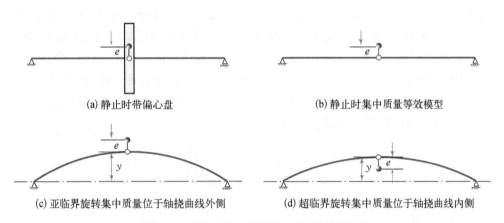

(a) 静止时带偏心盘　　　　　　　　(b) 静止时集中质量等效模型

(c) 亚临界旋转集中质量位于轴挠曲线外侧　　(d) 超临界旋转集中质量位于轴挠曲线内侧

图 5-4　质心、轴心、旋转中心间的相对位置

　　已由实验所证实,转子由亚临界增速通过临界状态,进入超临界时,轮盘质心相对于轴的挠曲线自动发生转向,并能稳定地在超临界状态下工作。但是,仅从离心力与弹性力之间的"稳态平衡"关系来分析是难以理解的,必须认识到高速旋转件在不稳定的过渡状态下,还存在着科氏力与其他惯性力的作用。在超临界状态下,轮盘质心位于盘心与旋转中心之间,离心力与弹性力的作用点似乎使轮盘处于不稳定的平衡状态(图 5-5)。当受有横向干扰力时,轮盘质心以速度 v_1 偏离平衡状态,

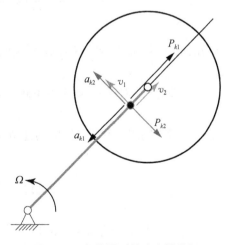

图 5-5　超临界时的稳定性分析

致使它有被离心力甩向外侧的趋势;实际上,由于质心以 v_1 运动而形成科氏加速度 a_{k1}(即 $\bar{a}_{k1} = 2\,\bar{\omega} \times \bar{v}_1$),并受科氏惯性力 P_{k1}(其方向与 a_{k1} 相反)的作用,从而引起使轴挠度增加的速度 v_2,这样,又使轮盘质心的运动形成科氏加速度 a_{k2}(即 $\bar{a}_{k2} = 2\bar{\omega} \times \bar{v}_2$),以及受科氏惯性力 P_{k2}(其方向与 a_{k2} 相反)的作用,因此,轮盘被重新拉回原来的平衡位置。可见,轮盘在超临界时的位置是稳定的。

当转子越过临界转速时,由于挠度要明显加大,轮盘质心的切线速度得到相应提高,致使转子的动能提高很多。而这部分动能的增量是由外力矩做功获得的,因为旋转的轮盘在挠度增加时,要受到科氏惯性力的作用,由其形成的阻力矩需由外力矩来克服,所以,外力矩消耗的功是用于转变成挠度增加所需要的动能。可见挠度增加是一种能量的积累过程,转子增速的快慢将直接影响能量积累的时间,从而影响挠度的增加以及对应于挠度峰值时的转速。如果提高转子增速的速率,使越过临界状态的时间相应缩短,那么,临界转速的挠度就会变小,其峰值也会滞后出现;同理,由超临界向亚临界降速时,也会有类似的现象出现,这对工程实际很有意义。

例题 5 - 1 为了避开过大的振动,常规定转子不得在临界转速附近停留。试从式(5-3)计算,在 y/e 不超过 10、5、2 的条件下,不准停留的转速范围为多少?

解:在亚临界,利用式(5-3)得

$$\frac{(\omega/\omega_{cr})^2}{1-(\omega/\omega_{cr})^2} < 10,则\frac{\omega}{\omega_{cr}} < \sqrt{\frac{10}{11}} = 0.953$$

在超临界时 $\omega > \omega_{cr}$:

$$\left|\frac{(\omega/\omega_{cr})^2}{1-(\omega/\omega_{cr})^2}\right| < 10,则\frac{\omega}{\omega_{cr}} > \sqrt{\frac{10}{9}} = 1.054$$

可知,对于 $\frac{y}{e} < 10$ 的条件,不准停留的转速范围为 $0.953 < \frac{\omega}{\omega_{cr}} < 1.054$。

同理可得:对于 $\frac{y}{e} < 5$ 的条件,不准停留的转速范围为 $0.91 < \frac{\omega}{\omega_{cr}} < 1.12$;对于 $\frac{y}{e} < 2$ 的条件,不准停留的转速范围为 $0.82 < \frac{\omega}{\omega_{cr}} < 1.42$。

5.3 轴质量对于临界转速的影响

当轴质量远比轮盘质量小时,不考虑轴质量的假设是完全合理的,这样可以使计算简化。但是,当"轴-盘质量比"较大,或只有轴没有盘的情况下,轴的质量就必须考虑。

光轴旋转时,在某一微元段上的离心力为 $A\rho y\omega^2 dx$ (A 为轴截面积,y 为该微元段处的挠度,且偏心距 $e = 0$)。把离心力作为分布载荷 q(图 5-6)。则由材料力学得平衡方程:

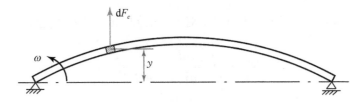

图 5-6　光轴微元段的受力

$$\frac{d^2}{dx^2}\left(EJ\frac{d^2y}{dx^2}\right) = q = A\rho y\omega^2$$

可以看出,该式与叶片弯曲振动的微分方程形式完全一致,求解步骤也完全一样。对于等截面的均质轴,EJ 为常数,故得

$$\frac{d^4y}{dx^4} = \frac{A\rho\omega^2}{EJ}y = a^4 y$$

$$a^4 = \frac{A\rho\omega^2}{EJ} \tag{5-4}$$

方程求解过程可参见第 3 章,根据边界条件,可以得出一个特征方程,对于双简支轴,它的特征方程为

$$\sin al = 0 \tag{5-5}$$

则可确定光轴的临界转速。虽然该式建立的条件是轴的挠度为任意值,但是,各点的挠度之间却存在着一定的关系,即形成一条挠曲线。可见,该式所确定的是对应于某一条挠曲线的临界转速。

由式(5-5)可以得出一系列 (al) 值,即 $(a_i l) = i\pi, i = 1, 2, 3, \cdots$,由于 $a^4 = \frac{A\rho\omega^2}{EJ}$,故得一系列的临界转速值为

$$\omega_{cri} = a_i^2\sqrt{\frac{EJ}{m_1}} = \frac{(al)_i^2}{l^2}\sqrt{\frac{EJ}{A\rho}} \tag{5-6}$$

此处,A 为轴横截面积;ρ 为材料密度,并有 $f_i = \frac{\omega_i}{2\pi}$。代入各个 $(al)_i$ 值,即得

$$\omega_{cr,\,i} = \frac{(i\pi)^2}{l^2}\sqrt{\frac{EJ}{A\rho}}, \quad f_{cr,\,i} = \frac{(i\pi)^2}{2\pi l^2}\sqrt{\frac{EJ}{A\rho}} = \frac{i^2\pi}{2l^2}\sqrt{\frac{EJ}{A\rho}}, \quad i = 1,\,2,\,3,\,\cdots$$

$$(5-7)$$

$$\omega_{cr,\,1}:\omega_{cr,\,2}:\omega_{cr,\,3}:\cdots = f_{cr,\,1}:f_{cr,\,2}:f_{cr,\,3}:\cdots = 1^2:2^2:3^2:\cdots \quad (5-8)$$

对于钢材料，$\sqrt{E/\rho} \approx 5.0 \times 10^3\,\text{m/s}$；对于空心圆轴（外径 d_2、内径 d_1）：

$$\sqrt{\frac{J}{A}} = \sqrt{\frac{d_1^2 + d_2^2}{16}} = \frac{1}{4}\sqrt{d_1^2 + d_2^2} \quad (5-9)$$

得以下简明公式：

$$f_{cr,\,1} = 1.963\,5 \times 10^5 \frac{\sqrt{d_1^2 + d_2^2}}{l^2}$$

$$f_{cr,\,2} = f_{cr,\,1} \times 4 = 7.854 \times 10^5 \frac{\sqrt{d_1^2 + d_2^2}}{l^2} \qquad (5-10)$$

$$f_{cr,\,3} = f_{cr,\,1} \times 9 = 1.767 \times 10^6 \frac{\sqrt{d_1^2 + d_2^2}}{l^2}$$

$$\vdots$$

现在讨论考虑轴质量的单盘转子的临界转速。设盘装于双简支轴的中央，且轴的临界转速与分布质量的光轴一样。由于分布质量光轴的第一阶临界转速 $\omega_{cr,\,1}$ 为

$$\omega_{cr,\,1} = \frac{\pi^2}{l^2}\sqrt{\frac{EJ}{A\rho}}$$

如图 5-7(a)所示，则折合成中央带集中质量 $m_折$ 的无重轴如图 5-7(b)所示。在该处，轴的刚性系数为

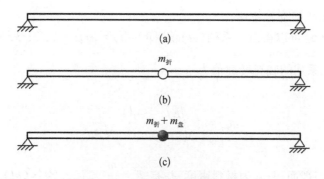

图 5-7　光轴与折合质量的无重轴

$$c = 48EJ/l^3 \tag{5-11}$$

假定它的一阶临界转速仍然保持不变,即

$$\omega_{cr轴} = \sqrt{\frac{c}{m_折}} = \frac{\pi^2}{l^2}\sqrt{\frac{EJ}{A\rho}}$$

于是得

$$m_折 = \frac{cA\rho l^4}{\pi^4 EJ} \tag{5-12}$$

再考虑到在轴中央还装有盘(其质量为$m_盘$),则与$m_折$合并在一起,可得

$$\omega_{cr,\,1} = \sqrt{\frac{c}{m_折 + m_盘}} \tag{5-13}$$

经过变换得

$$\frac{1}{\omega_{cr,\,1}^2} = \frac{m_折 + m_盘}{c} = \frac{m_折}{c} + \frac{m_盘}{c} = \frac{1}{\dfrac{c}{m_折}} + \frac{1}{\dfrac{c}{m_盘}} = \frac{1}{\omega_{cr,\,1轴}^2} + \frac{1}{\omega_{cr盘}^2}$$

或简写为

$$\frac{1}{\omega^2} = \frac{1}{\omega_0^2} + \frac{1}{\omega_1^2} \tag{5-14}$$

此处 $\omega(=\omega_{cr})$ 是该系统一阶临界转速,$\omega_0(=\omega_{cr轴})$、$\omega_1(=\omega_{cr盘})$ 分别为光轴(无盘)和单盘无重轴的临界转速。这个公式称为顿克(Dunkerley)公式。

使用顿克公式时应注意下列各点:① 只能用于一阶临界转速;② 不能考虑陀螺力矩的影响;③ 因未考虑陀螺力矩影响,当盘位置接近支承时,或对悬臂转子误差大;④ 即使对于无陀螺力矩带盘转子,此公式是近似的,计算值低于精确值。

5.4　陀螺力矩的影响

5.4.1　转子陀螺力矩公式

对于上述简化了的单盘转子模型,它的临界转速与转子的弯曲固有频率在数值上相等的概念往往会使人们忽视或分不清它们之间的差异,这主要是由于对陀螺力矩引起的运动现象不够了解造成的。临界转速现象揭示了在不平衡离心力作用下转子进行涡动运动的规律。它表明了转轴既要绕其本身轴线旋转,同时,该轴又带着轮盘绕两轴承中心的连线旋转,这种复合运动的总称为涡动,如图 5-8 所

示。因此,转轴在作涡动时,必须呈"弓形",同时又是回旋的。轮盘绕轴旋转称为自转,挠曲的轴线绕轴承连线旋转称为公转或进动。它们对应的角速度分别用自转角速度 ω 与进动角速度 Ω 表示。ω 与 Ω 的转向相同的涡动称为正涡动,又称为正进动;反之,ω 与 Ω 转向相反的涡动称为反涡动,又称为反进动。如果 ω 与 Ω 的大小与转向均相同的涡动,称为同步正涡动,或称为协调正进动;如果它们的大小相等,但转向相反称为同步反涡动,则称为协调反进动。

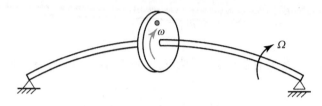

图 5-8 转子涡动现象

在实际转子中,由于转子结构设计上的要求,轮盘往往不一定安装在轴的中央,或者相对于两支点不对称,轮盘的运动便不再是仅作自转与横向的平面运动,而是还要产生摆动,如图 5-9 所示。正是由于轮盘的这种偏摆,使得它的各部分质量在运动中产生的惯性力形成了一个使轮盘不断发生偏转的力矩,这种力矩称为陀螺力矩。对于由离心惯性力形成的陀螺力矩,其作用效果相当于改变了转轴的弯曲刚性,如图 5-10 所示。因此,使得转子的临界转速在数值上与不计及陀螺力矩时不同。通常把由于高速旋转轮盘的偏摆运动使临界转速发生变化的现象称为陀螺效应。

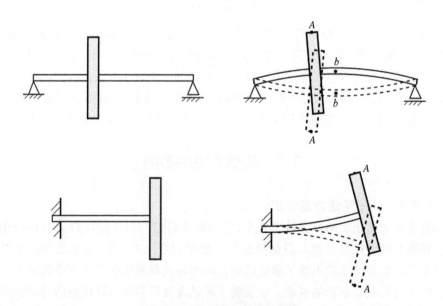

图 5-9 非对称安装盘的摆动

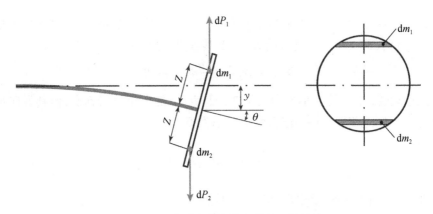

图 5 - 10　偏置盘在自转中的离心惯性力

为了在分析中突出陀螺效应的作用,假设的转子模型是呈悬臂式的单盘无重轴转子,而且轮盘没有偏心距,因此,轮盘自转不产生不平衡的离心力和力矩,而是仅有公转时才产生离心力与力矩。轮盘的离心力为

$$P_e = m\Omega^2 y \qquad\qquad (5-15)$$

式中,m、y 分别为盘的质量及其离心力引起的轴挠度。

根据动量矩的变化求转子的陀螺力矩。现把轮盘看成同时具有两种旋转运动:相对运动(其角速度为 ω_p)与牵连运动(其角速度为 Ω),以矢量画出,如图 5-11 所示。

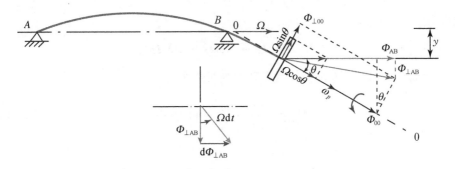

图 5 - 11　转子涡动时作用力及力矩分解

将矢量 Ω 分解为 $0-0$ 方向及其垂直方向的两个矢量,并与 ω_p 合成后,再将这两个方向上各自的总矢量与对应的轮盘惯性矩相乘,求得该两方向上的动量矩 Φ_{00} 与 $\Phi_{\perp 00}$:

$$\Phi_{00} = I_0(\omega_p + \Omega\cos\theta)$$

$$\Phi_{\perp 00} = I_d\Omega\sin\theta$$

此处，I_0 与 I_d 分别为轮盘绕转轴的转动惯量和绕直径的转动惯量。把这两矢量分别在 AB 方向（两支承中心连线的方向）及其垂直方向上投影，可得

$$\Phi_{\perp AB} = \Phi_{00} \sin\theta - \Phi_{\perp 00} \cos\theta$$

在稳态运动时，Φ_{AB} 的大小方向均不变；而 $\Phi_{\perp AB}$ 的大小虽然不变，但其方向却以角速度 Ω 不断地旋转，其变化速率为（参看图 5-11）

$$\frac{\mathrm{d}\Phi_{\perp AB}}{\mathrm{d}t} = \Phi_{\perp AB} \cdot \Omega$$

根据理论力学中的动量矩定理，得陀螺力矩：

$$M_G = -\frac{\mathrm{d}\Phi_{\perp AB}}{\mathrm{d}t} = -\Phi_{\perp AB} \cdot \Omega \tag{5-16}$$

式中，取"-"号表示惯性力矩与角加速度方向相反。现以 $\Phi_{\perp AB}$ 值代入得

$$M_G = -I_0 \omega_p \Omega \sin\theta - (I_0 - I_d) \Omega^2 \sin\theta \cos\theta \tag{5-17}$$

式中等号右边第一项含有 $\omega_p \Omega$，则该项代表科氏惯性力矩；第二项含有 Ω^2，则表示离心惯性力矩。在一般情况下，他们的方向是一致的。陀螺力矩就是科氏惯性力矩与离心力矩之和。

由于转子做涡动运动时，轮盘的偏转角 θ 很小，故可以近似认为

$$\sin\theta \approx \theta; \cos\theta \approx 1$$

则得

$$M_G = -\left[I_0(\omega_p + \Omega) - I_d\Omega\right]\Omega\theta$$

以 $\omega_p = \omega - \Omega$ 代入得（ω 为轮盘自转的绝对角速度）

$$M_G = -\left(\frac{I_0}{I_d} \cdot \frac{\omega}{\Omega} - 1\right) I_d \Omega^2 \theta \tag{5-18}$$

现令

$$A = -\left(\frac{I_0}{I_d} \cdot \frac{\omega}{\Omega} - 1\right) I_d \tag{5-19}$$

则得

$$M_G = A\Omega^2\theta \tag{5-20}$$

对于薄盘（平均厚度与半径之比 $\leqslant 0.2$），$I_0 = 2I_d$，因此：

同步正涡动时，即 $\omega = \Omega (\omega_p = 0)$，则 $A = -I_d$，$M_G = -I_d\Omega^2\theta$。显见，此时的陀螺

力矩就是离心惯性力矩；

同步反涡动时，即 $\omega = -\Omega$，则 $A = 3I_d$，$M_G = 3I_d\Omega^2\theta$。

陀螺力矩的方向可由矢量 $-\mathrm{d}\boldsymbol{\Phi}_{\perp AB}$ 的方向看出，也可由 M_G 的正负号判断。同步正涡动时，陀螺力矩为负值，使挠角 θ 减小，相当于增大了轴的刚性，因此导致临界转速升高；当同步反涡动时，陀螺力矩使挠角 θ 增大，相当于削弱了轴的刚性，致使临界转速降低。

陀螺力矩对于临界转速的影响程度将随转子的具体结构而异。对于悬臂式支承结构的影响显然要比简支结构的大；对于形状特殊的轮盘，由于可能出现 $I_0 \leqslant I_d$ 的情况（如某些压气机的叶轮），使得 A 在同步正涡动时变成正值。因此，陀螺力矩的效果不是提高，而是降低了临界转速。

5.4.2　考虑陀螺力矩影响时临界转速计算的柔度系数法

考虑陀螺力矩的影响，使得转子的临界转速计算与它的特性复杂化。考虑陀螺力矩影响时临界转速计算的常用方法有柔度系数法和刚度系数法。

考虑陀螺力矩影响时临界转速计算的柔度系数法（又称效应系数法）适于试验与测量，也便于计算。当一个带悬臂盘的转子旋转时，盘的挠度与挠角关系将为

$$y = \alpha_{11}P_c + \alpha_{12}M_G$$
$$\theta = \alpha_{21}P_c + \alpha_{22}M_G \qquad (5-21)$$

式中，α_{ij} 为柔度系数，下标 i 表示变形的种类（"1"表示挠度，"2"表示转角），下标 j 表示作用载荷的种类（"1"表示力，"2"表示力矩）。柔度系数的物理意义如图 5-12 所示。

对于等截面轴，各效应系数在材料力学书中可以查到。对于图 5-13（a）所示双简支轴内置盘模型，其柔度系数如式（5-22a）：

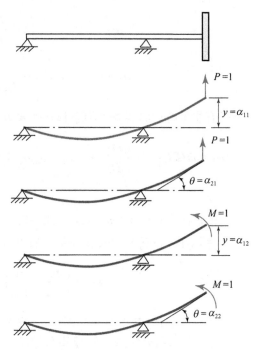

图 5-12　柔度系数物理意义

$$\begin{bmatrix} \alpha_{11} & \alpha_{12} \\ \alpha_{21} & \alpha_{22} \end{bmatrix} = \frac{1}{3EJ}\begin{bmatrix} a^2(1-a)^2l^3 & a(1-a)(1-2a)l^2 \\ a(1-a)(1-2a)l^2 & [a^3 + (1-a)^3]l \end{bmatrix} \qquad (5-22a)$$

对于图 5-12 或图 5-13(b) 所示双简支轴带单悬臂盘模型,其柔度系数如式(5-22b):

$$\begin{bmatrix} \alpha_{11} & \alpha_{12} \\ \alpha_{21} & \alpha_{22} \end{bmatrix} = \frac{1}{3EJ} \begin{bmatrix} a^2(1+a)l^3 & a(2+3a)l^2 \\ a(2+3a)l^2 & (1+3a)l \end{bmatrix} \tag{5-22b}$$

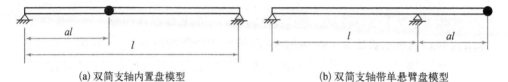

(a) 双简支轴内置盘模型　　　　　　　　　(b) 双简支轴带单悬臂盘模型

图 5-13　单盘在双简支轴上位置

将 $P_c = my\Omega^2, M_G = \left(1 - \dfrac{I_0\omega}{I_d\Omega}\right) I_d\Omega^2\theta$ 代入式(5-21)得

$$\begin{bmatrix} \alpha_{11}m\Omega^2 - 1 & \alpha_{12}\left(1 - \dfrac{I_0\omega}{I_d\Omega}\right)I_d\Omega^2 \\ \alpha_{21}m\Omega^2 & \alpha_{22}\left(1 - \dfrac{I_0\omega}{I_d\Omega}\right)I_d\Omega^2 - 1 \end{bmatrix} \begin{bmatrix} y \\ \theta \end{bmatrix} = \begin{bmatrix} 0 \\ 0 \end{bmatrix} \tag{5-23}$$

上式有非零解的必要条件为系数行列式 Det 为零:

$$Det = m\Omega^4 I_d\left(1 - \frac{I_0\omega}{I_d\Omega}\right)(\alpha_{11}\alpha_{22} - \alpha_{12}\alpha_{21}) - \alpha_{11}m\Omega^2 - \alpha_{22}\left(1 - \frac{I_0\omega}{I_d\Omega}\right)I_d\Omega^2 + 1 = 0 \tag{5-24}$$

薄盘同步正进动($\omega = \Omega$)。 如果转子处于同步正涡动 ($\omega = \Omega$) 状态,薄盘处 $I_0/I_d = 2$,代入式(5-24)化简整理后可得临界状态的频率方程式(5-25a):

$$\Omega^4 - \left(\frac{\alpha_{22}}{m\Delta} - \frac{\alpha_{11}}{I_d\Delta}\right)\Omega^2 - \frac{1}{mI_d\Delta} = 0 \tag{5-25a}$$

该式共有四个根,其中有一对虚根,另外有一个负根(无意义),和一个有用的正根(参见图 5-14, a 点)式(5-25b),这个正根就代表了同步正涡动时的临界转速。由式(5-25a)得

$$\omega_{cr} = \Omega = \sqrt{\frac{\alpha_{22}I_d - \alpha_{11}m}{2I_dm\Delta} + \sqrt{\left(\frac{\alpha_{22}I_d - \alpha_{11}m}{2I_dm\Delta}\right)^2 + \frac{1}{I_dm\Delta}}} \tag{5-25b}$$

薄盘同步反进动($\omega = -\Omega$)。 由式(5-24)退化可得

$$Det = \Omega^4 - \left(\frac{\alpha_{22}}{m\Delta} + \frac{\alpha_{11}}{3I_d\Delta}\right)\Omega^2 + \frac{1}{3\ mI_d\Delta} = 0 \qquad (5-26a)$$

解出式(5-26a)一对正根(参见图5-14,d点)见式(5-26b)。

共振转速:

$$-\omega_{cr} = \Omega = \sqrt{\frac{3\alpha_{22}I_d + \alpha_{11}m}{6I_d m\Delta} \pm \sqrt{\left(\frac{3\alpha_{22}I_d + \alpha_{11}m}{6I_d m\Delta}\right)^2 - \frac{1}{3I_d m\Delta}}} \qquad (5-26b)$$

5.4.3　考虑陀螺力矩影响时临界转速计算的刚度系数法

下面利用刚度系数法计算考虑陀螺力矩影响时的转子临界转速特性。转子旋转过程中,离心力、陀螺力矩与转子变形之间的关系式为

$$P_c = c_{11}y + c_{12}\theta \qquad (5-27)$$
$$M_G = c_{21}y + c_{22}\theta$$

式中,y为轴在轮盘连接处的挠度;θ为轴在轮盘连接处的挠角;P_c为轮盘的离心力$m\Omega^2 y$;M_G为轮盘的陀螺力矩$A\Omega^2\theta$;c_{ij}为刚性系数,下标i表示作用于节点载荷的种类("1"表示力,"2"表示力矩),下标j表示变形的种类("1"表示挠度,"2"表示转角)。由材料力学知识,它们与柔度系数α_{ij}矩阵间的关系互为逆阵:

$$\begin{bmatrix} c_{11} & c_{12} \\ c_{21} & c_{22} \end{bmatrix} = \begin{bmatrix} \alpha_{11} & \alpha_{12} \\ \alpha_{21} & \alpha_{22} \end{bmatrix}^{-1} = \frac{1}{\Delta}\begin{bmatrix} \alpha_{22} & -\alpha_{21} \\ -\alpha_{12} & \alpha_{11} \end{bmatrix}$$

即　$c_{11} = \frac{\alpha_{22}}{\Delta}$;$c_{22} = \frac{\alpha_{11}}{\Delta}$;$c_{12} = c_{21} = \frac{-\alpha_{12}}{\Delta}$;$\Delta = \alpha_{11}\alpha_{22} - \alpha_{12}^2$。

将式(5-15)和式(5-20)代入式(5-27)得

$$\begin{bmatrix} c_{11} - m\Omega^2 & c_{12} \\ c_{21} & c_{22} - A\Omega^2 \end{bmatrix}\begin{bmatrix} y \\ \theta \end{bmatrix} = \begin{bmatrix} 0 \\ 0 \end{bmatrix} \qquad (5-28)$$

由于该方程组为齐次方程组,因此它的解有两种情况:一是两个变量的解均为零解,即

$$y = 0, \quad \theta = 0$$

这表示没有变形的轮盘工作状态,对本书分析无意义,舍去;二是两变量存在非零解,它表示了临界转速状态的情况。方程组有非零解的必要条件是它的系数行列式为零,即

$$\begin{vmatrix} c_{11} - m\Omega^2 & c_{12} \\ c_{21} & c_{22} - A\Omega^2 \end{vmatrix} = 0$$

将 $A = -\left(\dfrac{I_0}{I_d} \cdot \dfrac{\omega}{\Omega} - 1 \right) I_d$ 代入,展开后可得

$$\Omega^4 - \frac{I_0}{I_d}\omega\Omega^3 - \left(\frac{c_{11}}{m} + \frac{c_{22}}{I_d} \right)\Omega^2 + \frac{c_{11}}{m}\frac{I_0}{I_d}\omega\Omega + \frac{c_{11}c_{22} - c_{12}^2}{mI_d} = 0 \qquad (5-29)$$

由该式可求得 Ω 的四个根,它们对应着四种临界状态。因为在两项系数中包含有 ω ,所以从数学上看,这四个根都随 ω 而变。四个根中有两个正根、两个负根,它们对应的物理意义相同。图 5 - 14 表示了 Ω 的正根随 ω 变化的关系,它们的变化由两条曲线组成,分别以两条水平线(其中有一条为横坐标轴)及一条通过坐标原点的斜线作为它们的渐近线,这些渐近线的方程可由式(5 - 29)获得。对于水平渐近线,可令 $\omega \to \infty$,则仅有第二、四项起作用,因此可得

$$- \frac{I_0}{I_d}\Omega^3 + \frac{c_{11}}{m}\frac{I_0}{I_d}\Omega = 0$$

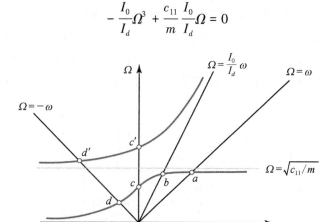

图 5 - 14 单盘转子的 Ω 与 ω 间关系

则得渐近线方程为

$$\Omega = 0$$
$$\Omega = \sqrt{c_{11}/m} \qquad (5-30)$$

对于倾斜的渐近线,可令 $\Omega \to \infty$,则仅有第一、二项起作用(可用 Ω^4 除每一项得),可得倾斜渐近线的斜率为

$$\tan\gamma = \left(\frac{\Omega}{\omega} \right)_\infty = \frac{I_0}{I_d} \qquad (5-31)$$

该式表明渐近线的斜率随转动体(轮盘)的转动惯量之比而变化。对于薄盘,此比值为 2。

由图 5-14 看出,以倾斜的渐近线 $\Omega = \dfrac{I_0}{I_d}\omega$ 作为分界线,其左侧区域为 $\Omega > \dfrac{I_0}{I_d}\omega$,所以陀螺力矩为正,使临界转速减小;$\Omega$ 与 $\dfrac{I_0}{I_d}\omega$ 相比越大,则临界转速越低。其右侧区域为 $\Omega < \dfrac{I_0}{I_d}\omega$,陀螺力矩为负,故而临界转速增加,所以曲线变化呈左低右高。

图 5-14 中的两条曲线对应于轴的两种挠曲线。对于单盘转子而言,它们代表的两种挠曲线可由图 5-15 所示。如改用 Ω 的正负坐标表示时(即第一、四象限),则得出 Ω 与 ω 关系的另一种表示方法(参见图 5-16)。显见,第一象限的曲线对应于正涡动的临界状态,进动方向与转子转向是一致的;而第二(或四)象限则对应于反涡动的临界状态,进动方向与转子转向相反。

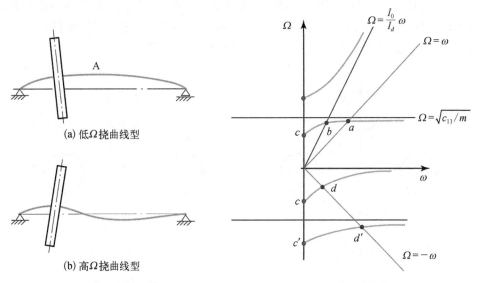

(a) 低 Ω 挠曲线型

(b) 高 Ω 挠曲线型

图 5-15　单盘双支点转子在临界转速时的挠曲线型

图 5-16　单盘转子的 Ω 与 ω 关系

为了清晰地理解不同状态下的临界转速,以下分别对图 5-16 所示的 a、b、c 和 d 四点对应的四种常见情况进行讨论。

a 点是图示曲线与斜率为 45°的直线的交点,参见式(5-26a)。它处于 $\omega = \Omega$,即同步正涡动状态。由于在一般情况下,转子都具有一定程度的偏心,因此在不平衡离心力作用下,转子的运动都属于同步正涡动。a 点对应的 Ω 就是常见的旋转转子的临界转速。

b 点是曲线与斜率为 I_0/I_d 的直线的交点,它处于陀螺力矩为零的状态。因此对应的 Ω 是仅带质量(轮盘质量)、不计陀螺力矩的临界转速,这与把轮盘作为集中质量处理的轴的弯曲振动固有频率 $\sqrt{c/m}$ 是一致的,因此用于简化计算较为方便。

c 点是曲线与纵坐标轴($\omega = 0$)的交点,由图看出,其有两个交点,分别对应着两个不同的挠曲线,如图 5-16 所示。由于它们的自转转速为零,因此它们对应的 Ω 就是静止转子作弯曲振动时的固有频率。需注意到,轮盘具有直径转动惯量 I_d,它将影响轴的弯曲振动,显然,这与将盘仅简化成集中质量的振动运动是不同的。由于 c 点的 Ω 值可以通过对静止转子的振动测量获得,因此对试验与测量较为方便。

d 点是曲线与斜率为-45°的直线的交点。与 c 点一样,共有两个交点,参见式(5-26b),也分别对应着两个挠曲线。它处于 $\omega = -\Omega$ 即同步反涡动状态。

上述四种常见的现象分别说明了在不同的临界状态下,它们的 Ω 值都是不同的。其实,转轴的受力情况也是不同的,如图 5-17 所示,除了同步正涡动状态下,轴的轴向纤维受力方向保持不变以外,在其他状态下轴纤维的受力方向都要发生改变,并且变化程度也不同,因此,引起的破坏程度也不同。

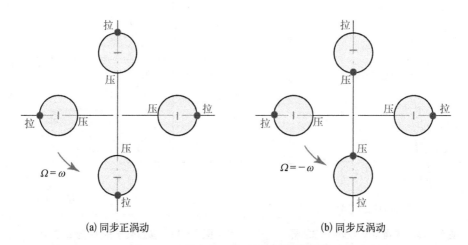

(a) 同步正涡动   (b) 同步反涡动

图 5-17 同步正、反涡动时轴的弯挠情况

由于图 5-14 所示的曲线是指没有偏心距的单盘转子在临界状态下获得的,它代表了该转子的固有特性。在临界状态下,它的进动角速度 Ω 与自转角速度 ω 是对应的,不同的解曲线对应着不同的轴挠曲线,这与叶片振动中的共振图具有类似的性质,不仅叶片动频与转速对应,而且不同的曲线对应着不同的振型。所以,转子的临界转速可以理解为旋转转子的固有频率。

在实际转子中,进动角速度往往取决于转子的具体结构,而不完全由 ω 决定,它们的涡动运动不一定都处于临界状态。例如,不平衡离心力可以使转子在未达到临界转速以前就出现同步正涡动现象,这相当于由不平衡离心力作为周期干扰力,激励旋转转子作以频率为 Ω 的强迫振动。如果要实现其他的涡动运动,那么同样需要某种特定的条件,以提供一定的周期外力,使轴能维持进动角速度为 Ω 的涡动。当在叶栅上产生旋转失速时,转子就受有明显的干扰力,在双转子或三转子结构中,轴与套之间有相互作用的干扰力;静子与转子叶片数在某种配合下,也会对转子产生某些频率的干扰力,这些干扰力都可能导致涡动。此外,在某些条件下会造成自激振动,使进动维持在某一角速度下,这方面机理目前还在研究。内摩擦(包括材料内耗、套齿之间的摩擦、转子部件间配合面的摩擦等)、油膜、密封结构、非圆截面轴、叶片与机匣间的间隙不均等,在一定条件下也能导致自激振动现象的产生,还有非线性的弹性构件,如滚珠轴承等也是产生涡动的原因。

在发动机上,如无特殊原因,通常以由不平衡离心力引起的同步正涡动为基本形式,其对应的临界状态的进动角速度称为临界转速;而对于其他涡动的临界状态,由于必须提供一个频率与其对应的周期外力才能维持这种状态,所以有时把这种临界的进动角速度称为共振转速,以示区别。

例题 5 - 2　用效应系数法计算悬臂转子(参见图 5 - 18)的临界转速,不计轴质量,计入陀螺力矩,弹性模量 $E = 2.06 \times 10^5 \text{MPa}$, $\rho = 7.8 \times 10^3 \text{kg/m}^3$。

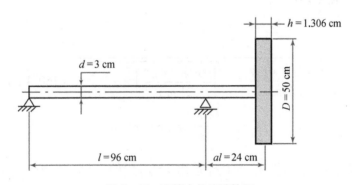

图 5 - 18　双简支单悬臂转子

解:由于盘的 $h/r < 0.2$, 故可看成薄盘。其直径转动惯量为

$$I_d = \frac{\pi \rho h D^4}{64} = \frac{\pi \times 7.8 \times 10^3 \times 1.306 \times 0.5^4}{64} = 0.312\,527\,\text{kg} \cdot \text{m}^2$$

轴的截面惯性矩:

$$J = \frac{\pi d^4}{64} = \frac{\pi \times 0.03^4}{64} = 3.976 \times 10^{-8}\text{m}^4$$

各效应系数为

$$\alpha_{11} = \frac{a^2 l^3}{3EJ}(1 + a) = \frac{\left(\frac{1}{4}\right)^2 \times 0.96^3 \times \left(1 + \frac{1}{4}\right)}{3 \times 2.06 \times 10^{11} \times 3.976 \times 10^{-8}} = 2.810 \times 10^{-6} \mathrm{m/N}$$

$$\alpha_{12} = \alpha_{21} = \frac{al^2(2 + 3a)}{6EJ} = \frac{\frac{1}{4} \times 0.96^2 \times \left(2 + \frac{3}{4}\right)}{6 \times 2.06 \times 10^{11} \times 3.976 \times 10^{-8}} = 1.289 \times 10^{-5} \mathrm{N}^{-1}$$

$$\alpha_{22} = \frac{l(l + 3a)}{3EJ} = \frac{0.96 \times (1 + 3/4)}{3 \times 2.06 \times 10^{11} \times 3.976 \times 10^{-8}} = 6.837 \times 10^{-5} (\mathrm{N \cdot m})^{-1}$$

$$盘质量\ m = \frac{\pi \rho h D^2}{4} = \frac{\pi \times 7.8 \times 10 \times 1.306 \times 0.5^2}{4} = 20\ \mathrm{kg}$$

$$\alpha_{22} I_d - \alpha_{11} m = 6.837 \times 10^{-5} \times 0.312527 - 2.810 \times 10^{-6} \times 20$$
$$= -3.483 \times 10^{-5}\ \mathrm{kg \cdot m/N}$$

$$I_d m \Delta = I_d m (\alpha_{11}\alpha_{22} - \alpha_{12}^2)$$
$$= 0.312527 \times 20 \times [2.810 \times 10^{-6} \times 6.837 \times 10^{-5} - (1.289 \times 10^{-5})^2]$$
$$= 1.623 \times 10^{-10} \mathrm{s}^4$$

所以

$$\omega_{cr} = \sqrt{\frac{\alpha_{22} I_d - \alpha_{11} m}{2 I_d m \Delta} + \sqrt{\left[\frac{\alpha_{22} I_d - \alpha_{11} m}{2 I_d m \Delta}\right]^2 + \frac{1}{I_d m \Delta}}} = 160.1\ \mathrm{rad/s}$$

$$n_{cr} = \frac{60 \omega_{cr}}{2\pi} = 1\ 528\ \mathrm{r/min}$$

若不计陀螺力矩,可以取 $\alpha_{11} = 1/c$,即图 5 - 16 中的 b 点。

$$\omega_{cr} = \sqrt{\frac{c}{m}} = \sqrt{\frac{1}{\alpha_{11} m}} = \sqrt{\frac{1}{2.810 \times 10^{-6} \times 20}} = 133.4\ \mathrm{rad/s}$$

$$n_{cr} = \frac{60 \omega_{cr}}{2\pi} = 1\ 273\ \mathrm{r/min}$$

在本例中,陀螺力矩对临界转速的影响为

$$\frac{160.1 - 133.4}{133.4} = 20\%$$

5.5　支承弹性及质量的影响

5.5.1　支承弹性的影响

前面讨论的转子都是支承在理想刚性的支承上,实际情况并非如此,它们的支承都不是完全刚性的,而是具有一定的弹性。尤其对于航空燃气轮机,由于追求尺寸小、质量小,整个发动机都采用了轻型结构,并且又装在质量不大的机翼或机身上,这样,转子支承在这些结构上,显然是不能看作理想的刚性支承,所以,在分析转轴系统时,必须考虑支承弹性的影响。

支承弹性的分析是比较复杂的,考虑的因素较多,为了能说明基本现象,设想一个简化的模型,即一个没有偏心的单盘无重轴简支在无质量的弹性支承上,如图 $5-19$ 所示。轮盘置于转轴中央时,轴与盘均围绕轴线 O_1-O_2 旋转。如果支承是刚性的,轴的挠曲线为 O_1aO_2,盘处的挠度为 y_1;如果支承是弹性的,则轮盘的质量离心力还会使两个支承产生挠度 δ_1,因而盘处将产生附加挠度 y_2,其总挠度为 $y_1+y_2=y$(注意 $y_2 \neq \delta_1$)。此时盘的离心力为 $my\omega^2$[即 $m(y_1+y_2)\omega^2$],作用在每个支承上的力为 $\dfrac{my\omega^2}{2}$。设两个支承的刚性系数均为 c_1,则

$$\delta_1 = \frac{\dfrac{my\omega^2}{2}}{c_1}$$

对于轴而言,盘处的挠度为 $y-\delta_1$,设其刚性系数为 c,则

$$y-\delta_1 = \frac{my\omega^2}{c}$$

联立以上两式,可解得

$$y\left[1-m\omega^2\left(\frac{1}{c}+\frac{1}{2c_1}\right)\right] = 0 \qquad (5-32)$$

显见,其中一解是 $y=0$,即无挠度情况,可参见图 $5-3$。只有当 $\left[1-m\omega^2\left(\dfrac{1}{c}+\dfrac{1}{2c_1}\right)\right]=0$ 时,挠度 y 才可为任意值,情况与前述的完全平衡轴盘系统一致,这时所得的转速就是弹支转子临界转速。即

$$\left[1-m\omega^2\left(\frac{1}{c}+\frac{1}{2c_1}\right)\right] = 0$$

$$\omega_{cr}^2 = \frac{\dfrac{2cc_1}{2c_1 + c}}{m} = \frac{c_{折}}{m} \tag{5-33}$$

其中，$c_{折} = \dfrac{2cc_1}{2c_1 + c} = \dfrac{c}{1 + c/(2c_1)}$，可以看作一个折合的总刚性系数。显见，$c_1$ 的存在总使 $c_{折}$ 减小，使临界转速降低。当 c_1 无限增大时（无弹性支承），$c_{折} = c$。

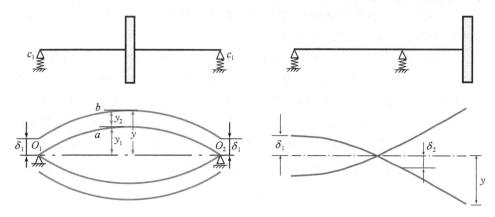

图 5 - 19　支承弹性对挠度的影响

例题 5 - 3　悬臂涡轮转子如图 5 - 20 所示。设两个支承刚性系数为 c_1，盘质量为 m，求折合刚性及临界转速（不计轴质量）。

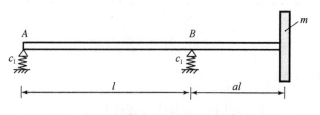

图 5 - 20　双简支弹性支承悬臂盘转子

解：将盘看作集中质量 m，当转速为 ω 时，装盘处总的挠度为 y（图 5 - 21），盘的离心力为 $P_c = my\omega^2$，图示该力方向向下，由简单的力学计算可得作用在 A、B 支承上的力为：$N_A = amy\omega^2$，方向向上，参见图 5 - 21。$N_B = (a + 1)my\omega^2$，方向向下。支承的挠度则为（参见图 5 - 21）

$$\delta_A = \frac{amy\omega^2}{c_1}, \quad \delta_B = \frac{(1 + a)my\omega^2}{c_1}$$

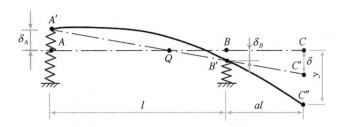

图 5 - 21 双筒支弹性支承悬臂盘转子变形

支承变形前和变形后的连线 AB 和 $A'B'$ 相交于 Q 点,由于 $\triangle AA'Q \sim \triangle BB'Q$,得

$$\overline{QB} = \frac{a + 1}{2a + 1} \cdot l$$

又由于 $\triangle QCC' \sim \triangle QBB'$,得到装盘处的挠度为

$$\delta = \frac{2a^2 + 2a + 1}{a + 1}, \quad \delta_B = \frac{2a^2 + 2a + 1}{c_1} my\omega^2 \tag{5-34}$$

轴本身(装在完全刚性支承上)装盘处的刚性系数为

$$c = \frac{3EJ}{(1 + a)a^2 l^3}$$

在图 5 - 21 中,由于轴弯曲而产生的挠度是 $y - \delta$,所以

$$y - \delta = \frac{my\omega^2}{c} \tag{5-35}$$

将式(5-34)代入式(5-35),得

$$y\left[1 - m\omega^2\left(\frac{2a^2 + 2a + 1}{c_1} + \frac{1}{c}\right)\right] = 0 \tag{5-36}$$

令方括号内表达式为零,则得

$$\omega_{cr} = \sqrt{\frac{c_1 c}{\dfrac{(2a^2 + 2a + 1)c + c_1}{m}}} = \sqrt{\frac{c_{折}}{m}} \tag{5-37}$$

$$c_{折} = \frac{c_1 c}{(2a^2 + 2a + 1)c + c_1} = \frac{c}{(2a^2 + 2a + 1)\dfrac{c}{c_1} + 1} \tag{5-38}$$

当 $c_1 \rightarrow \infty$,$c_{折} \rightarrow c$。

例题 5－4　悬臂涡轮转子如图 5－22 所示,设两支承的刚性系数 c_1 相同,并且分别设为 500 N/mm、3 000 N/mm、10 000 N/mm,计算三种情况不计陀螺力矩时的临界转速。

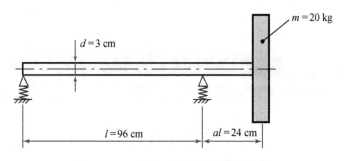

图 5－22　双筒支弹性支承悬臂盘转子

解：轴的截面惯性矩为

$$J = \frac{\pi d^4}{64} = \frac{\pi \times 0.03^4}{64} = 3.976 \times 10^{-8} \ \text{m}^4$$

在装盘处轴本身的刚性系数：

$$c = \frac{3EJ}{(1+a)a^2 l^3} = \frac{3 \times 2.1 \times 10^3 \times 3.976}{\left(1 + \frac{1}{4}\right) \cdot \frac{1}{16} \cdot 0.96^3} = 362\ 396 \ \text{N/m}$$

盘质量：

$$m = 20 \ \text{kg}$$

折合刚性系数为

$$c_{折} = \frac{c}{(2a^2 + 2a + 1)\dfrac{c}{c_1} + 1} = \frac{362\ 396 c_1}{588\ 894 + c_1} \ \text{N/m}$$

临界转速为

$$\omega_{cr} = \sqrt{\frac{c_{折}}{m}} = \sqrt{\frac{\dfrac{362\ 396 c_1}{588\ 894 + c_1}}{20}}$$

所得计算结果见表 5－1。

表 5-1　弹性支承转子折算刚度及临界转速

$c_1/(\text{N/m})$	$c_{折}/(\text{N/m})$	$\omega_{cr}/(\text{rad/s})$	$n_{cr}/(\text{r/min})$
500 000	166 400	91.2	870.9
3 000 000	302 900	123.1	1 175.5
10 000 000	342 200	130.8	1 249.0
∞	362 396	134.6	1 285

应该注意到,上述关于考虑支承弹性影响的临界转速计算中,都不计及支承的质量,因此可以直接将支承弹性与转轴弹性耦合在一起,当作一个折合刚性来处理。如果弹性支承的刚性很小,这时,轴的刚性相对的要大得多,忽略 $1/c$,则 $\omega_{cr}^2 \approx \dfrac{2c_1}{m}$ 这种情况的转轴基本不发生挠曲,但仍绕 $O_1 - O_2$ 作圆周运动(参见图 5-19),故习惯称此为刚轴临界转速。

5.5.2　支承质量及弹性影响的动刚度法分析

下面运用动刚度法的基本概念来进一步阐明带有质量的支承弹性对临界转速的影响。

动刚度法是解决复杂结构系统动力问题的常用方法,而且易于在计算机上编程实现,动刚度法的优越性越来越明显。

动刚度法是把复杂的结构系统分解成若干个彼此独立的元件,每个元件被看成一个弹性体,分别对它们进行振动分析,然后,再把它们按一定的约束条件连接起来,按各元件间的动刚度进行耦合,这样建立的弹性振动系统,可以认为与原有的复杂系统具有相同的振动特性。从而为研究复杂振动系统提供了一种有效的方法。

动刚度法是在使用刚度系数的基础上,从动力平衡的角度出发而导出的。动刚度的概念与强迫振动有关。如果某一弹性元件受到一个简谐力 P(其幅值为 A,频率为 ω)的激振,即

$$P = A\sin\omega t \tag{5-39}$$

那么,将会引起相同频率的强迫振动,它的变形位移 y(其幅值为 Y)为

$$y = Y\sin\omega t \tag{5-40}$$

则该元件的动刚度 k_d 为

$$k_d = \frac{P}{y} = \frac{A\sin\omega t}{Y\sin\omega t} = \frac{A}{Y} \tag{5-41}$$

也就是说,动刚度是系统内一点上的简谐力和由该力产生的在作用力方向上的位移的比值。由于强迫振动的频率与激振力的频率是一致的,于是动刚度就定义为激振力幅与强迫振动振幅之比(此处,动刚度的定义仅对单频简谐振动情况而言)。显然,该两幅值都与频率有关,因此,动刚度不仅取决于系统的结构、力的作用点,而且还与激振力的频率有关。常用的元件形式有:

1) 自由质量的动刚度(图 5-23)

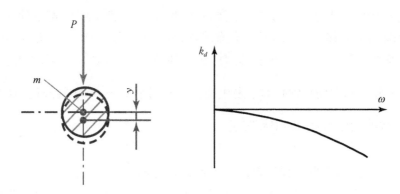

图 5-23   自由质量动刚度示意图

如果在自由质量 m 上作用有简谐力 $P = A\sin\omega t$,相应产生的位移将为 $y = Y\sin\omega t$。根据力平衡原理可得

$$P - m\frac{\mathrm{d}^2 y}{\mathrm{d}t^2} = 0 \tag{5-42}$$

由于 $\frac{\mathrm{d}^2 y}{\mathrm{d}t^2} = -Y\omega^2\sin\omega t$ 和 $P = A\sin\omega t$,代入上式,消去 $\sin\omega t$,可得

$$A + mY\omega^2 = 0$$

则

$$Y = -\frac{A}{m\omega^2}$$

利用式(5-41),得

$$k_d = \frac{P}{y} = \frac{A}{Y} = -m\omega^2 \tag{5-43}$$

可见,自由质量的动刚度与圆频率 ω、本身质量 m 有关。

2）带弹簧支承质量的动刚度（图 5 − 24）

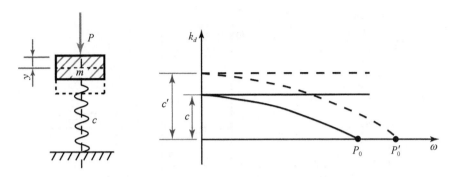

图 5 − 24　带弹簧支承质量动刚度示意图

在带弹簧支承的质量上，作用外力有简谐力 $P = A\sin\omega t$，随之产生位移 $y = Y\sin\omega t$，由力平衡得

$$P - m\frac{\mathrm{d}^2 y}{\mathrm{d}t^2} - cy = 0$$

式中，c 为弹簧的刚度系数。

将 P 和 y 代入得

$$A + mY\omega^2 - cY = 0$$

则

$$Y = \frac{A}{c - m\omega^2}$$

所以，带弹簧支承质量的动刚度：

$$k_d = \frac{A}{Y} = c - m\omega^2 \tag{5-44}$$

可见，带弹簧支承质量的动刚度等于弹簧的静刚度 c 与质量 m 的动刚度之和。它随频率 ω 而变化。低频时动刚度为正，高频时为负，如图 5 − 24 所示，在曲线与横坐标的交点 P_0 处，$k_d = 0$，这意味着激振力为零，所以，该点对应着带弹簧支承质量的固有的自振状态。由式（5 − 44）可得其固有频率：

$$\omega = p_0 = \sqrt{c/m}$$

由此可见，动刚度等于零，意味着系统的频率等于其固有频率。如果改变弹簧的静刚度系数，由 c 增加到 c'，曲线形状并不发生变化，仅作向上平移，对应的固有频率由 p_0 变到 p_0'。

3) 简谐力通过弹簧作用的质量元件的动刚度(图 5-25)

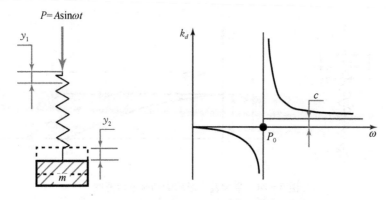

图 5-25 通过弹簧作用的质量的动刚度示意图

这种弹簧质量元件属于自由体。在简谐力 $P = A\sin \omega t$ 的作用下,弹簧两端分别产生位移为

$$y_1 = Y_1\sin \omega t, \quad y_2 = Y_2\sin \omega t \tag{5-45}$$

弹簧的变形等于它们的差值,因此,在 1 点处(上端)的力平衡方程为

$$P = c(y_1 - y_2) \tag{5-46}$$

将式(5-45)与 P 代入后消去 $\sin \omega t$ 得

$$A = c(Y_1 - Y_2) \tag{5-47}$$

$$Y_1 = Y_2 + A/c$$

在 2 点处(下端),作用在质量 m 上的力平衡方程式为

$$-m\frac{\mathrm{d}^2 y}{\mathrm{d}t^2} + c(y_1 - y_2) = 0$$

将 $\dfrac{\mathrm{d}^2 y}{\mathrm{d}t^2} = -Y_2\omega^2\sin \omega t$ 与式(5-45)代入后得

$$mY_2\omega^2 + c(Y_1 - Y_2) = 0$$

则得

$$Y_2 = \frac{cY_1}{c - m\omega^2}$$

并代入式(5-47)得

$$Y_1 = \frac{A}{c}\frac{m\omega^2 - c}{m\omega^2}$$

所以,通过弹簧作用的质量元件体动刚度为

$$k_d = \frac{A}{Y} = \frac{cm\omega^2}{m\omega^2 - c} \qquad (5-48)$$

由图 5-25 表示的动刚度与频率的变化关系看出,当 $\omega = 0$ 时, $k_d = 0$,称为零频共振,意味着在一定恒力作用下会产生无限大位移,元件仅作刚体运动,不发生变形;随着 ω 值逐渐增加,在 $m\omega^2 < c$ 时,动刚度为负;在 $m\omega^2 > c$ 时,动刚度为正;而在 $m\omega^2 = c$ 处,由式(5-48)分母为零得知动刚度为无限,这意味着激振力作用到弹簧端点 1 处的位移为零,这种现象称为反共振状态,其对应的频率 p_0 为反共振固有频率,可由 $m\omega^2 - c = 0$ 确定。

$$\omega = \sqrt{c/m} = p_0 \qquad (5-49)$$

注意,此时弹簧另一端的质量 m 恰以该频率 p_0 作有限幅的简谐振动。可见在反共振状态时,激振的简谐力恰巧与由质量惯性引起弹簧变形的弹性力相平衡。

　　4) 两元件连接处的动刚度

　　两元件连接处的动刚度是在确定每个元件振动特性的基础上,将它们在连接处的动刚度进行耦合而成的。如果有两个元件 A 和 B(图 5-26),它们的动刚度分别为 k_d^A 和 k_d^B ,那么要将它们连接起来,则可按变形一致条件得

$$u_A = u_B = u_{AB} \qquad (5-50)$$

又由力平衡条件得

$$f_{AB} = f_A + f_B \qquad (5-51)$$

式中,u 为位移;f 为简谐激振力。上式中下标 A、B 和 AB 分别表示各元件和组合体。把式(5-50)除以式(5-51),可得

$$\frac{f_{AB}}{u_{AB}} = \frac{f_A}{u_A} + \frac{f_B}{u_B}$$

或者

$$k_d^{AB} = k_d^A + k_d^B \qquad (5-52)$$

这就是并联耦合的刚度表达式,即在连接处,并联耦合后的动刚度等于各元件的动刚度之和。需要指出,元件的动刚度是和激振力作用点以及产生的位移点相对应的。如果力作用点与位移点重合,则这种动刚度称为定点动刚度,显然,由式(5-52)表示的耦合关系是针对定点动刚度而言的。如果力作用点与位移点不重合,则称为跨点动刚度。例如对于图 5-25 所示的通过弹簧作用的质量元件,如果简谐力作用在 1 点,而位移点在 2 点,则可得跨点动刚度 k_d' 为

$$k'_d = \frac{A}{Y_2} = -m\omega^2 \qquad (5-53)$$

与式(5-48)比较可见,元件的定点动刚度与跨点动刚度是不同的。

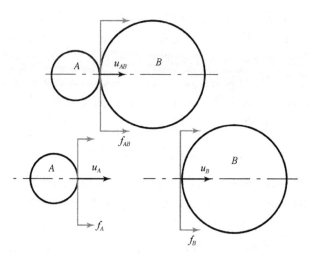

图 5-26   动刚度的耦合关系

5）考虑支承弹性的临界转速

为了确定带弹性支承的转轴系统的临界转速,现将整个系统分解成两个元件,如图 5-27 所示,一是由盘轴构成的通过弹簧作用的质量元件,二是由轴承与支座构成的带弹簧支承的质量元件,并利用轴端与轴承连接起来。

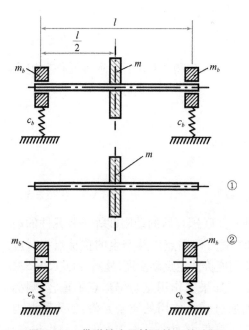

图 5-27   带弹性支承轴承的元件分解

求解第一个元件质量的动刚度时需得出其静刚度值。支承的力通过轴长为 $l/2$ 的悬臂梁作用在盘质量上,$l/2$ 轴长悬臂梁刚度为 $3EJ/(l/2)^3$,由于该质量通过左右二段 $l/2$ 长的轴与盘质量连接。所以其静刚度为两者之和,为

$$2 \cdot \frac{3EJ}{(l/2)^3} = \frac{48EJ}{l^3} = c$$

所得结果即为盘质量位于轴中央的静刚度 c。按照式(5-48),得动刚度:

$$k_d^{\mathrm{I}} = \frac{cm\omega^2}{m\omega^2 - c}$$

另一元件质量(支承质量)的动刚度按式(5-44)计算,为

$$k_d^{\mathrm{II}} = c_b - m_b\omega^2$$

由于支承有两个,所以动刚度为 $2k_d^{\mathrm{II}}$。

再根据式(5-52)得轴端与轴承连接处的耦合后的动刚度为

$$k_d^0 = k_d^{\mathrm{I}} + 2 k_d^{\mathrm{II}} = \frac{cm\omega^2}{m\omega^2 - c} + 2(c_b - m_b\omega^2) \qquad (5-54)$$

上角标"0""I"和"II"分别表示耦合后组合体、转子及支承在连接处的动刚度。在求出整个系统的动刚度以后,令 $k_d^0 = 0$,则可由式(5-54)求得临界转速得

$$2mm_b\omega_{cr}^4 - \left[c(m + 2m_b) + 2c_b m\right]\omega_{cr}^2 + 2c_b c = 0 \qquad (5-55)$$

该式是考虑支承弹性与质量的临界转速表达式,它是 ω_{cr}^2 的一元二次方程式。由于 ω_{cr}^4 项的系数与常数项为正,ω_{cr}^2 项的系数为负,因此 ω_{cr}^2 必然有两个正实根。这表明了当考虑支承的弹性以后,单盘转子的临界转速将出现两种情况,为说明这一点,现分别讨论两种极限情况。

如果支承刚性很大,即 $c_b \gg c$,那么,支承的振幅几乎不发生,则由式(5-55)化简后得

$$
\begin{aligned}
c - m\omega_{cr}^2 &= 0 \\
\omega_{cr} &= \sqrt{c/m}
\end{aligned}
\qquad (5-56)
$$

这与式(5-2)结果相同,说明此时转轴发生弯曲挠度,所以这种转子称为挠性转子,对应的 ω_{cr} 就是挠性转子的临界转速。当考虑支承弹性的影响时,则将出现以挠性转子涡动为主的临界转速,习惯地称为"挠轴临界转速"。由理论与实践证明,弹性支承的挠轴临界转速恒大于刚性支承的转子临界转速。

如果转子刚性远大于支承刚性,即 $c \gg c_b$,则由式(5-55)化简得

$$
\begin{aligned}
2c_b - (m + 2m_b)\omega_{cr}^2 &= 0 \\
\omega_{cr} &= \sqrt{\frac{2c_b}{m + 2m_b}}
\end{aligned}
\qquad (5-57)
$$

由于此时转轴不发生变形,仅有支承发生振动,故这种转子称为刚性转子,对应的 ω_{cr} 就是刚性转子的临界转速。这是以支承振动为主、转轴挠曲很小的临界转速,习惯地称为"刚轴临界转速"。可以证明,它将恒小于刚性支承的临界转速。

在实际发动机中,由于转子的质量分布不对称,旋转轴线将是偏斜的,因此,将会出现两阶刚轴临界转速,第一阶以轴刚体平移为主,第二阶以轴刚体转动为主。随后出现的才是以转轴弯曲为主的挠轴临界转速,如图 5-28 与图 5-29 所示。请注意不要把这种命名与前面各节所述一阶、二阶…临界转速混淆,因为前面所述的都是指刚性支承的情况,轴本身必有弯曲,如按本节的提法,那些都应看作挠轴临界转速。对某些涡轮发动机转子,可通过调整支承刚度,使得第二阶刚轴临界转速与第三阶挠轴临界转速之间较宽的振动平稳区间作为发动机工作转速范围。

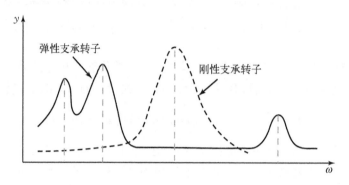

图 5-28   考虑支承弹性时的临界转速

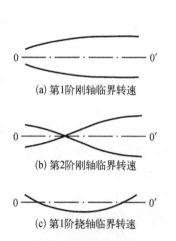

图 5-29   低支承刚度轴前三阶
临界转速弹性线

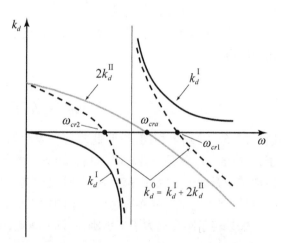

图 5-30   动刚度系数与频率间关系

为了更清楚地阐明支承弹性对临界转速的影响,根据图 5-30 所示的 k_d^{I}、k_d^{II} 以及 k_d^0 与频率间的变化关系,可以看出 ω_{cr1}、ω_{cr2} 分别代表刚轴临界转速与挠轴临界转速;ω_{cr3} 代表反共振频率,其相当于刚性支点的临界转速。并由图 5-30 获知 ω_{cr1}、ω_{cr2}、ω_{cra} 三者间的关系。如果支承刚性减小(即支承弹性增大),意味着支承动刚度曲线向下平移,从而使各阶临界转速都降低;同样,支承质量的变化也会带来影响,读者可以自行分析。

动刚度法原则上适用于任何复杂的动力系统,既可计算又可试验。图 5 - 31 为实际发动机通过大量简化后得到的力学模型图。例如压气机前支承通过弹簧 k_1 连接于前机匣,假想前机匣具有集中质量 m_2,它通过杆件 k_2(也可看作弹簧)与中机匣连接,中机匣又具有质量 m_3。 如果发动机装在试车台上,因为试车台质量很大,刚性很强,又装在强大的地基上,所以它们几乎是不振的。如图中圆圈表示的情况,这样,m_3 就不会发生振动;如果发动机装在飞机上,则安装节还要通过发动机架才与飞机结构连接在一起,这就是图上右边圆圈表示的情况,即安装节通过弹簧与固定件相连(这里固定件就是飞机结构,暂时假设它是完全刚性的),安装节本身也要振动,它的质量 m_3 因而起了作用。可以想见,同台发动机安装在不同的台架上(或飞机上),因为刚性与质量的关系,其振动情况(包括临界转速)可能不同。

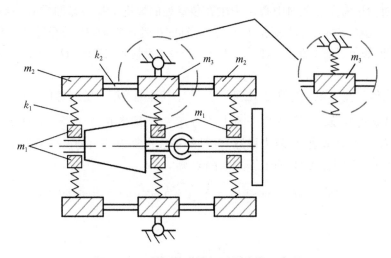

图 5 - 31　整机的弹性与质量分布示意图

5.6　阻 尼 的 影 响

实际转子在临界状态下工作,轴挠度并不会出现无限,对此,我们只能理解为"挠度相对地明显增加",那么,挠度到底增大多少? 这取决于系统的"阻尼"及其他因素。图 5 - 32 为具有简化了的带阻尼轴-盘系统的挠度变化,相应的虚线代表无阻尼情况。

直觉地想象,摩擦可以抑制振动。但是对于旋转轴而言,空气阻尼与轴承等形成的流体摩擦力是周向的,而挠度则是沿径向的,其间关系并不十分明确。

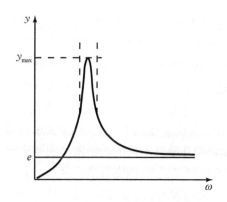
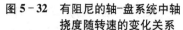

图 5-32　有阻尼的轴-盘系统中轴
挠度随转速的变化关系

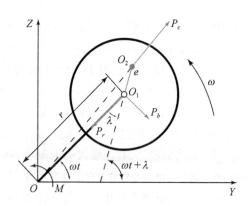

图 5-33　轴系受流体阻力影响示意图

图 5-33 表示了盘-轴系统在旋转时受流体阻力的影响。旋转轴通过 O,并垂直于纸面,O_1 为盘的几何中心,r 为轴在装盘处的挠度,O_2 为盘的重心,O_1O_2 就是偏心距 e。盘的离心力 P_c 是沿 OO_2 方向,轴的弹性恢复力 P_r 是经过 O_1 指向 O。可以想见,如果没有其他力的作用,$O-O_1-O_2$(亚临界)或 $O-O_2-O_1$(超临界)都是直线。

现在假设流体阻力作用于几何中心 O_1,其值与 O_1 点的线速度 $r\omega$ 成正比,其方向与线速度相反。于是作用于盘上的力有三个,即离心力 $P_c = m\omega^2\overline{OO_2}$、流体阻力 $P_b = br\omega$(b 为常数,称阻力系数)与轴的弹性恢复力 $P_r = cr$(c 为轴在装盘处的刚性系数)。它们在 Y 轴方向应取得平衡,则

$$m\omega^2\left[r\cos\omega t + e\cos(\omega t + \lambda)\right] + br\omega\sin\omega t - cr\cos\omega t = 0$$

整理后可得

$$r\left(\frac{c}{m} - \omega^2\right)\cos\omega t - \frac{br\omega}{m}\sin\omega t = \omega^2 e\cos(\omega t + \lambda) \qquad (5-58)$$

令

$$\begin{cases} B\cos\beta = r\left(\dfrac{c}{m} - \omega^2\right) \\ B\sin\beta = br\omega/m \end{cases}$$

得

$$B = r\sqrt{\left(\frac{c}{m} - \omega^2\right)^2 + \left(\frac{b\omega}{m}\right)^2}$$

代入式(5-58)得

$$Bcos(\omega t + \beta) = \omega^2 ecos(\omega t + \lambda)$$

由于不论 ωt 为何值,上式恒成立,故

$$B = e\omega^2, \quad \beta = \lambda$$

于是

$$r = \frac{e\omega^2}{\sqrt{\left(\dfrac{c}{m} - \omega^2\right)^2 + \left(\dfrac{b\omega}{m}\right)^2}} \tag{5-59}$$

$$\lambda = \arctan\frac{b\omega}{c - m\omega^2}$$

为了使公式更具有普遍性,并便于图线表示,把式(5-59)改写成挠度比:

$$\frac{r}{e} = \frac{\left(\dfrac{\omega}{p}\right)^2}{\sqrt{\left(1 - \dfrac{\omega^2}{p^2}\right)^2 + \left(2\zeta\dfrac{\omega}{p}\right)^2}}$$

相位角:

$$\lambda = \arctan\frac{2\zeta\left(\dfrac{\omega}{p}\right)}{1 - (\omega/p)^2} \tag{5-60}$$

式中, $p^2 = c/m$(也可写作 $\omega_{cr}^2 = c/m$); $\zeta = \dfrac{b}{2mp}$(称为阻尼比,无因次量)。

对于一定的系统, m、p 是不变的,因此 ζ 就代表 b。图 5-34 用 r/e、λ 为纵坐标, ω/p 为横坐标表示了上两式的变化情况,习惯上称此为该系统的幅频特性与相频特性。由图 5-34 看出,当 ζ 增加时,转轴的挠度相应减小,尤其在临界转速附近,它的影响表现得更为突出,并且以挠度极值定义的临界转速 ω_{cr} 要向高值偏移(可由 $\dfrac{\mathrm{d}r}{\mathrm{d}\omega} = 0$ 求得),这与一般线性振动系统中,阻尼对最大振幅的频率影响恰巧是相反的。其原因在于此处采用的纵坐标 r/e 与一般振动问题的动、静挠度之比(相当于惯性力与激振力幅之比)不同,因为由不平衡力引起的转轴的"静挠度"不能仅用 e 来表示,而是还与转速有关。由相频特性图看出,阻尼一定时,相位角 $\lambda \neq 0$,也就是盘质心 O_2 与几何中心 O_1 的连线对径向是偏斜的,且偏斜的相位角 λ 是不变的。当 $\omega < p$ 时, $\lambda < 90°$(质心在挠曲线以外);当 $\omega = p$ 时, $\lambda = 90°$,所以 p 是转子系统的固有频率;而当 $\omega > p$,$90° < \lambda < 180°$(质心在挠曲线以内)。如果小

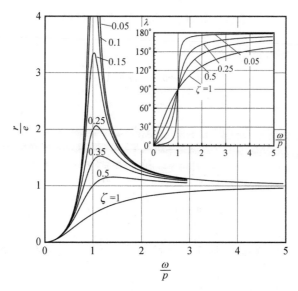

图 5 - 34　有流体阻尼时, $\dfrac{r}{e}$、λ 与 $\dfrac{\omega}{p}$ 的关系（幅频曲线和相频曲线）

阻尼时,在 p 附近,λ 角在 $0° \sim 180°$ 迅速改变,这与 5.2 节的分析情况一致。

从能量角度来看,在轴每转一周时,阻尼力必然会做负功,即

$$W_{阻} = br\omega \cdot 2\pi r = 2\pi br^2 \omega \tag{5-61}$$

在临界转速附近时,由于挠度明显增大,阻力功 $W_{阻}$ 增加显著,所以需要相应地增加外力矩。可见,周向摩擦形成的阻尼功可以抑制转子的横向挠度。只要阻尼功不太大,不同形式的摩擦力（例如轴承摩擦与轴材料内耗,后者在非协调进动时较显著）,其效果大致是一样的。即同一数值的阻尼功,对轴的挠度将起同样的抑制效果。

航空发动机中最常用而有效的转子支承阻尼方法是采用挤压油膜轴承,见图 5 - 35。滚动轴承的外环 a 与轴承座 b 之间有一小间隙（通常为 $0.001D \sim 0.003D$,D 为外环直径,图中特意放大）,其间通以滑油。由于轴的推动,外环在间隙的范围内作圆周运动,从而使间隙内的滑油被迫形成流动。由于巨大的黏性阻力,形成能量消耗（阻尼功）,抑制了轴的挠度。目前,对于挤压油膜的机理研究已日渐明了。通常用于设计的参数是合理选择油膜厚度（即径向间隙）、承载长度与供油压力。

应当注意,在转轴运动中,并不是摩擦都能抑制转轴的挠动,由于某些特殊原因,摩擦阻力可能反而会引起额外的不稳定现象,即在一定范围内,转子挠度反而会明显增大。因为在旋转系统中,摩擦阻力有两种表现形式,转轴与外部介质（例如空气、液体和轴承等）间的摩擦称为外摩擦,它往往与转轴旋转的绝对速度 ω 有关,而由转轴本身变形引起的摩擦[包括转子材料内耗、联轴器（例如套齿之类）的

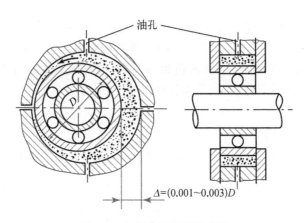

图 5 - 35 挤压油膜轴承简图

摩擦等]称为内摩擦,它往往取决于轴本身变形的相对速度,即进动转速与自转转速之差 $|\Omega - \omega|$。例如在同步正涡动时 $\Omega = \omega$,则 $|\Omega - \omega| = 0$,所以转轴的摩擦主要取决于外摩擦,但在同步反涡动时 $\Omega = -\omega$,则 $|\Omega - \omega| = 2\omega$,转轴本身纤维的受力大小与方向均发生改变,因此内摩擦就大得多,它的大小、方向经常发生变化,由此可能产生一种特殊的影响,当内摩擦功与外摩擦功之比大到一定程度后,开始出现不稳定的自激现象,它的范围发生在超临界区域内,如果摩擦功之比越大,自激现象的范围就越大,值得注意。

5.7 其他影响临界转速的因素

除了前述的陀螺力矩、支承弹性与阻尼三个重要因素以外,还有一些影响因素能改变临界转速的数值。以下内容将进行分述。

5.7.1 轴向力的影响

在一些涡轮构造上,由于叶片所受强大的气体轴向力(方向向后),以及作用于轮盘前、后的气体压力之差(通常都是向后的),而在涡轮轴上形成强大的轴向拉力,其数值可达数万至数十万牛。此拉力使轴的横向挠度减小,相当于增加了轴的刚性,其结果使临界转速有所增加。

由材料力学得知,受压轴可能会出现"失稳"现象。它的临界压力 P_{cr} 值取决于轴的粗细、装盘位置、支承结构以及不同阶次的失稳状态等(此处均指一阶失稳状态)。

假设轴上所受的实际拉力为 P,则临界转速为

$$n_{cr} = n_{cr0} \sqrt{1 + \frac{P}{P_{cr}}} \tag{5-62}$$

式中，n_{cr0} 为无轴向力时的临界转速；当轴受拉力时 $P > 0$，受压力时 $P < 0$。极端情况是，当轴上的压力等于 P_{cr} 时，轴失稳，即弯曲刚性为零。此时，相当于临界转速为零。由于临界压力 P_{cr} 的准确值很难得到，因此通常用一修正因子代替。对于航空发动机的涡轮转子，一阶临界转速增加 $1\% \sim 3\%$。

5.7.2　扭矩的影响

扭矩的存在会使轴的抗弯刚性降低，因而使临界转速下降。对于一阶临界转速，修正公式为

$$n_{cr} = n_{cr0}\sqrt{1 - \left(\frac{M}{M_{cr}}\right)^2} \qquad (5-63)$$

式中，n_{cr0} 为无扭矩转子的临界转速；$M_{cr} = 2\pi EJ/l$ 为轴临界失稳扭矩。即在此扭矩作用下，轴将失稳。可见对于细而长的轴，M_{cr} 较小，对临界转速的影响就大些。对于航空发动机，约使一阶临界转速降低 $2\% \sim 5\%$。

5.7.3　非圆截面轴的影响

由于设计和加工误差的关系，"圆轴"可在不同方向出现不同的截面惯性矩，如图 5-36 所示。由材料力学得知，总可在这种截面上找到两个互相垂直的主轴 η 和 ξ，各相对于最大和最小惯性矩 $J_{\max}$ 和 $J_{\min}$。对于这样的情况，临界转速将出现新的特性。

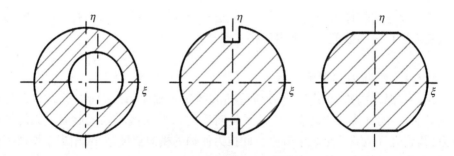

图 5-36　刚性不对称的轴截面

对应于 $J_{\max}$ 和 $J_{\min}$，在装盘处轴将有两个不同的刚性系数 C_1 和 C_2 $\left(例如盘装在简支轴的中央，C_1 = \dfrac{48EJ_{\max}}{l^3}, C_2 = \dfrac{48EJ_{\min}}{l^3}\right)$，因次轴在两个方向上应分别具有相应的弯曲振动固有频率，即

$$p_1 = \sqrt{c_1/m}, \quad p_2 = \sqrt{c_2/m} \tag{5-64}$$

但是,对于旋转的轴,轮盘不仅受到离心惯性力与轴的弹性恢复力的作用,而且由于轮盘的涡动运动,使得轮盘还受到科氏惯性力的作用,因此不能简单地认为转轴临界转速就是式(5-64)表达的振动频率,而是还存在着一定的耦合关系。此外,重力的作用也会产生新的影响。为了说明这些现象,下面分别做一些理论推导。

假设一旋转坐标(y, z)以角速度ω绕原点O匀速旋转,并令截面的惯性主轴η与ξ各平行于y、z轴,并随之一起旋转。如图5-37所示,由于盘质量将在y、z方向产生运动,因而有科氏力$2m\omega\dot{z}$及$-2m\omega\dot{y}$。根据轮盘受力的平衡条件,可以分别列出以坐标投影表示的运动方程:

$$-c_1 y + m\omega^2 y + 2m\omega\dot{z} = m\ddot{y}$$
$$-c_2 z + m\omega^2 z - 2m\omega\dot{y} = m\ddot{z}$$

或写成:

$$\ddot{y} + (p_1^2 - \omega^2)y - 2\omega\dot{z} = 0$$
$$\ddot{z} + (p_2^2 - \omega^2)z + 2\omega\dot{y} = 0 \tag{5-65}$$

令上式的解为

$$y = A_1 e^{\lambda t}, \quad z = A_2 e^{\lambda t} \tag{5-66}$$

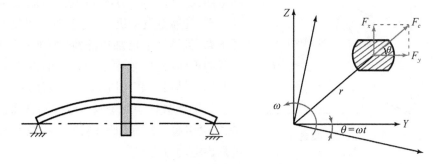

图 5 - 37　非圆截面轴的临界转速

如果λ是正值,则y、z均随时间无限地增大,运动是不稳定的。现将式(5-66)代入式(5-65),消去$e^{\lambda t}$,得

$$A_1\lambda^2 + (p_1^2 - \omega^2)A_1 - 2\omega\lambda A_2 = 0$$
$$A_2\lambda^2 + (p_2^2 - \omega^2)A_2 + 2\omega\lambda A_1 = 0$$

如果A_1、A_2不同时为零,则下列行列式应为零:

$$\begin{vmatrix} \lambda^2 + (p_1^2 - \omega^2) & -2\omega\lambda \\ 2\omega\lambda & \lambda^2 + (p_2^2 - \omega^2) \end{vmatrix} = 0$$

展开得

$$\lambda^4 + \lambda^2(p_1^2 + p_2^2 + 2\omega^2) + (p_1^2 - \omega^2)(p_2^2 - \omega^2) = 0$$

解之,得

$$\lambda^2 = -\left(\frac{p_1^2}{2} + \frac{p_2^2}{2} + \omega^2\right) \pm \frac{1}{2}\sqrt{(p_1^2 - p_2^2)^2 + 8\omega^2(p_1^2 + p_2^2)}$$

要使 λ 为正值,则应有

$$\frac{1}{2}\sqrt{(p_1^2 - p_2^2)^2 + 8\omega^2(p_1^2 + p_2^2)} > \frac{p_1^2}{2} + \frac{p_2^2}{2} + \omega^2$$

整理可得

$$(p_1^2 - \omega^2)(p_2^2 - \omega^2) < 0 \tag{5-67}$$

如果假设 $c_1 > c_2$,则 $p_1 > p_2$,那么可得

$$p_1 > \omega > p_2$$

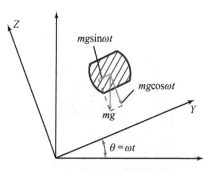

图 5-38 重力对非圆截面轴的影响

即在 p_1 与 p_2 之间,转轴的运动是不稳定的,可能产生大的挠度。这样就扩大了临界转速的范围,造成不利。这种情况在地面设备上常发现;在航空发动机上,由于加工装配工艺要求高,且设计上已加以注意(例如控制内、外圆的不同心度,采用三个以上的键槽等),故此问题不很严重,但应随时予以注意。

如果考虑重力的影响,对于非圆截面轴来讲,它会引起一个新的临界转速。由图 5-38,可列出运动方程式为

$$\ddot{y} + (p_1^2 - \omega^2)y - 2\omega\dot{z} = -g\sin\omega t \tag{5-68}$$
$$\ddot{z} + (p_2^2 - \omega^2)z + 2\omega\dot{y} = -g\cos\omega t$$

与前面式(5-65)比较,现仅多了一个特解。设此特解为

$$y = A_1\sin\omega t$$
$$z = A_2\cos\omega t$$

式中,A_1、A_2 为待定系数。把该式代入式(5-68)得

$$-A_1\omega^2 + (p_1^2 - \omega^2)A_1 + 2A_2\omega^2 = -g$$
$$-A_2\omega^2 + (p_2^2 - \omega^2)A_2 + 2A_1\omega^2 = -g$$

由此可得

$$A_1 = \frac{-g(p_2^2 - 4\omega^2)}{p_1^2 p_2^2 - 2\omega^2(p_1^2 + p_2^2)}$$

$$A_2 = \frac{-g(p_1^2 - 4\omega^2)}{p_1^2 p_2^2 - 2\omega^2(p_1^2 + p_2^2)}$$

当分母趋于零时, A_1、A_2 将无限增大,即

$$\omega_{cr}^2 = \frac{p_1^2 p_2^2}{2(p_1^2 + p_2^2)} \tag{5-69}$$

这种由于重力对非圆截面轴的影响,而引起的新的临界转速称为二类临界转速。这种现象称为副临界现象。如果 $p_1 \approx p_2$,则

$$\omega_{cr} \approx \frac{p_1}{2} \approx \frac{p_2}{2} \tag{5-70}$$

可见,第二类临界转速值大约相当于圆截面轴临界转速的一半。这种临界转速是否危险将取决于实际结构。由于它的数值较低,如果远离工作转速,甚至在慢车转速以下,则其实际意义不大。但是这一现象仍须时刻注意。

5.7.4　盘及叶片柔性的影响

盘与叶片本身带有柔性,受力时也将变形,如图 5-39 所示。盘及叶片受到陀螺力矩作用时,将沿受力方向发生变形。变形后,盘及叶片产生的离心力矩将减小,临界转速也将有所减小。因此,它的临界转速介于考虑与不考虑离心惯性力矩影响的临界转速之间。

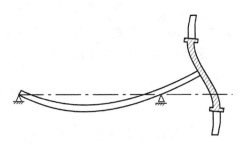

图 5-39　盘及叶片的变形

5.7.5　连接构造的影响

为了安装及制造上的方便,整个转子由许多零件组装而成。它们之间的连接方式各不相同。例如叶片与盘之间用榫头联接,叶片与叶片之间有凸台连接,盘与轴之间可能是花键、套齿、螺钉或焊接等方式连接。除焊接外,其他连接方式都可能带有间隙或柔性,这两者的存在将给系统的刚性计算带来麻烦,有时甚至难以估

计,即使采用焊接的方式,有时也使刚性有不同程度的改变。这些都影响了临界转速计算的准确性。但有一点是肯定的,对于不直接影响转轴连接刚度的连接紧度(如叶片与盘之间的榫连接,叶片与叶片之间的凸台连接),对轴的临界转速计算影响不大,而对轴与轴之间的花键、套齿连接刚度则对轴的临界转速计算影响较大,且它们连接刚度越大,轴的临界转速越高。

5.8　多盘转子的临界转速计算

在实际发动机中,压气机或涡轮转子常不只有一个轮盘,相应的临界转速也不只一个。但是人们关心的是落在工作范围内的临界转速。它们通常是属于低阶的。由于临界转速与固有频率有一定关系。在计算方法上,它们的原理有许多类似之处,因此,本节仅介绍四种多盘转子临界转速的计算方法。

5.8.1　分解法(顿克公式的推广)

5.3 节已叙述考虑轴质量的单盘转子的一阶临界转速:

$$\frac{1}{\omega_{cr}^2} = \frac{1}{\omega_0^2} + \frac{1}{\omega_1^2}$$

此公式可以进一步推广,写为

$$\frac{1}{\omega_{cr}^2} = \frac{1}{\omega_0^2} + \frac{1}{\omega_1^2} + \frac{1}{\omega_2^2} + \frac{1}{\omega_3^2} + \cdots = \frac{1}{\omega_0^2} + \sum_{i=1}^{n} \frac{1}{\omega_i^2} \qquad (5-71)$$

式中, $\omega_1, \omega_2, \cdots$ 分别为只带盘 $1, 2, \cdots$ 等无重轴的临界转速。

公式证明从略。由于此处转子的刚性可以用转子的静挠度表示,即

$$c_i = \frac{m_i g}{y_i}$$

式中, y_i 为第 i 个盘单独存在时,该盘重量引起的静挠度,换算后得

$$\frac{1}{\omega_i^2} = \frac{m_i}{c_i} = \frac{y_i}{g}$$

因次,多盘无重轴的临界转速可以表示为

$$\frac{1}{\omega_{cr}^2} = \sum_{i=1}^{n} \frac{1}{\omega_i^2} = \frac{1}{g} \sum_{i=1}^{n} y_i$$

则

$$\omega_{cr} = \sqrt{\dfrac{g}{\displaystyle\sum_{i=1}^{n} y_i}} \qquad\qquad (5-72)$$

或者

$$n_{cr} = 29.9\sqrt{\dfrac{1}{\displaystyle\sum_{i=1}^{n} y_i}} \qquad\qquad$$

分解法计算公式简单,但因为:① 仅限于一阶临界转速计算;② 未考虑陀螺力矩影响,因而对盘相对支承偏置较大的转子估计精度受限。

5.8.2　能量法(瑞利法)

本方法是一种逐步近似的计算法。为了简单起见,现不考虑陀螺力矩的影响。

通常把转子离散成有限个节点,并将轮盘与轴的质量分别作用到这些节点上。当转子作稳定转动时,由于它们引起的惯性力都是作用在轴的弯曲平面内,因此可以把轴的变形看作是稳定的。从而转子的位能可以通过各节点上外力做功之和来表示:

$$U = \frac{1}{2}\sum_{i=1}^{n} P_i Y_i \qquad\qquad (5-73)$$

式中,下标 i 是节点号;n 为转子的节点数。而转子的动能则可以由各节点上惯性力做功之和来表达:

$$T = \frac{1}{2}\omega^2 \sum_{i=1}^{n} m_i Y_i^2 \qquad\qquad (5-74)$$

由于该系统中,惯性力所做的功都变成轴的变形位能,即

$$T = U \qquad\qquad (5-75)$$

从而可得瑞利公式为

$$\omega_{cr}^2 = \frac{\displaystyle\sum_{i=1}^{n} P_i Y_i}{\displaystyle\sum_{i=1}^{n} m_i Y_i^2} \qquad\qquad (5-76)$$

要解出临界转速,必须先知道 P_i 与 Y_i。但是要注意到,力 P_i 与挠度是相互对应的。因此,通常先假设转子的挠曲线,并由此获得惯性力。显然,假设的挠曲线准确与否,将决定计算的精度。为了方便起见,通常取满足边界条件的由重力 G_i 引起的静挠度 y_i 代替转轴的挠曲线,作为第一次近似计算中的取值。代入式(5-76),经变换后可得

$$n_{cr1} = \frac{30}{\pi}\omega_{cr1} = 29.9\sqrt{\frac{\sum\limits_{i=1}^{n} G_i y_i}{\sum\limits_{i=1}^{n} G_i y_i^2}} \qquad (5-77)$$

对于一般情况,利用该式计算第一阶临界转速的误差是不大的,可以直接应用。如要求出更精确的临界转速,则须进行第二次,甚至第三次近似计算。第二次计算时,是根据第一次计算求出的值 ω_{cr1} 与挠曲线,算出各节点上的惯性力 $P_i^{(I)} = m_i\omega_{cr1}^2 y_i^{(I)}$,然后按材料力学中的方法求出轴的新的挠曲线(即挠度 $y_i^{(II)}$),并获得 $P_i^{(II)} = m_i\omega_{cr1}^2 y_i^{(II)}$,从而进行第二次近似,以此类推。

由于假设的挠曲线不同于真实的挠曲线,因此本法计算出的临界转速恒大于真实值。并且本近似法的迭代过程总是向最低阶(一阶)临界转速逼近。故而常仅用于计算第一阶临界转速。

5.8.3　传递矩阵法

当前,为了数值计算,常把复杂结构系统分解成有限个单元,而对于多盘的转轴系统,由于很多单元都是一环接一环地结合起来,呈一种链状结构的形式,因此它给计算带来很重要的特点,并随着电子计算机的广泛运用,传递矩阵法已是当前计算这类问题的最常用的方法之一。

图 5-40 所示的计算模型是把转轴离散成 n 个单元,现称为段,可以是等分的,也可以是不等分的。每段都看成是无重等截面梁。它们的质量看成是分别安置在每段两端的集中质量。因此,在段与段之间形成了具有集中质量的节点,称为站。为了计算方便,通常将转轴上每个截面的状态参数取为挠度 y_i、挠角 θ_i、弯矩 M_i、切力 Q_i,并通过它们把相邻的段与站按一定顺序连接成一体,再结合边界条件,构成了整个复杂的转轴系统。下面分别通过分析段、站以及整个轴系的传递矩

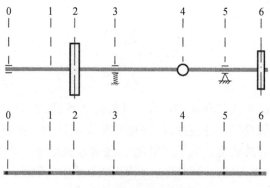

图 5-40　转子的计算模型

阵来说明本方法的计算过程。

1. 段的传递矩阵 L

由于"段"被看成无重等截面梁,因此它只具有刚性,而没有质量。为了建立每段左右两端的状态参数关系,可以把它看作左端固装,右端受集中载荷 Q 和弯矩 M 的作用。现把左端的状态参数记为 y_{i-1}、θ_{i-1}、M_{i-1}、Q_{i-1},右端状态参数记为 y_i、θ_i、M_i、Q_i。由图 5-41 可得下列关系式:

$$\begin{cases} y_i = y_{i-1} + \Delta l_i \theta_{i-1} + \alpha_{12} M_i - \alpha_{11} Q_i \\ \theta_i = \theta_{i-1} + \alpha_{22} M_i - \alpha_{21} \theta_i \\ M_i = M_{i-1} + \Delta l_i Q_{i-1} \\ Q_i = Q_{i-1} \end{cases} \tag{5-78}$$

式中,α_{11}、α_{12}、α_{22} 分别为该单悬臂轴段的柔度效应系数。

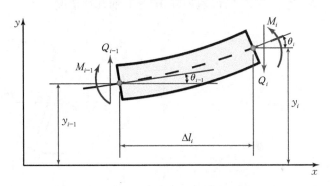

图 5-41 第 i 段无重梁受力图

由材料力学知 $\alpha_{12} = \alpha_{21}$,且它们分别表示为

$$\begin{bmatrix} \alpha_{11} & \alpha_{12} \\ \alpha_{21} & \alpha_{22} \end{bmatrix} = \frac{1}{6EJ_i} \begin{bmatrix} 2\Delta l_i^3 & 3\Delta l_i^2 \\ 3\Delta l_i^2 & 6\Delta l_i \end{bmatrix} \tag{5-79}$$

将式(5-78)中第一、二式等号右边的 M_i、Q_i 变换成用 M_{i-1}、Q_{i-1} 表示,并写成矩阵形式:

$$\begin{bmatrix} y \\ \theta \\ M \\ Q \end{bmatrix}_i = \begin{bmatrix} 1 & \Delta l_i & \alpha_{12} & \alpha_{12}\Delta l_i - \alpha_{11} \\ 0 & 1 & \alpha_{22} & \alpha_{22}\Delta l_i - \alpha_{12} \\ 0 & 0 & 1 & \Delta l_i \\ 0 & 0 & 0 & 1 \end{bmatrix} \begin{bmatrix} y \\ \theta \\ M \\ Q \end{bmatrix}_{i-1}$$

经整理后,得到用轴段传递矩阵表达的关系式为

$$
\boldsymbol{P}_i = \begin{bmatrix} y \\ \theta \\ M \\ Q \end{bmatrix}_i = \begin{bmatrix} 1 & \Delta l_i & \dfrac{\Delta l_i^2}{2EJ_i} & \dfrac{\Delta l_i^3}{6EJ_i} \\ 0 & 1 & \dfrac{\Delta l_i}{EJ_i} & \dfrac{\Delta l_i^2}{2EJ_i} \\ 0 & 0 & 1 & \Delta l_i \\ 0 & 0 & 0 & 1 \end{bmatrix} \begin{bmatrix} y \\ \theta \\ M \\ Q \end{bmatrix}_{i-1} = \boldsymbol{L}_i \boldsymbol{P}_{i-1} \qquad (5-80)
$$

2. 站的传递矩阵 $\boldsymbol{M}$

"站"是一种计算节点,它的几何尺寸被看作"零"。但是,由于站上有负荷的作用(例如由于具有质量而引起的惯性力作用),因此,它的左右两侧的状态参数并不完全相同。图 5-42 给出了在计算过程中可能遇到的各种"站"的结构。它们两侧状态参数之间的关系式可以由图示符号写出平衡方程式获得。通过站的关系式可写成 $\boldsymbol{P}_i^R = \boldsymbol{M}_i \boldsymbol{P}_i^L$。"站"的传递矩阵 $\boldsymbol{M}$ 有下列几种情况。

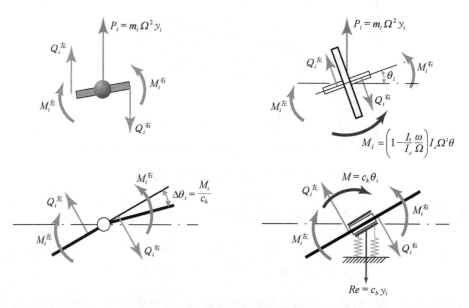

图 5-42　各种"站"结构简图

1)通过点质量时

$$
\boldsymbol{M}_i = \begin{bmatrix} 1 & 0 & 0 & 0 \\ 0 & 1 & 0 & 0 \\ 0 & 0 & 1 & 0 \\ m_i \Omega^2 & 0 & 0 & 1 \end{bmatrix} \qquad (5-81)
$$

2）通过转动盘时

$$M_i = \begin{bmatrix} 1 & 0 & 0 & 0 \\ 0 & 1 & 0 & 0 \\ 0 & \left(\dfrac{I_0}{I_d}\dfrac{\omega}{\Omega} - 1\right)I_d\Omega^2 & 1 & 0 \\ m_i\Omega^2 & 0 & 0 & 1 \end{bmatrix} \qquad (5-82)$$

3）通过弹性铰链时

$$M_i = \begin{bmatrix} 1 & 0 & 0 & 0 \\ 0 & 1 & c_k^{-1} & 0 \\ 0 & 0 & 1 & 0 \\ 0 & 0 & 0 & 1 \end{bmatrix} \qquad (5-83)$$

式中，c_k 为弹性铰链的力矩刚性系数。

4）通过具有弹性转动约束的弹性支承时

$$M_i = \begin{bmatrix} 1 & 0 & 0 & 0 \\ 0 & 1 & 0 & 0 \\ 0 & c_k & 1 & 0 \\ -c & 0 & 0 & 1 \end{bmatrix} \qquad (5-84)$$

式中，c 为弹性支承的刚性系数。

如果没有弹性转动约束，而是具有质量的弹性支承，则为

$$M_i = \begin{bmatrix} 1 & 0 & 0 & 0 \\ 0 & 1 & 0 & 0 \\ 0 & 0 & 1 & 0 \\ m_i\Omega^2 - c & 0 & 0 & 1 \end{bmatrix} \qquad (5-85)$$

如果是没有弹性转动约束的刚性支承，同样可以利用式（5-84），不过其中的 c 值要求取得足够大，那么其结果还是令人满意的。

3. 始、终端间的传递矩阵

通过"段"的传递矩阵关系式可由式（5-80）写成：

$$P_i = L_i P_{i-1}$$

通过"站"的传递矩阵关系式可利用式（5-81）~式（5-85）写成：

$$P_i^R = M_i P_i^L$$

因此,在第 $i-1$ 段与第 i 段间的关系式可写为

$$P_i = M_i L_i P_{i-1}$$

该式中的状态参数 P_i、P_{i-1} 均为所在"站"右侧截面上的参数。如果从某一轴端开始(始端),将所有段按顺序连接起来,直至终端,这样得到的连乘公式就是始、终端间的关系式:

$$P_n = M_n L_n M_{n-1} L_{n-1} \cdots M_1 L_1 P_0 = H P_0 \qquad (5-86)$$

式中,下角标 n 为转轴的总段数。始终端间的传递矩阵为

$$H = \begin{bmatrix} h_{11} & h_{12} & h_{13} & h_{14} \\ h_{21} & h_{22} & h_{23} & h_{24} \\ h_{31} & h_{32} & h_{33} & h_{34} \\ h_{41} & h_{42} & h_{43} & h_{44} \end{bmatrix} \qquad (5-87)$$

显然,H 阵中的元素 h_{ij},都是转速 Ω 的函数。

4. 边界条件与临界转速的确定

边界条件系指轴的始、终端而言。它们是根据轴两端部约束条件与载荷形式确定的。

表 5-2 中列出了几种典型的边界形式及其列阵形式的边界条件表达式。其中有三组边界条件表达式,它们的四个站点状态参数中有两个为零,两个为未知。而在另外两组列阵形式比较复杂的表达式中,四个参数中也只有两个是独立的。例如在外伸盘的列阵中 M_0、Q_0 是参数 y_0、θ_0 的函数。由式(5-86)看出,在计算过程中,各段两端的状态参数都是始端两个未知参数的线性函数。

终端参数列阵可以参考表 5-2 中列出的始端参数列阵,不过弯矩和切力项必须反号。由于终端参数向量中也总是有两个参数独立或为零,成为仅有两个变量的已知函数,那么由式(5-86)获知,终端参数的四个方程式可以简化为两个具有两个未知参数的齐次方程式。它们的系数直接由式(5-87)H 阵中的元素解得,也可以通过适当的变换获得。最后,整个转子总存在下列关系式:

$$h'_{11} q_1 + h'_{12} q_2 = 0 \qquad (5-88)$$
$$h'_{21} q_1 + h'_{22} q_2 = 0$$

式中,q_1、q_2 分别为 X_0、θ_0、M_0、Q_0 其中两个;h'_{ij} 为由 H 阵并利用边界条件变换后获得的 H' 阵元素。如果转子处于临界状态,那么依照有非零解的条件得

$$\Delta = h'_{11} h'_{22} - h'_{12} h'_{21} = 0 \qquad (5-89)$$

由于 h'_{11}、h'_{12}、h'_{21}、h'_{22} 分别为 Ω 的函数,因此在计算同步正涡动(即 $\omega = \Omega$)临界转速时,符合式(5-89)的 Ω 就是该转子的临界转速。计算程序见本章附录。

表 5-2　典型的轴始端边界条件

边界条件类型	结 构 简 图	边 界 条 件
刚性球座		$\begin{bmatrix} 0 \\ \theta_0 \\ 0 \\ Q_0 \end{bmatrix}$
自由悬臂		$\begin{bmatrix} X_0 \\ \theta_0 \\ 0 \\ 0 \end{bmatrix}$
外伸盘		$\begin{bmatrix} X_0 \\ \theta_0 \\ \left(1 - \dfrac{\omega}{\Omega}\dfrac{I_0}{I_d}\right)I_d\Omega^2\theta_0 \\ m\Omega^2 X_0 \end{bmatrix}$
弹性支座		$\begin{bmatrix} X_0 \\ \theta_0 \\ 0 \\ -c_0 X_0 \end{bmatrix}$
滚棒支承		$\begin{bmatrix} 0 \\ 0 \\ M_0 \\ Q_0 \end{bmatrix}$

在实际运算过程中,通常采用扫描搜索与迭代等方法来选定试算转速 Ω,并代入式(5-89)得计算结果,绘制成图 5-43,曲线与横坐标的交点 Ω 即为所求的临界转速。

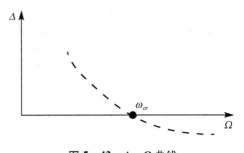

图 5-43　Δ-Ω 曲线

传递矩阵法在研究及工程分析中得到广泛运用。它的主要特点是适于计算链式结构的转轴系统,采用低阶次的矩阵运算,可以独立地计算高阶临界转速与挠曲线。因此通常用在给定的工作转速范围内,检查是否出现临界转速的危险。

例题 5-5　简支转子如图 5-44 所示,总长 $l = 0.72$ m,等截面轴直径为 0.025 m(实心轴),盘离左支点距离为 0.24 m,盘质量 $m = 8.9$ kg,直径转动惯量

$I_d = 0.031\,96\ \mathrm{kg \cdot m^2}$，极转动惯量 $I_d = 0.063\,92\ \mathrm{kg \cdot m^2}$，轴的弹性模量 E 为 $2.06 \times 10^2\ \mathrm{GPa}$，两支点均为刚性简支，试用传递矩阵法计算其临界转速。

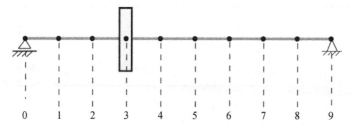

图 5-44 传递矩阵法算例模型示意图

解：将轴分成 9 段，每轴段长度均为 $l_i = 0.08\ \mathrm{m}$，各轴段质量按重心不变的原则离散到各站，每段和站的原始数据如表 5-3 所示。

表 5-3 双简支单盘转子临界转速计算数据表

i	1	2	3	4	5	6	7	8	9
l_i/m	0.08	0.08	0.08	0.08	0.08	0.08	0.08	0.08	0.08
d_i/m	0.025	0.025	0.025	0.025	0.025	0.025	0.025	0.025	0.025
m_i/kg	0.308	0.308	9.21	0.308	0.308	0.308	0.308	0.308	0
$I_{di}/\mathrm{kg \cdot m^2}$	0	0	0.031 96	0	0	0	0	0	0
$I_{0i}/\mathrm{kg \cdot m^2}$	0	0	0.063 92	0	0	0	0	0	0
$J_i/(\times 10^{-8}\ \mathrm{m^4})$	1.917	1.917	1.917	1.917	1.917	1.917	1.917	1.917	1.917

注：表中 J_i 为各段面积惯性矩 $J_i = \dfrac{\pi d_i^4}{64}$。

轴段传递矩阵：

$$
\boldsymbol{L}_i =
\begin{bmatrix}
1 & l_i & \dfrac{l_i^2}{2EJ_i} & \dfrac{l_i^3}{6EJ_i} \\
0 & 1 & \dfrac{l_i}{EJ_i} & \dfrac{l_i^2}{2EJ_i} \\
0 & 0 & 1 & l_i \\
0 & 0 & 0 & 1
\end{bmatrix}
\tag{5-90a}
$$

站的传递矩阵:

$$\boldsymbol{M}_i = \begin{bmatrix} 1 & 0 & 0 & 0 \\ 0 & 1 & 0 & 0 \\ 0 & \left(\dfrac{I_0}{I_d}\dfrac{\omega}{\Omega} - 1\right)I_d\Omega^2 & 1 & 0 \\ m_i\Omega^2 & 0 & 0 & 1 \end{bmatrix} \qquad (5-90\mathrm{b})$$

式(5-90b)中 ω 为盘旋转角速度,Ω 为轴进动角速度,当求正进动时的临界转速时,$\dfrac{\omega}{\Omega} = 1$,对于无盘站,第三行、第二列的元素为 0,此时 m_i 代表轴段质量离散到 i 站的集中质量。

第一站 $\boldsymbol{P}_1 = \boldsymbol{M}_1\,\boldsymbol{L}_1\,\boldsymbol{P}_0$,如果按此顺序传递到 n 站,则

$$\boldsymbol{P}_n\boldsymbol{M}_n\boldsymbol{L}_n\boldsymbol{M}_{n-1}\boldsymbol{L}_{n-1}\cdots\boldsymbol{M}_1\boldsymbol{L}_1\boldsymbol{P}_0 = \boldsymbol{H}\boldsymbol{P}_0$$

本例为 9 站,其具体传递矩阵为

$$\begin{bmatrix} y_9 \\ \theta_9 \\ M_9 \\ Q_9 \end{bmatrix} = M_9L_9M_8L_8M_7L_7M_6L_6M_5L_5M_4L_4M_3L_3M_2L_2M_1L_1 \begin{bmatrix} y_0 \\ \theta_0 \\ M_0 \\ Q_0 \end{bmatrix} \qquad (5-90\mathrm{c})$$

式(5-90c)中 $\boldsymbol{L}_i$、$\boldsymbol{M}_i$ 均为 4×4 矩阵,分别由式(5-90a)、式(5-90b)表示,令

$$\boldsymbol{H} = M_9L_9M_8L_8M_7L_7M_6L_6M_5L_5M_4L_4M_3L_3M_2L_2M_1L_1 \qquad (5-90\mathrm{d})$$

在始截面:$y_0 = M_0 = 0$,末截面 $y_9 = M_9 = 0$,于是将式(5-90d)代入式(5-90c),并利用上述边界条件得

$$\begin{bmatrix} 0 \\ \theta_9 \\ 0 \\ Q_9 \end{bmatrix} = \begin{bmatrix} h_{11} & h_{12} & h_{13} & h_{14} \\ h_{21} & h_{22} & h_{23} & h_{24} \\ h_{31} & h_{32} & h_{33} & h_{34} \\ h_{41} & h_{42} & h_{43} & h_{44} \end{bmatrix} \begin{bmatrix} 0 \\ \theta_0 \\ 0 \\ Q_0 \end{bmatrix} \qquad (5-90\mathrm{e})$$

由式(5-90e)得

$$\begin{cases} h_{12}\theta_0 + h_{14}Q_0 = 0 \\ h_{32}\theta_0 + h_{34}Q_0 = 0 \end{cases} \qquad (5-90\mathrm{f})$$

临界转速时 θ_0、Q_0 不全为 0,因此式(5-90f)中系数行列式应为 0:

$$\Delta = h_{12}h_{34} - h_{14}h_{32} = 0 \qquad (5-90\text{g})$$

由于 M_i 矩阵中含 Ω,因此对于选定的一个 Ω 值,就可由式(5-90a)、式(5-90b)、式(5-90d)三式求得 H,即可求得式(5-90g)中的四个系数,从而求得对应的 Δ 值。用试凑法,选定一系列 Ω 值,得到一系列对应的 Δ 值,作出 Δ-Ω 曲线,曲线与 $\Delta = 0$ 的水平轴交点的频率即为临界圆频率。用上述方法编程计算,求得结果如下:

$\Omega/(\text{rad/s})$	Δ
246	$-11.686\,0$
247	$-7.541\,3$
248	$-3.386\,1$
249	$0.795\,5$
250	$4.988\,7$
251	$9.199\,2$
252	$13.425\,8$
253	$17.672\,0$

Ω 在 248 ~ 249 之间必有 $\Delta = 0$ 的值,利用线性插值求得 $\omega_{cr} = 248 + \dfrac{3.386\,1}{0.795\,5 + 3.386\,1} = 248.81\ \text{rad/s}$,$\omega_{cr}$ 即为图 5-44 转子的一阶临界角速度,一阶临界转速为 2 375.95 r/min。

应用传递矩阵法计算临界转速时,要求各矩阵元素值具有高的计算精度,因此本例采用双精度型实数进行数值运算。

5.8.4　复杂转子系统临界转速计算的子结构传递矩阵法[8]

1. 复杂转子临界转速的特点

航空发动机转子结构是复杂的,其中最常见的是双转子结构,有的发动机还用三个同轴转子。转子之间有力和/或位移的传递,互相影响,因而几个转子不能解耦单独计算其临界转速。一些发动机为了缩短压气机和涡轮整个转子的支点间距离,将压气机轴连接于压气机中间某级盘的外缘,使得压气机转子部分级成为悬臂式支承,有的前后多级均为外悬形式。

此外,现代航空发动机为了减小质量,机匣较轻薄,刚性不高。计算转子临界转速时,也不应忽略机匣刚度的影响,不能认为转子是支承于绝对刚性的支座上,应该将转子、支承和机匣等作为一整个系统来计算其临界转速。这样计算的结果才比较准确。当然,要这样做是很麻烦、很困难的。好在航空发动机的机匣结构大多是轴对称的,至少是近似轴对称的。计算临界转速时可以将机匣简化成一根不旋转的大直径薄壁轴。机匣有外机匣,还有燃烧室内机匣(隔热屏)。对双涵道发动机,外涵以外还有机匣。若将所有这些机匣均简化成不旋转的转子,则发动机的转子-支承-机匣系统临界转速计算模型就成为四五个或更多的同心转子了。图 5-45 中给出了一种双转子航空发动机的转子简化模型。其中未考虑机匣刚度的影响,而是转子用弹性支承支于刚性机匣上。当转子弹性支承刚性较低时,认为转子用弹性支承支于刚性基座上。这种模型的简化效果还是可以的,计算临界转速的误差不会太大。

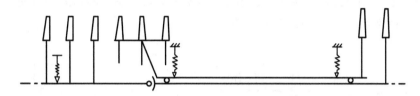

图 5-45　双转子简化模型

多转子系统,有几个转子旋转,有几个转子不旋转。旋转的转子转速各不同,甚至还可能是反向旋转。以双转子发动机为例,高压转子转速为 n_H 或 ω_H,低压转子转速为 n_L 或 ω_L,它们不相等。ω_H 或 ω_L 之间存在某种关系,而这种关系是随着工作状态改变而相应变化的。

转子上不可避免地有不平衡量,一个转子上的不平衡量会迫使转子本身作正协调进动。前面讲到的临界转速实际上是转子正协调进动时的临界转速。转子作其他形式进动时其临界转速也不同。确切些说,转子的临界转速是转子不平衡力激起转子共振时转子的转速。从振动角度看,共振的一个重要条件是激振频率等于振动系统的固有频率。一个不转的物体,一定振动形式对应有一固定的固有频率,它与结构及支承边界有关。一个旋转运动的转子也有其振动固有频率,它除了与振动形式、转子结构有关外,尚与旋转运动形式有关。转子作不同的进动,其固有频率也不同。单转子在自身不平衡力激振情况下作正协调进动,所以常说的临界转速实际上是正协调进动临界转速。双转子系统,两转子转速不同,绝不可能两转子均作同样的正协调进动。双转子系统中的两转子的不平衡力均起激振作用,但发生共振时,仅一个转子的不平衡激振力起主要作用,另一个转子激起的振动相对很小,不需专门考虑。因此在计算双转子系统的临界转速时,可分别先、后只考虑一个转子上的不平衡力的作用。比如,当高压转子不平衡力激起共振时,高压转子作正协调正进动;低压转子公转(进动)转速等于高压转子转速,自转转速则为其自身转速,这种进动就是非协调进动。作这种运动形式就具有相应的临界转速。同理,当低压转子不平衡力激起共振时,低压转子作正协调正进动,高压转子作非协调进动,此运动形式另有相应的临界转速。为区别起见,将这两种临界转速分别称为高压转子和低压转子不平衡力激起的临界转速。尽管从理论上讲当不存在不平衡力时,这两种临界转速依然存在,但在实际发动机中却是真正由高、低压转子不平衡力所激起。每一种临界转速分别具有一阶、二阶等多个临界转速。

2. 复杂转子临界转速计算的子结构传递矩阵法

计算复杂转子临界转速的方法有有限元法和传递矩阵法。前一方法建模自由度多,占用计算资源极大。后来在此基础上改进的有模态综合法,其可使自由度数缩减,但计算仍具有相当难度。一般传递矩阵法计算复杂转子也很麻烦,转子越多越麻烦。现在用改进的子结构传递矩阵法计算复杂转子临界转速颇为方便。下面以图 5-46 双转子为例,说明此计算方法。

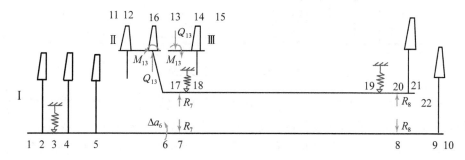

图 5-46　双转子计算简图

首先将原系统分割成三个单转子,分割面状态参数用外加待求的外力和外力矩代替。转子上的套齿联轴器 6 简化为球铰,转角未知量待求。转子系统轴间轴承处假定为刚性支承,分割后分别作用待求的支反力。于是得出分割后的计算模型如图 5-47 所示。图上仅示出大站站号,为表述方便小站站号均未标出。两转子的分割面上待求外载大小相等方向相反,因此只标一个未知力。这些新加上的外载和球铰处转角均是未知链式结构的起始参数。采用上节传递矩阵法,每一个被分割出来的单转子,均可分别求出各个单元的传递矩阵 $M_i L_i$ 及单转子系统传递矩阵 $P_n = HP_1$。现在将上式推广于任意起始站为 k 站,末站为 m 站,得

$$P_m = HP_k \qquad (5-91)$$

其中,

$$H = H_m H_{m-1} \cdots H_{k+1}$$

如果 P_k 已知,可求出 P_m。已知:

$$P_k = \begin{bmatrix} y & \theta & M & Q \end{bmatrix}_k^T$$

现在取 k 站为具有未知起始参数的站,其中未知起始参数设为 r_k,r 是 y、θ、M 或 Q 其中之一。若取 $r_k = 1$,其余三个状态参数为零,则 P_k 为已知的单位列向量 E_r,如

$E_4 = \begin{bmatrix} 0 & 0 & 0 & 1 \end{bmatrix}^T$，下标 r 表示第几个状态参数取单位 1。由式（5–91）可求出 P_m。为简洁起见简记为 $P_m^{r,\,k} = HE_r$，其意义为当 k 站状态向量为 E_r 时，由此算得 m 站状态参量。由于计算的转子系统假定为线性系统，当 k 站的未知参量为 r_k 时，可知由此算得 m 站的状态参数列阵为 $r_k P_m^{r,\,k}$，其中 $P_m^{r,\,k}$ 称为单位状态参数列阵。

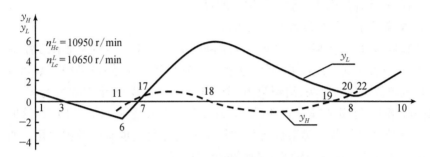

图 5–47　转子一阶临界状态振型图

现在根据各大站之间的联结方程或边界条件，列出状态参数方程。本例中共有未知起始状态参数 11 个：y_1、θ_1、$\Delta\alpha_6$、Q_7、Q_8、y_{11}、θ_{11}、y_{13}、θ_{13}、M_{13}、Q_{13}。已知联结和末站边界条件有：$M_6 = 0$、$y_7 - y_{17} = 0$、$y_8 - y_{20} = 0$、$M_{10} = 0$、$Q_{10} = 0$、$y_{16} + y_{13} = 0$、$\theta_{13} - \theta_{16} = 0$、$M_{15} = 0$、$Q_{15} = 0$、$M_{22} = 0$、$Q_{22} = 0$，共 11 个。根据线性叠加原理，由此 11 个条件可列出 11 个方程，由此可联立解出 11 个起始未知参数。列出 11 个线性方程组如下：

$$M_6 = y_1 M_6^{y,\,1} + \theta_1 M_6^{\theta,\,1} = 0$$

$$y_7 - y_{17} = y_1 y_7^{y,\,1} + \theta_1 y_7^{\theta,\,1} + \Delta\alpha_6 y_7^{\theta,\,6} - y_{11} y_{17}^{y,\,11} - \theta_{11} y_{17}^{\theta,\,11} + Q_{13} y_{17}^{-Q,\,13} + M_{13} y_{17}^{-M,\,13} = 0$$

$$y_8 - y_{20} = y_1 y_8^{y,\,1} + \theta_1 y_8^{\theta,\,1} + \Delta\alpha_6 y_8^{\theta,\,6} - R_7 y_8^{Q,\,7} - y_{11} y_{20}^{y,\,11} - \theta_{11} y_{20}^{\theta,\,11} + Q_{13} y_{20}^{-Q,\,13}$$
$$+ M_{13} y_{20}^{-M,\,13} + Q_7 y_{20}^{-Q,\,7} = 0$$

$$M_{10} = y_1 M_{10}^{y,\,1} + \theta_1 M_{10}^{\theta,\,1} + \Delta\alpha_6 M_{10}^{\theta,\,6} - R_7 M_{10}^{Q,\,7} - R_8 M_{10}^{Q,\,8} = 0$$

$$Q_{10} = y_1 Q_{10}^{y,\,1} + \theta_1 Q_{10}^{\theta,\,1} + \Delta\alpha_6 Q_{10}^{\theta,\,6} - R_7 Q_{10}^{Q,\,7} - R_8 Q_{10}^{Q,\,8} = 0$$

$$y_{16} - y_{13} = y_{11} y_{16}^{y,\,11} + \theta_{11} y_{16}^{\theta,\,11} - y_{13} = 0$$

$$\theta_{16} - \theta_{13} = y_{11} \theta_{16}^{y,\,11} + \theta_{11} \theta_{16}^{\theta,\,11} - \theta_{13} = 0$$

$$M_{15} = y_{13} M_{15}^{y,\,13} + \theta_{13} M_{15}^{\theta,\,13} + M_{13} M_{15}^{M,\,13} + Q_{13} M_{15}^{Q,\,13} = 0$$

$$Q_{15} = y_{13} Q_{15}^{y,\,13} + \theta_{13} Q_{15}^{\theta,\,13} + M_{13} Q_{15}^{M,\,13} + Q_{13} Q_{15}^{Q,\,13} = 0$$

$$M_{22} = y_{11} M_{22}^{y,\,11} + \theta_{11} M_{22}^{\theta,\,11} + M_{13} M_{22}^{M,\,13} + Q_{13} M_{22}^{Q,\,13} + R_7 M_{22}^{Q,\,17} + R_8 M_{22}^{Q,\,18} = 0$$

$$Q_{22} = y_{11} Q_{22}^{y,\,11} + \theta_{11} Q_{22}^{\theta,\,11} + M_{13} Q_{22}^{M,\,13} + Q_{13} Q_{22}^{Q,\,13} + R_7 Q_{22}^{Q,\,17} + R_8 Q_{22}^{Q,\,18} = 0$$

上式中，11 个未知起始参数不全为零时，则 11 个方程的系数行列式等于零 $\Delta = 0$。

将上式中未知参数按一定次序排列可写出其系数组成的行列式 Δ，因过于占篇幅在此不再详细列出。$\Delta = 0$ 即为求临界转速的频率方程。行列式 Δ 中各系数是结构参数和转速的函数。计算临界转速时同上节传递矩阵法一样，用搜索绘图法，或迭代法。假设转速值，求出行列式 Δ，当 $\Delta \approx 0$ 时的转速即临界转速。计算时事先编写计算程序，计算行列式的值可以用标准程序。

3. 复杂转子临界转速时的振型求解

计算振型时，取定某一站挠度为 1，例如取定 $y_1 = 1$。临界转速求出后，便可联立解 11 个方程组成的线性方程组，注意到此时行列式为零，可采用系数矩阵直接上三角或单位矩阵消元法，消到第 10 个主对角元时，第 11 个方程恒为零，这时将系数矩阵第 11 列移至等号右侧，即得到带有一个任意常数的解向量，这时可取 $y_1 = 1$，确定任意常数。解系数行列式等于零的方程组也有标准程序可以直接利用。由线性叠加原理可列出求解振型的公式如下。

转子 I：

$$y_i = y_1 y_i^{y,\,1} + \theta_1 y_i^{\theta,\,1} + \Delta\theta_6 y_i^{\theta,\,6} + Q_7 y_i^{Q,\,7} + Q_8 y_i^{Q,\,8} = 0$$

式中，$i \leqslant 6$ 时取前 2 项，$i = 7$ 时取前 3 项，$i = 8$ 时取前 4 项，$i \geqslant 9$ 时取全部项。

转子 II：

$$y_i = y_{11} y_i^{y,\,11} + \theta_{11} y_i^{\theta,\,11} - M_{13} y_i^{-M,\,13} - Q_{13} y_i^{-Q,\,13} - Q_7 y_i^{-Q,\,7} - Q_8 y_i^{-Q,\,8} = 0$$

式中，$i = 11,\,12,\,16$ 时取前 2 项，$i = 17$ 时取前 4 项，$i = 18 \sim 20$ 时取前 5 项，$i \geqslant 21$ 时取全部项。

转子 III：

$$y_i = y_{13} y_i^{y,\,13} + \theta_{13} y_i^{\theta,\,13} + M_{13} y_i^{M,\,13} + Q_{13} y_i^{Q,\,13}$$

式中，i 为要计算的站号，i 站前式中的某些参数不存在时，取其值为零。大站之间的小站状态参数可推论得出。例如要求第 8 站与第 7 站之间的某站的状态参数，则先求出站 7 的状态参数列阵：

$$\boldsymbol{P}_7 = y_1 \boldsymbol{P}_7^{y,\,1} + \theta_1 \boldsymbol{P}_7^{\theta,\,1} + \Delta\theta_6 \boldsymbol{P}_7^{\theta,\,6}$$

7 站后的 i 站状态参数为

$$\boldsymbol{P}_i = \boldsymbol{H}\boldsymbol{P}_7 + Q_7 \boldsymbol{P}_i^{Q,\,7} = \boldsymbol{H}(\boldsymbol{P}_7 + Q_7 \boldsymbol{E}_4)$$

式中，$\boldsymbol{H}$ 为 7 站到 i 站之间的单元集合传递矩阵。

4. 计算中的具体问题讨论

1）质量和盘的惯性力及陀螺力矩

从振动角度看，转子的公转就是转子的振动，此时的公转转速 Ω 就是振动圆频率,此时的进动半径就是振幅。转子振动时的质量惯性力是 $m\Omega^2 y$。多转子系统在共振(即临界转速)状态时,各转子的频率都是 Ω,所以不论高、低压转子,振动时的惯性力均为 $m\Omega^2 y$,不管它的自转转速是什么。转子进动时盘的陀螺力矩是

$$M_G = -\left(\frac{I_0\omega}{I_d\Omega} - 1\right) I_d\Omega^2\theta$$

当计算高压转子的不平衡力激起的临界转速时,$\Omega = \omega_H$。式中的 ω 则要视计算的 M_G 是高或低压转子的不同而取 ω_H 或 ω_L。同理,当计算低压转子的不平衡力激起的临界转速时,$\Omega = \omega_L$。若系统中含有不旋转的转子(机匣),在计算临界转速时,它们质量的惯性力和陀螺力矩也按上述方法计算,只是公式中的 $\omega = 0$,Ω 仍等于激励转子的转速。

2) 双转子临界转速试算时的转速搜索法

多转子系统因有几个旋转的转子,几个转子之间的转速关系又不是恒定的。为此在试算时只取一个转子的转速为自变量,其余旋转转子的转速先、后取定值。比如算双转子时,① 取定 ω_H 为一系列定值。每对应取定一个 ω_H,则搜索取一系列 ω_L 值进行试算;② 对应每一个 ω_L 可算出各转子单元传递矩阵及总传递矩阵,然后根据边界条件整理线性方程组,计算行列式的值;③ 如为零,表示所取 ω_L 正确;④ 否则重设 ω_L,再重复②③④过程,直至找到满足行列式值为零的 ω_L。也可用牛顿迭代法、插值法等,求出 $\Delta \approx 0$ 的解 ω_H 和 ω_L,即是临界转速;⑤ 注意这种临界转速是对应 ω_H 取定与 Ω 特定(如正、反进动)关系时的临界转速。由此可以算出许多组这种临界转速,由转子振型可分别判定是一阶、二阶 …n 阶临界转速;⑥ 再换一个 ω_H,重复①②③④⑤过程,可再求出 n 阶临界转速。将各阶不同组临界转速 ω_{Hc} 和 ω_{Lc} 画在直角坐标图上(图 5 - 48),得出前 n 阶 $\omega_{Hc} \sim \omega_{Lc}$ 曲线簇。对双转子系统要先后分别算出高压转子激起的和低压转子激起的临界转速,并分别用 (n_{Hc}^H, n_{Lc}^H) [或 $(\omega_{Hc}^H, \omega_{Lc}^H)$] 和 (n_{Hc}^L, n_{Lc}^L) 表示。两个转子不平衡力激起的临界转速算法只是在计算单元传递矩阵求质量惯性力和陀螺力矩时用的公转 Ω 不同,其余算法相同。某双转子系统的高、低压转子临界转速曲线图如图 5 - 48 所示。实际转子的临界转速确定还要借助两转子旋转转速耦合关系来确定。例如某发动机两转子旋转转速耦合关系如图 5 - 48 中的 AB 直斜线所示。则该双转子在此区间的临界转速是 AB 线与 $n_{Hc} \sim n_{Lc}$ 曲线的交点定出的转速。图 5 - 48 中 A 点定出的是低压转子不平衡力激起的临界转速,它们是

$$n_{Hc}^L = 10\,950 \text{ r/min}, \quad n_{Lc}^L = 10\,650 \text{ r/min}$$

而 B 点定出的是高压转子不平衡力激起的临界转速,为

$$n_{Lc}^H = 9\,800 \text{ r/min}, \quad n_{Hc}^H = 10\,350 \text{ r/min}$$

式中,角标 L、H 分别指低、高压转子,作上标用时,表示低、高压转子不平衡力激起的。由曲线交点可知都是第二阶临界转速。算出临界转速后,按上小节给出的方法可算出振型。例中高、低压转子激起的临界状态的振型相近,故只将低压转子不平衡力激起的临界状态振型画出,如图 5－47 所示。图上实线是代表低压转子振型,虚线代表高压转子振型。实线与虚线的两个交点是在轴间轴承位置。因假设是刚性轴间轴承,两转子该处的振幅是一样大。第 6 站是球铰站,此处有个转角突变 $\Delta\theta_6$,因此挠曲线导数不连续。

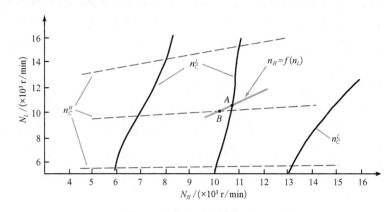

图 5－48　双转子临界转速计算示意图

5.9　整机振动介绍

航空发动机在运行过程中,整机振动往往是一个很尖锐的问题,而且不同类型的发动机,其表现也不相同。它们的振动是一种随机振动现象,很难用理论计算分析清楚,通常要有试验测量相配合。

5.9.1　振源与静子的振动特性

引起发动机振动的原因很多,且很复杂,通常可以看成两种情况,一类属于与转子转速有关的规律性振源。最直接的就是由转子不平衡力引起的激振力,此外,还有由转子带动的其他结构(例如传动齿轮系、叶栅尾流等)而引起的规律性激振力。它们通常都与转子转速呈谐波关系;另一类属于与转速无关的非规律性激振力。它们的振源比较复杂,出现的形式与概率也不一样。例如压气机喘振、振荡燃烧等,它们引起的频域极广,激振力大小不一,很难估算。所有这些激振力在大多数情况下,都可能是周期性的,有些还是简谐的或脉冲的,也有的是不规律的冲击力等。因此它们形成的频谱,有的是离散的,有的是连续谱。

在实际发动机中,整机振动现象往往是通过静子机匣的振动来感受与传递的。因此静子机匣的振动特性可以表征整机振动的特点。静子振动特性的主要表现如下。

（1）无论是压气机或是涡轮转子,它们作用在前、后支承上的力的大小不一定相等。这样,发动机静子前、后支点的运动轨迹的半径也就不一定相等。因此,静子不再是作单纯的平动。

（2）发动机安装节的各向刚性不一致。各段静子的运动轨迹也不再是圆,简单地可以设想为椭圆,并且在静子前后两段的椭圆上,其长、短轴大小和方向均可能不相同。

（3）更复杂的是静子本身的问题。静子不是一个刚体,而是具有分布质量与分布刚性的弹性体,并且零件间的连接,有的紧固、有的松动。在静子的各个位置上,振动情况都可能不相同。有的位置对某处作用的某些频率的激振力特别敏感,有的则情况大不相同。因此,即使在同一转速下,放在不同位置的拾振器,获得的振动信号也是很不一致的。

在实际发动机上,通常对于转子不平衡力引起的静子振动应特别予以重视。为了能够清楚地进行观察,必须除去其他振源的干扰。这种技术称为"滤波"。如果在任何转速下,仪器自动滤去本转速之外的其他振动,则称为"跟踪滤波"。图 5-49 是一示意图,说明经过跟踪滤波后静子某处的振动情况。这是由于转子不平衡力(不包括高阶力)引起的振动。注意图上有好几处明显的峰值。根据理论分析与实测经验,跟踪滤波的振动图能清楚地反映转子工作时的不平衡情况。改变滤波频率,还可以发现其他旋转件(例如某一齿轮或泵)的故障。

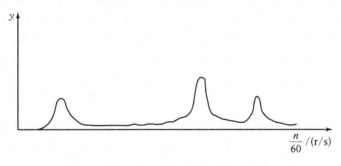

图 5-49　经跟踪滤波后静子某处振幅随转速变化

虽然,在一个发动机的静子上,各处的振动信号是不同的。但是作为代表发动机振动水平的指标,仍可以利用在规定位置上测出的振动参数来表示。目前,工厂常用测定振幅,并换算成"过载系数 K"来衡量发动机的振动水平。设静子某处的振动可写为 $y = y_0 \cos \omega t$,其中 y_0 为振幅, ω 为振动角频率,则

$$\frac{\mathrm{d}y}{\mathrm{d}t} = -y_0\omega\sin\omega t$$

$$\frac{\mathrm{d}^2 y}{\mathrm{d}t^2} = -y_0\omega^2\cos\omega t$$

如果不考虑其正负号的关系,振动时的最大加速度为 $y_0\omega^2$,该值与重力加速度 g 之比定义为过载系数 K,即

$$K = \frac{y_0\omega^2}{g}$$

如果认为振动频率 ω 就是发动机的转速,则 $\omega = 2\pi f$(f 为发动机转速,单位是 r/s),令 a 为全振幅,即 $a = 2y_0$,那么

$$K = \frac{4\pi^2 y_0 f^2}{g} \approx \frac{y_0 f^2}{250} = \frac{a f^2}{500} \qquad (5-92)$$

这样的 K 是工厂常用的检测振动指标,其形式简单,使用方便。但是,它把未经滤波的许多不同频率的振幅叠加在一起,当作一个单频率(即转速)的振动来处理,因此,上述公式并不十分恰当。

5.9.2 频谱分析

为了研究发动机的整机振动,并进而在使用过程中对发动机振动故障的诊断识别与监视控制,已广泛采用了频谱分析的方法,也就是在静子上某处,把测得的振动信号通过"频谱分析仪"进行数据处理,从而显示出各个频率的振动,因此可得一张"频谱图"。如图 5-50 所示,它表示了某发动机在转速 Ω = 4 300 r/min、8 350 r/min、10 400 r/min、11 150 r/min 下的频谱。所用速度式拾振器装在压气机匣上。横坐标代表频率,纵坐标代表"功率谱密度",它说明在某个频率范围内的振动能量,功率越大则说明振幅越大(对于一定的振动频率而言)。从这个图上可看出如下情况。

(1)在四个转速下,频率为 Ω(发动机转速,单位是 Hz)的振动很明显,它代表压气机-涡轮转子(包括与此同转速的其他转子)不平衡力造成的振动。

(2)可能由于机匣刚性各向不均或其他原因,出现了 2Ω、3Ω 等高倍频的振动。

(3)可能由于支承弹性非线性、非圆截面轴或其他原因,出现了 $\Omega/2$ 的低频振动。

(4)可能由于附件转子(与主轴的传动比为 0.8)的不平衡力,出现了 0.8Ω 频率的振动。

(5)s、$3s$、$5s$ 是市电 50 Hz 及其谐波 150 Hz、250 Hz 频率的干扰信号。

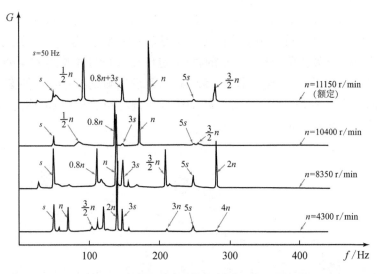

图 5-50 涡轮喷气发动机静子振动的频谱分析

图 5-50 只是一张代表性的频谱图。实际工作中,还要在不同的拾振器位置、更多的转速、更广的频率范围进行大量的频谱分析,才能更明确地了解发动机的振动情况。

例如齿轮每啮合一次,两个轮齿都受到一次冲击力,冲击频率等于每秒钟啮合的齿数(或称啮合频率),冲击力传到齿轮轴承,并传到机匣,引起静子各处的振动,一般在接近该齿轮的位置处振动较明显。这种振动频率较高,例如转速为 9 000 r/min,齿数为 36 的齿轮,啮合频率为 5 400 Hz。如果齿轮制造或使用中有故障,则齿轮每转一周,冲击力呈周期性地改变其大小一次,从而在频谱图上显示出来。

所以,频谱分析是诊断发动机故障,预测故障出现,估计寿命,制订规范和新机研制的有力工具。根据理论分析和长期的实测经验,可以制定出一套"诊断标准",并积累"诊断经验"。根据这些标准和经验,对发动机的工作进行监视,可以有效地减少故障率,并在很大程度上提高发动机寿命。

5.10 发动机转子平衡

发动机振动的主要振源是转子,除转子的临界转速问题外,转子的平衡问题也是至关重要的,它将直接影响全转速范围内的发动机振动。因此,改善转子的平衡状态对于减少转子在运转时的支承作用力及发动机振动是非常必要的。

5.10.1 转子不平衡的形式

(1)静不平衡:转子的静不平衡是由不平衡力引起的。如图 5-51 所示的转子,如果把它放在水平位置的刀架上[图 5 – 52(a)],重心将会自动位于最低位置 [图 5 – 52(c)]。所谓静平衡就是使转子在刀架上实现"随遇平衡",因此必须在重心的同侧、半径 r 处去除质量为 m_b 的材料,也可在重心的对侧、半径 r 处加上质量为 m_b 的配重,使得 $me = m_b r$[图 5 – 52(b)],则静平衡就已完成,此时转子在刀架上不再滚动,并可静止在任一位置。转子质量与偏心距的乘积 me 称为"静不平衡度",常用单位为 g·cm。

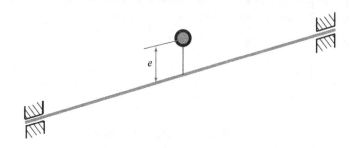

图 5 – 51　静不平衡转子模型图

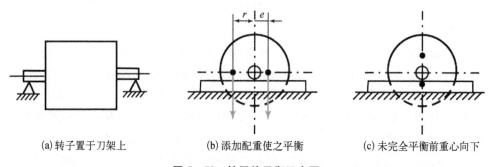

(a) 转子置于刀架上　　(b) 添加配重使之平衡　　(c) 未完全平衡前重心向下

图 5 – 52　转子静平衡示意图

　　这种静平衡的方法适用于转子轴向尺寸较短、盘径向尺寸较大的转子。平衡配重所在的修正面只需要一个,所在位置半径 r 的选取应越大越好。

　　(2) 动不平衡:转子的动不平衡是不平衡力矩引起的。如图 5 – 53 所示的转子,虽然在静平衡时能实现"随遇平衡"。但是在旋转运动时,由于转子较长,在相距为 l 的两平面上,存在着相对的不平衡质量,从而形成不平衡力矩 $me\omega^2 l$。所谓动平衡就是把转子放在动平衡机床上进行旋转,通过在指定位置上添加配重,以消除不平衡力矩(可在动平衡机床上的两个支点轴承处测得)。显然,平衡配重所在的修正面需要有两个。如图所示两个修正面的间距为 L,则动平衡时应有

$$m_b r L \omega^2 = me l \omega^2$$

或

$$m_b rL = mel = m'_b r' L_{支座}$$

可见,平衡配重所在修正面的间距 L 与位置半径 r 的选取应越大越好。由于转子的不平衡力矩是通过两个支点轴承测知的,而它们的间距又是一定的,因此"动不平衡度"的常用单位仍是 g·cm。

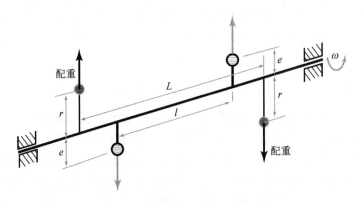

图 5－53　转子动平衡示意图

在一般情况下,组成转子的各个零件不可能刚好满足静平衡要求,即使有的零件进行过静平衡,但因平衡刀口摩擦的影响,也不能完全达到静平衡。因此高速旋转时,在转子上不仅作用有不平衡力矩,同时还作用着不平衡力,两者又不一定在一个平面内,如图 5－54 所示,在支承上作用的负荷不仅有不平衡力 P 产生的 F_1 和 F_2,还有不平衡力矩 M 产生的 F'_1 和 F'_2。它们分别在支点上的合力:

$$R_1 = F_1 + F'_1, \qquad R_2 = F_2 + F'_2$$

可见,R_1、R_2 的大小,方向均是不同的。为平衡此合力,需加两个平衡配重 m_{b1} 和 m_{b2},使

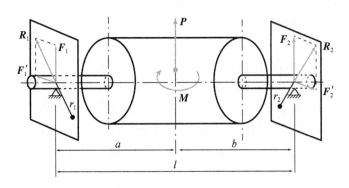

图 5－54　实际转子的不平衡

$$m_{b1}r_1\omega^2 = R_1, \quad m_{b2}r_2\omega^2 = R_2$$

令

$$\delta_1 = m_{b1}r_1, \quad \delta_2 = m_{b2}r_2$$

式中，δ_1、δ_2 分别为两个支承平面内未平衡质量的动不平衡度，其单位仍为 g·cm。

通常经过动平衡后，不可能达到完全的平衡，在两个支点上仍然存在着剩余的不平衡力及不平衡力矩所产生的合力 R_1 及 R_2，因此常规定允许的动不平衡度 δ_{a1}、δ_{a2}，以保证支点上受到的力：

$$R_1 \leqslant \delta_{a1}\omega^2, \quad R_2 \leqslant \delta_{a2}\omega^2$$

但是，由于在平衡时，不便在通过支点的两个平面内添加配重或去除重量，通常都在转子的前、后端面上进行。上述表达式只要通过简单换算，仍同样适用。

动平衡时，可在规定的平面内增加配重或去除材料。去除材料一般用于不可拆组合件的平衡或者不经常拆卸，或在工作期间不平衡度变化不大的组合件。由于去除材料的重量不易控制，因此常用平衡配重，其结构形式如图 5-55 所示。

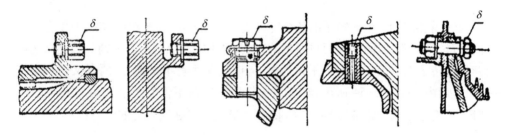

图 5-55　平衡配重的常见结构形式

5.10.2　保证发动机转子平衡性的方法

影响发动机转子平衡的因素很多，也很复杂。下面仅从结构设计、装配工艺及平衡工艺等方面分别进行讨论。

1. 结构设计方面

高速旋转的零件，设计时力求其形状对称于旋转轴线，同时保持必要的精度和较小的形状误差。由于轴颈及轴承对转子的平衡影响较大，因此要求更应该高些。组成转子各零件的连接应能保持相互定心，并注意能使它们在转子装配时、高速旋转时以及处于工作温度的条件下都能保持良好的定心。盘与盘的定位面不仅要求有高的同心度，而且要用紧度配合，以保证在工作条件下仍能良好地定心。在部件设计中，应考虑使平衡好的转子在装配时尽可能不再分解，以免破坏平衡精度。

2. 装配工艺方面

装配顺序和装配质量都影响着转子平衡质量。如在装配叶片时,同一级叶片的质量差不应超过一定数值(例如某级涡轮叶片不超过 5g),同一级相对 180°位置的叶片重量差允许值应更小一些(例如 1g)。

对于长叶片,仅要求质量差是不够合理的,因为一个叶片离心力等于 $m(r + r_0)\omega^2$,测定叶片 mr 值的简单方法如图 5-56 所示,它不仅与叶片质量 m 有关,还与质心到轴心的距离 $(r + r_0)$ 有关。由于叶身的加工误差较大,所以 r 的变化也大,r_0 通常误差不大。因此,如果需要控制叶片离心力的数值,应该要求 mr 值不超过一定范围。

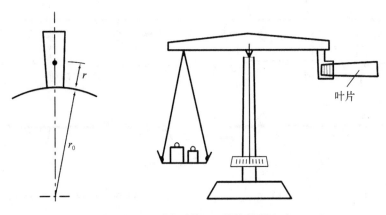

图 5-56　测定叶片 mr 值的简单方法

3. 平衡工艺方面

转子的平衡也属于装配工艺,但由于不同的平衡方法对转子的平衡效果影响较大,故而专门进行研究。

一般转子的动平衡在普通的动平衡机床上进行。动平衡机床的转速较低(600~1 000 r/min)。实际发动机工作转速较此高得多(大发动机为 4 000~10 000 r/min,小发动机可能高达 60 000 r/min),作用在转子上的离心力和力矩较动平衡时要大得多。长时间工作后,由于温度及塑性变形以及各零件间相互错位,致使动不平衡度明显增大。因此,动平衡后的转子经过发动机的工厂试车后,仍需再一次进行动平衡,有时甚至还要进行第三次平衡。即使如此,在发动机长期工作后动不平衡度仍有较大变化,发动机长期使用后有的竟比装配时的动不平衡度增大 50 倍。

"多步平衡"是减少转子变形影响的一种办法。它旨在消除转子每个截面上的不平衡力,以及每段上的不平衡力矩。多步平衡是在装配过程中各个组合盘件每组合一步进行一次平衡;而"一步平衡"是将整个转子全装配完成后再进行动平衡。可见,多步平衡比一步平衡的生产工序多,平衡工作量大,但多步平衡可减少作用在转子内部的附加弯矩。图 5-57(a)为一步平衡,只在 A、D 两个表面加添配重,平衡后作用在转子内部的弯矩见图 5-57(c)。图 5-57(b)为两步平衡,在 A、B、C、D 四个表面分别添加配重,这时作用在转子上的弯矩图如图 5-57(d)所示,如果考虑两对盘(A 和 B 盘,C 和 D 盘)装配后形成的新不平衡度,则还可以将整个转子再作一次平衡(图上未示出)。由上述分析看出,两步平衡后,作用在转子上的弯矩要比一步平衡后的弯矩小得多。

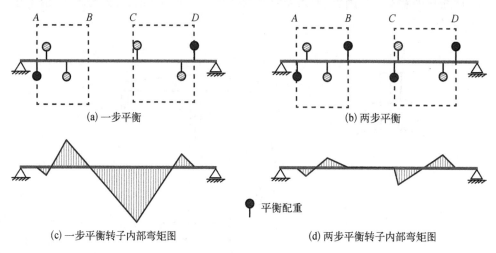

(a) 一步平衡

(b) 两步平衡

平衡配重

(c) 一步平衡转子内部弯矩图

(d) 两步平衡转子内部弯矩图

图 5-57　转子一步平衡与两步平衡各截面弯矩比较

5.10.3　刚性转子与柔性转子的平衡

以上讨论的平衡方法都是认为在平衡过程中,转子不产生变形,也就是说,转子平衡用的修正面只要两个,平衡效果的好坏与转速无关。如果轴的抗弯刚性较大,工作转速又不太大,则产生的少量不平衡弯矩不能导致轴的明显挠曲,因此只需要图 5-58(c)所示的平衡方法是可以达到减振的目的。这种不考虑转子挠曲影响的平衡方法称为"刚性转子平衡"。根据经验,对于航空发动机的某些转子型式,例如鼓式结构,只要不接近临界转速的状况,轴不致产生明显挠度而引起新的不平衡。这样我们能在低转速的平衡机上进行平衡,代替实际转速下的平衡,平衡成本及难度较低。

对于实际转子,在某一转速下进行动平衡,只能消除支点上的动反力,而其内部还存在着可能引起变形的弯矩。当转速改变时,转子上的弯矩也将发生变化,为了得到更大范围内的良好平衡,有必要研究一下如何使转子产生尽可能小的挠度。为了区别前者,这里称为"柔性转子平衡"。如图 5-58(d)、(f)所示。

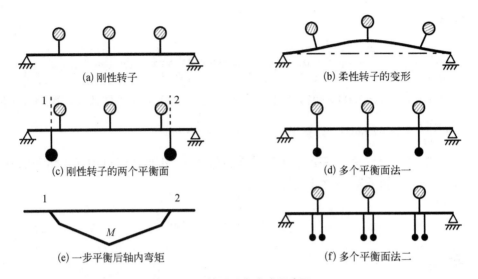

(a) 刚性转子

(b) 柔性转子的变形

(c) 刚性转子的两个平衡面

(d) 多个平衡面法一

(e) 一步平衡后轴内弯矩

(f) 多个平衡面法二

图 5 - 58 转子平衡方式示意图

柔性转子平衡是很复杂的,它不但要考虑轴产生挠度对平衡的影响,还要考虑在某一转速下,以不同程度出现的各阶挠曲线给平衡带来的影响。对于实际发动机,只能有少数几个平面可以用来加配重进行平衡,因此,如何利用这些少数平衡面,求得在某一转速范围内的最良好的平衡方案,将是一个重要的研究课题。

将发动机转子在本机上用实际转速进行平衡的方法称为"本机平衡"。由于其平衡难度高,代价较大,通常用于出厂前台架试车时振动超标的发动机平衡,其配平面一般为第一级的风扇/压气机盘及末级的涡轮盘。

5.10.4 不平衡度的选择

从理论上看,不平衡度越小,则发动机工作时作用在支承上的力也越小,因此要求平衡得越精确越好。实际上,达到一定的平衡度后,更高的要求已无实际意义。因为提高平衡精度要求花费很长时间,同时也受平衡机精度和灵敏度限制,再者随着转子运转时间的增加,不平衡度还会大大超出规定值。

如何选择允许的不平衡度,这是一个复杂的问题,目前尚无公认的方法来选择它。根据对目前成批生产的发动机进行统计,有一些经验值可供参考。

(1) 按照作用在轴承上的不平衡力 P_n 与转子重量 G 之比作为依据,有

$$\frac{P_n}{G} = 0.015 \sim 0.02$$

因

$$P_n = \delta_a \omega^2 \times 10^{-5}$$

故得

$$\delta_a = (1.5 \sim 2.0) \times 10^3 \cdot \frac{G}{\omega^2}$$

例如一个质量 $m = 300$ kg 的转子,其重量 $G = mg = 2\,940$ N,工作转速 $n = 10\,000$ r/min, $\omega = \frac{2\pi n}{60} = 1\,047$ rad/s,计算得 $\delta_a = 4 \sim 5.4$ g·cm。

（2）按照发动机转子的总不平衡度的总和 Δ（包括压气机和涡轮转子的不平衡度）与发动机质量 m 之比进行统计,有

$$\frac{\Delta}{m} = 0.18 \sim 0.30 \ \mu m$$

式中,

$$\Delta = \delta_{a压} + \delta_{a涡}$$

确定 Δ 后,再分别确定 $\delta_{a压}$ 和 $\delta_{a涡}$。因涡轮位置距主安装节较远,常允许 $\delta_{a涡}$ 略大一些,通常采用 $\frac{\delta_{a涡}}{\delta_{a压}} = 1.0 \sim 1.6$。

5.11 转子减振设计方法

发动机振动的主要振源是转子,而转子振动的核心问题是临界转速问题。因此,研究临界转速的目的应该着眼于减小发动机的振动现象和延长整个发动机的寿命。所以,对于转子临界转速的研究不仅仅是为了能较准确地知道它的数值大小,而且还必须分析转轴变形与支点的作用力,以提高转轴和轴承的寿命,以及减小其他零件的振动。

发动机是很复杂的,理论计算只能给出大概的转子临界转速值。在实际工作中,对于发动机转子和静子上各部件的振幅,以及它们之间的关系,很难事先准确预料。因此,在设计时,通常首先采用使临界转速避开工作转速的办法,具体方法如下。

5.11.1 刚性转子临界转速设计方法

通常转子的工作转速小于转子一阶临界转速,这样的转子称为刚性转子,否则称为柔性转子。

刚性转子临界转速设计通常把转子临界转速调到发动机的最大转速以上,一般认为临界转速应高于最大工作转速 25%~30%,才能使转轴避开过大振动具有

足够的裕度。由于转子工作转速不通过临界转速,工作时不出现大振动。这一措施应用很广。目前在高压压气机上广泛采用的盘-鼓结构,由于刚性很强,它们的临界转速都能高于最大工作转速。对于其他结构形式或是低压轴,如果要提高其临界转速,通常可采用加大轴直径、减小转子质量、减小轴跨距或增加支承个数等办法。比如,对于双转子(或三转子等)发动机的低压转子,由于该转轴细而长,因此可通过增设新支承(一般三支承)的办法来提高其临界转速。不过要注意,由于多支承的同轴度与轴承的间隙,将给轴的临界转速带来重要影响。因此还会采用加球铰联轴器的方法解决多支承轴同轴度问题。采用刚性转子设计的缺点是会增加发动机质量。

5.11.2　柔性转子临界转速设计方法

柔性转子设计是把最低阶临界转速调到发动机工作转速范围以下,高阶临界转速处于最高工作转速之上。一般要求将转子的工作转速设计在 1.3 倍的低阶临界转速之上,高阶临界转速处于 1.3 倍的最高工作转速以上。这时转子处于超临界工作状态,可充分利用转子的"自位"效应,达到充分减小转子偏心影响、平稳工作的作用。在设计柔性转子时,可采用以下方法。

(1) 设法降低转轴的抗弯刚性(包括减小轴的直径或抗弯模量),使转子临界转速下降,不但能解决转子临界转速问题,在减小发动机质量方面也有好处。但是,航空发动机要在很大的转速范围内工作,令临界转速避开工作转速区域,甚至移到最小工作转速范围以外,常要求降低轴的刚性与强度到不能允许的程度,并且当轴在高于临界转速一定范围以外工作时,由于转轴产生内摩擦而可能会出现自激振动现象,所以应用时要慎重。

(2) 在保证轴强度及最低刚度要求、不改变转子结构的情况下,可通过加装弹性支承来降低转子系统刚度,从而实现低阶临界转速处于工作转速之下的目的。它不仅可以把临界转速降到合适的数值,而且降低了转轴本身的挠度与支承的作用力,从而延长了轴与轴承的寿命并改善了其他静子零件的振动。航空上常用的是鼠笼式(图 5-59)及弹性环式(图 5-60)弹性支承。相比较而言,弹性环式弹性

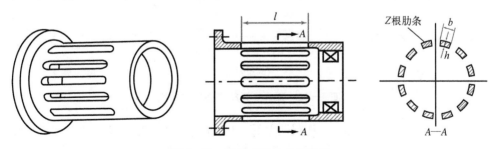

图 5-59　鼠笼式弹性支承构造

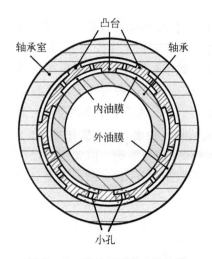

图 5 - 60 弹性环弹性支承构造

支承比鼠笼式弹性支承更节省空间及质量小。鼠笼式弹性支承的刚性系数可近似用下式计算：

$$c_1 = \frac{ZEh^2b^2}{l^3}$$

加装弹性支承不仅具有上述的优点，而且实施起来也不困难。由于它能使转子出现的一阶和二阶刚轴临界转速的数值较低，常把它们设计在工作转速以下，而挠轴临界转速则易于调到工作转速以上，因此，在工作转速范围内，不仅可以把轴看成刚性的，而且还可以充分利用转轴在超临界情况下的"自位"效应。

转子弹性支承设计又可分为单弹性支承和双弹性支承设计。其中单弹性支承转子设计仅将一个刚轴临界转速设计在工作转速之下，其他柔轴临界转速均设计在工作转速之上；而双弹性支承转子设计则将前两阶刚轴临界转速设计在工作转速之下，其他柔轴临界转速均设计在工作转速之上。弹性支承转子特征挠曲线如图 5 - 61 所示。

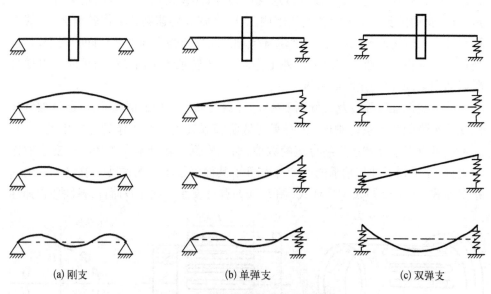

(a) 刚支   (b) 单弹支   (c) 双弹支

图 5 - 61 弹性支承转子临界挠曲线

加装弹性支承后，不宜使其刚性太低，以免使转子受大的过载时发生转子与静子相碰的情况，包括叶尖与机匣相碰以及密封齿相碰等。这是弹性支承转子设计要避免的一个问题。

对于超临界工作的转子,每次开车后和停车前转速必须通过低阶临界转速,出现一次大的振动。这是超临界工作转子设计的主要缺点。

解决上述两个问题的方法主要通过在支点设计挤压油膜阻尼器和挠度限制器来解决。

5.11.3　转子支点加装阻尼器及挠度限制器

在转子无阻尼条件下,转子在临界转速下的挠度很大,理论上甚至达到无穷。如不采取措施,转子瞬间就可能过载失效了。

在有外部阻尼存在的情况下,转子通过临界转速时,其挠度为一有限值。但是在实际情况下,空气摩擦的阻尼系数 b 值较小,轴承和其他零件的机械阻尼效果也不大。这样就促使设计者考虑另加阻尼器,其中挤压油膜阻尼器应用最广。如图 5-60 和图 5-62 所示为带挤压油膜阻尼器的轴承支承。阻尼器构造简单,几乎不需要另加其他零件,也不会带来其他不良影响,目前在航空转子设计中广泛采用。经验表明,这种阻尼器在通过临界转速

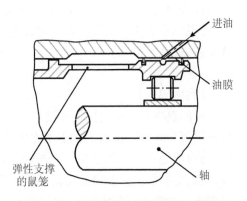

图 5-62　鼠笼弹性支承及挤压油膜装置

时,有很好的抑制振动的效果,加装它之后,可使挠曲线的幅值减小 50% 以上,有的甚至减小到原幅值的 10% 以下。目前,应用较广的是挠度限制器、挤压油膜阻尼器与弹性支承联合使用的装置,如图 5-60 和图 5-62 所示。当转轴在越过临界转速时,它的挠度幅值会明显减小,这对转轴、轴承寿命十分有利。尤其在越过转速较低的刚轴临界转速时,由于阻尼比增大(即使阻尼系数 b 不变),效果更佳。

油膜间隙 Δ 设计取

$$\Delta = (0.001 \sim 0.0023) \times D \qquad 或 \qquad \Delta = (0.4 \sim 0.6) \times e$$

式中,D 为轴承直径;e 为转子偏心距。

5.11.4　支承刚性非线性设计

利用某些弹性元件的载荷与变形的非线性关系,可使转子振动特性得到本质性的改变——没有明显的共振点,从而使振动受到限制。目前,在航空发动机转子设计方面,已逐步在使用。弹性环弹性支承(图 5-60)由于转子作用力交替通过弹性环凸台或凹槽时,支承刚度不同,因此会形成连续变化的支承刚度,因此可望

不形成固定的临界转速。其效果还有待进一步研究。

5.11.5 改善转子的平衡设计

在研究单盘无重轴转子的旋转运动时已经知道,虽然临界转速值与偏心 e 无关,但在全转速范围,轴挠度 y 与偏心距 e 成正比。所以改善平衡(即减小偏心 e)将使转子在全工作范围内的振动呈比例地下降。对于一些地面转动机械(如燃机),良好的平衡甚至可达到使用简单的仪器测不出明显的临界转速的存在。航空发动机由于使用条件苛刻,随着运转时间的增加,平衡情况总是趋向恶化。所以在发动机的全部使用过程中,总希望得到并保持良好的平衡状态。出厂的新发动机应保证合理的平衡度(参见本章 5.10 节相关内容),使用中的发动机,通过振动监视(参见本章 5.9 节相关内容),也能估计其平衡状况,超过规定时,即设法加以改善或返修。

【案例部分】

目前涡喷涡扇发动机主流设计多采用双转子系统,其中高压转子相对比较短,且多采用弯曲刚度比较大的鼓筒轴设计,支承方式可以是 $1-0-1$(如 CFM56 - 7),也可以是 $0-2-0$ 方式。不同的支点方式不仅影响发动机的轴承润滑系统设计,更重要的是直接影响发动机转子的跨距、轴径,从而影响转子的弯曲刚度及临界转速。对弯曲刚度比较大且轴较短的高压鼓筒轴其一阶弯曲临界转速一般相对较高,容易设计成亚临界工作的刚性转子临界转速,其最低阶临界转速容易实现高于最大工作转速 1.3 倍的设计目标;而对于低压轴,因为它要穿过整个高压转子,因此其外径不可能太大,比如说直径为 50~60 mm。同时因为风扇/低压压气机与低压涡轮在发动机的前后两端,因此低压轴一般较长,从而导致低压轴低阶弯曲临界转速相对较低。目前主流设计是将低压轴设计成具有弹性支承的柔性转子,其工作转速范围处于以弹性支承变形为主的转子低阶临界转速 1.3 倍之上和以轴弯曲变形为主的低阶临界转速 1/1.3 倍之下为宜。由于低压轴超临界设计必须通过临界转速,因此普遍至少有一个支承设计成鼠笼式或弹性环式挤压油膜阻尼器,其兼有弹性支承、阻尼和挠度限位器的功能。

【小结】

(1)临界转速概念与特性。转子振幅-转速曲线若干峰值对应的转速为转子临界转速,它与偏心无关。转子工作在临界转速之下称为亚临界工作,转子工作在最低阶临界转速之上称为超临界工作,超临界工作转子具有偏心自动翻转回轴线的特征,称作"自位"效应。

(2)顿克公式及其适用范围。转子系统临界转速平方倒数等于光轴临界转速平方倒数与单盘无重轴临界转速平方倒数和。适用于：① 限于一阶临界；② 不能考虑陀螺力矩影响，因此对盘关于支承非对称安装的转子，因盘陀螺力矩大而顿克公式临界转速解误差大；③ 顿克公式临界转速解是近似的，即使对没有陀螺力矩的带中心盘双筒支轴，计算值下逼近精解。

（3）陀螺力矩公式和影响因素。陀螺力矩数值上正比于装盘处轴的挠角，且是轴转速与挠曲线进动角速度比值的函数，与盘关于轴的转动惯量和关于盘直径的转动惯量有关。薄盘同步正进动时，盘陀螺力矩等于离心力矩，与挠角反向，等效轴抗弯刚度加强，临界转速升高；薄盘同步反进动时，盘陀螺力矩与挠角同向，挠角增大，等效轴抗弯刚度减弱，临界转速降低。

（4）转子正、反进动及其特点。亚临界工作转子转速与挠曲线旋转速度同相位称为正进动；反之超临界工作转子两速度相位相反称为反进动。在无阻尼情况下，两者速度数值相等，分别称为同步正进动和同步反进动。同步正进动轴始终处于不变的拉压弯曲状态；而同步反进动轴处于随 2 倍于转速的频率交变的拉压弯曲状态。前者轴受到一个不变的弯矩作用下的恒定弯曲应力作用，后者轴处于旋转交变弯矩作用下的高周疲劳应力谱作用，轴更容易疲劳破坏。

（5）临界转速计算的传递矩阵法。该方法是一种广泛适用于复杂轴系临界转速特性研究及工程设计的数值方法，它对计算资源占用少，计算量不大，且可以考虑各种复杂因素（如陀螺力矩、拉力、扭矩、支点弹性和质量等）的影响，且可以求解多枝权、多转子及机匣弹性影响等复杂轴系的临界转速问题。其方法建模思路是：① 将链式轴离散成若干"无质量段+站"，将轴上所有的几何和/或力学特征突变点都安排在"站"上，将段的质量分配到相邻站上；② 分别建立典型"段"和"站"状态量的传递矩阵及其关系；③ 将逐站的传递矩阵连乘得到首站和末站之间的传递矩阵和状态量之间线性方程组；④ 代入首、末站状态参数的已知边界条件联立求解系统线性方程组，由齐次方程组有非零解条件得特征方程，特征方程的解即临界转速；⑤ 求出各临界转速状态首、末站未知状态参数；⑥ 从首站开始用逐站传递矩阵求解各站状态变量（临界状态变形）。

（6）抑制转子振动的措施与设计方法。抑制转子振动的设计方法主要包括：① 对刚度大的转轴可将一阶临界转速设计的高于 1.3 倍的最大工作转速之上，转子在亚临界状态工作。提高转子临界转速的方法主要有提高轴的抗弯刚度（大直径的鼓筒轴），以及提高支承刚度及减少跨距；② 采用柔性转子设计，转子处于超临界工作状态，充分利用超临界状态的"自位"效应，降低转子振动。降低转子低阶临界转速的设计方法主要通过（单支点或双支点）设计弹性支承实现，使支承变形为主的前一阶或二阶临界转速低于最低工作转速/1.3 倍，使最低阶的轴弯曲变形为主的临界转速高于 1.3 倍的最高工作转速。弹性支承主要分鼠笼式、弹性环式；③ 降低超临界工作转子通过低阶临界转速时的振动可通过支承设计挤压油膜阻尼器及挠度限制器实现,常用的鼠笼式和弹性环式弹性支承均可结合设计成一体的弹性支承挤压油膜阻尼器及挠度限制器;④ 通过改变弹性环的凸台间距及宽度,可以改变弹性支承的刚度及其刚度变化,达到非线性支承刚度目的,以破坏稳定的临界状态,抑制振动;⑤ 降低转子的偏心量以降低转子在非临界状态的振动,具体方法参见转子的平衡。

(7) 转子的静、动平衡概念及平衡方法。由转子不平衡力或力矩引起的状态称为转子静、动不平衡状态。转子平衡方法可由如下方面展开:① 结构设计。旋转件形状尽量保持轴对称设计及较高的精度和较小的形位公差,保证定心的轴承、轴颈、鼓筒定位面同心及冷热态定心可靠;② 装配工艺。同级叶片和对称安装叶片质量差的控制。同级长叶片和对称安装长叶片质量乘质心半径差的控制;③ 平衡工艺。平衡效率高的一步平衡工艺,平衡附加弯矩小的多步平衡。

【习题】

1. 思考题

(1) 什么是轴系的临界转速,其主要特征是什么? 转子升速、降速通过临界转速时,转子重心如何转向。

(2) 两端简支的单盘无重轴转子,其转速小于临界转速时称为(　　)状态,此时轮盘的重心在轴扰曲线的(　　)侧;高于临界转速时称为(　　)状态,此时轮盘的重心在轴扰曲线的(　　)侧。

(3) 转子的临界转速与转子的弯曲振动固有频率有何异同? 条件是什么?

(4) 顿克公式的适用范围是什么? 为什么?

(5) 分析轴支承弹性、盘质量、偏心距、支承周向阻尼、陀螺力矩、轴向拉力、轴扭矩分别对转子临界转速的影响?

(6) 转轴绕其本身轴线旋转,称为自转;带着轮盘绕支点连线旋转,称为(　　)。自转角速度与进动角速度方向相同的涡动称为(　　);自转角速度与进动角速度方向相反的涡动称为(　　);自转角速度与进动角速度大小和方向均相同的涡动称为(　　);自转角速度与进动角速度方向相反但大小相同的涡动称为(　　)。

(7) 判断:薄盘正进动,协调正进动,使轴临界转速增加;反进动,协调反进动,使临界转速减小。

(8) 判断:非圆截面轴使得轴临界转速的范围增加。

(9) 解释:① 发动机整机振动的过载系数;② 转子的静、动不平衡与不平衡度,哪个由不平衡力引起,哪个由不平衡力矩所引起;③ 多步平衡和多次平衡,各有何优点;④ 刚性转子平衡与柔性转子平衡。

(10) 调整转子临界转速的方法有哪些?

（11）减小发动机转子（整机）振动的结构设计要点有哪些？

（12）试写出传递矩阵法典型"站"的传递矩阵 M，并解释其含义，及典型边界条件。

（13）请问：在航空发动机各生产环节，影响发动机强度、寿命的因素有哪些？各产生何种影响？

2.计算题

计算单盘轴系临界转速，如图 5-63 所示，单盘轴系，轴长 $L = 720$ mm，盘至轴左端支承长度 $L_1 = 300$ mm，盘直径 $D = 240$ mm，轴直径 $d = 25$ mm，盘厚 $b = 25$ mm，盘、轴弹性模量 $E = 210$ GPa，材料密度 $\rho = 7.85 \times 10^3$ kg/m³。求：① 忽略轴质量时轴系一阶临界转速 ω_{cr}；② 考虑轴质量时轴系一阶临界转速 ω_{cr}（参考答案：$n_{cr} = 2\,186$ r/min）；选做：③ 考虑陀螺力矩时轴系一阶临界转速 ω_{cr}。

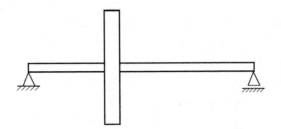

图 5-63 单盘转子临界转速试验器模型

双简支梁作用集中力的挠度公式：

$$y_{盘} = \frac{F_{盘}L_1L_2}{6EJ_dL}(L^2 - L_2^2 - L_1^2)$$

其中，$J_d = \dfrac{\pi d^4}{64}$；$L_2 = L - L_1$。

附录　计算转子临界转速的传递矩阵法程序

1. 程序说明

为了便于计算与简化程序,有关轴端的边界参数均被固定写入站的传递矩阵,为了处理边界条件方便,本程序所用两端边界参数都按自由端处理。

2. 源程序

```
$ DEBUG
      PROGRAM SCSC
C -------------------------------------------------------------------
C      Purpose:临界转速计算的传递矩阵法
C      输入参数:
C      N:转子的站数
C      EE:弹性模量
C      Rou:密度
C      Z(30):站的坐标
C      AA(30):段的截面积
C      AJ(30):段的截面惯性矩
C      KN:    4 类特殊站数
C      IAH(J),AHIMK(4,J):特殊站号、力矩刚性系数、直径转动惯量、质量和线刚性系数
C      KW:    搜索临界转速步数
C      NN(2):解搜索区间起、止转速
C      KC: =1 正进动;=-1  反进动
C      输出参数:
C      IK:   临界转速序号
C      ANCR(I):轴的临界转速
C -------------------------------------------------------------------
      PARAMETER (NM=50,KWM=60,KNM=20,IKM=10)
      IMPLICIT   REAL*8(A-H,O-Z)
      DIMENSION  AL(NM),Z(NM),AM(NM),AA(NM),AJ(NM),AWW(KWM),NN(2)
      DIMENSION  A(4,4,NM),B(4,4,NM),C(4,4),H(4,4),VV(2,2)
      DIMENSION  HIMK(4,NM),ANCR(IKM),AHIMK(4,KNM),IAH(KNM)
C          原始数据输入、输出检查
      OPEN(5,FILE='NCRITICAL.DAT')
      OPEN(6,FILE='NCRITICAL.SOL',STATUS='UNKNOWN')

      READ(5,*) N,KW,KN,EE,ROU
      IF(KW.GT.KWM) STOP 'KW>KWM'
```

```
      IF(N.GT.NM) STOP 'N>NM'
      IF(KN.GT.KNM) STOP 'KN>KNM'
      WRITE(6,6200) N,KW,KN,EE,ROU
      READ(5,*) (Z(I),I=1,N)
      WRITE(6,6202) (Z(I),I=1,N)
      N1=N-1
      READ(5,*)  (AA(I),I=1,N1)
      WRITE(6,6204)  (AA(I),I=1,N1)
      READ(5,*)  (AJ(I),I=1,N1)
      WRITE(6,6206)  (AJ(I),I=1,N1)
      READ(5,*)  (IAH(J),(AHIMK(I,J),I=1,4),J=1,KN)
      WRITE(6,6214)  (IAH(J),(AHIMK(I,J),I=1,4),J=1,KN)
      READ(5,*)  (NN(I),I=1,2)
      WRITE(6,6216) (NN(I),I=1,2)

6200 FORMAT(1X,2HN=,I4,5X,3HKW=,I4,5X,3HKN=,I4,8X,3HEE=,
     &      E14.4, 5X,4HROU=,E14.4)
6202 FORMAT(40X,"站坐标 Z",/,2X,10G10.4,/,2X,10G10.4)
6204 FORMAT(40X,"段截面积 A",/,2X,10G10.4,/,2X,10G10.4)
6206 FORMAT(40X,"段抗弯模量 J",/,2X,10G10.4,/,2X,10G10.4)
6214 FORMAT(40X,"特殊站 5 参数",/2X,"特殊站号、力矩刚性系数、"
     &      "直径转动惯量、质量和线刚性系数",/(2X,I5,2X,4G12.5) )
6216 FORMAT(/,40X,"求根转速区间",/,10X,I10,10X,I10)
C        特殊站数据扩容
      DO I=1,4
        DO J=1,N
          HIMK(I,J)=0.0
          DO  K=1,KN
            KA=IAH(K)
            IF (J.EQ.KA)  HIMK(I,J)=AHIMK(I,K)
          END DO
        END DO
      END DO


C      段的传递矩阵 A 生成
      DO I=1,N1
        AL(I)=Z(I+1)-Z(I)
      END DO
      DO I=2,N1
```

```
        AM(I)=(AA(I-1)*AL(I-1)+AA(I)*AL(I))*ROU/2.
    END DO
     AM(1)=AA(1)*AL(1)*ROU/2.
     AM(N)=AA(N1)*AL(N1)*ROU/2.
     DP=(NN(2)-NN(1))*3.1415926536/(30*KW)
     CALL AS(A,AJ,AL,EE,N1)


C --------------------------------------------------------
     DO KC=-1,1,2 ! 反、正进动搜索
     WRITE(6,6222)
 6222 FORMAT(2X,'------------------------------')
C        进入临界转速搜索
     ANN=NN(1)*3.1415926536/30.0
     IK=0
     KWW=KW+1
     DO  100 KK=1,KWW
     AWW(KK)=ANN+DP*(KK-1)
     AW=AWW(KK)           ! 转速[1/S]
     MM=0
C     二分法找隔根区间的临界转速
  31    MM=MM+1     ! 二分次数
        CALL BS(KC,B,HIMK,AM,AW,N)     ! 站的传递矩阵 B 生成
C        4 阶单位阵生成
     DO I=1,4
       DO J=1,4
         C(I,J)=0.0
         IF (I.EQ.J) C(I,J)=1.0
       END DO
     END DO


C     N 个(段+站)传递矩阵 H 生成
     DO 40 K=1,N
       CALL JXJ(B,C,H,K)
       IF (K.EQ.N) GOTO 40
       CALL  JXJ(A,H,C,K)
  40    CONTINUE
C          按双自由段边界条件缩减 H 阵至 2X2
     VV(1,1)=H(3,1)
     VV(1,2)=H(3,2)
```

```
      VV(2,1)=H(4,1)
      VV(2,2)=H(4,2)
      Q=VV(1,1)*VV(2,2)-VV(1,2)*VV(2,1) ! H阵行列式值计算

C     WRITE (6,6552) KK,MM,AW
6552 FORMAT (4X,3HKK=,I6,4X,3HMM=,I4,4X,3HAW=,D11.4,4X)

C           收敛性检查
      IF(DABS(Q).LT.0.01) GOTO 80
C     对分法解行列式为零的转速 Z
      IF (KK.EQ.1) GOTO 45
      IF(Q*Q1.LT.0.0) GOTO 50    ! 有根区间
      IF(MM.GE.2) GOTO 60

45    Q1=Q
      Z1=AW
      GOTO 100

50    IF (MM.GE.2)  GOTO  55
      QT=Q
      ZT=AW
55    Q2=Q1
      Z2=Z1
60    Q1=Q
      Z1=AW
CC --------------------------------------------------------
      IF (DABS(Z1-Z2).LT.0.1) GOTO 80 ! 两次对分差别小,收敛
      IF (MM.EQ.KWM) GOTO 80
      AW=(Z1+Z2)/2.
      GOTO 31
C        收敛,结果输出,继续找下一隔根区间
80    IK=IK+1
      IF(IK.GT.IKM) STOP 'IK>IKM'
      ANCR (IK) =AW*30/3.1415926536
      Q1=QT
      Z1=ZT
      IF(KC.GT.0) THEN
        WRITE(6,6250)  IK,ANCR(IK)
      ELSE
```

```
          WRITE(6,6252)  IK,ANCR(IK)
      END IF
6250  FORMAT(20X,'正进动   ',6HNCRTC( , I2,2H) =,G12.5,'[RPM]')
6252  FORMAT(20X,'反进动   ',6HNCRTC( , I2,2H) =,G12.5,'[RPM]')


100   CONTINUE
      END DO
      STOP
      END
C ---------------------------------------------------------------
      SUBROUTINE AS(A,AJ,AL,E,N)
C ---------------------------------------------------------------
C      功能: 段传递矩阵 A 生成
C      输入参数:
C       N:  总段数
C       E:  弹性模量
C       AL(N):段长度
C       AJ(N):段截面的直径惯性矩
C      输出参数:
C        A(4,4,N):各段传递矩阵
C ---------------------------------------------------------------
      IMPLICIT  REAL*8(A-H,O-Z)
      DIMENSION A(4,4,N),AJ(N),AL(N)
      DO K=1,N
        DO I=1,4
          DO J=1,4
            A(I,J,K)=0.0
            IF (I.EQ.J) A(I,J,K)=1.0
          END DO
        END DO
        A(1,2,K)=AL(K)
        A(1,3,K)=AL(K)**2/(2.0*E*AJ(K))
        A(1,4,K)=AL(K)**3/(6.0*E*AJ(K))
        A(2,3,K)=AL(K)/(E*AJ(K))
        A(2,4,K)=A(1,3,K)
        A(3,4,K)=A(1,2,K)
      END DO
      RETURN
      END
```

```
C ------------------------------------------------------------------------
      SUBROUTINE BS(KC,B,HIMK,AM,AW,N)
C ------------------------------------------------------
C      功能：站传递矩阵 B 生成
C       输入参数
C          N：总站数
C       KC：进动类型控制参数,=1,正进动;不等于 1,反进动
C          AW：转速 1/s
C          AM(N):站质量
C          HIMK(4,N)：各特殊站 4 参数：
C             站的力矩刚性系数、直径转动惯量、质量和线刚性系数
C       输出参数：
C          B(4,4,N):各站传递矩阵
C ---------------------------------------------
      IMPLICIT REAL*8 (A-H,O-Z)
      DIMENSION B(4,4,N),HIMK(4,N),AM(N)
      DIMENSION BM(30)
C          正、反进动陀螺力矩系数
CC    KC=1
      IF(KC.EQ.1) THEN
        CM=1.
      ELSE
        CM=-3
      END IF
C          站的盘+轴段合质量
      DO  I=1,N
        BM(I)=AM(I)+HIMK(3,I)
      END DO

      DO 10 K=1,N
C          各站传递矩阵 B 初始化为单位阵
      DO I=1,4
        DO J=1,4
          B(I,J,K)=0.0
          IF (I.EQ.J) B(I,J,K)=1.0
        END DO
      END DO
C      特殊站传递矩阵 B 生成
      B(4,1,K)=BM(K)*AW**2-HIMK(4,K)    !式(5-81)(5-82-2)(5-84-2)(5-85)
```

```
      IF (HIMK(1,K).GT.1.E-10) B(3,2,K)=HIMK(1,K)      ! 式(5-84-1)
      IF (HIMK(2,K).GT.1.E-10) B(3,2,K)=CM*HIMK(2,K)*AW**2 ! 式(5-82-1)
10    CONTINUE
      RETURN
      END
C ------------------------------------------------------------
      SUBROUTINE  JXJ(A,B,C,KL)
C ------------------------------------------------------------
C        功能:2个4X4阶矩阵乘
C        输入参数
C        KL: KL站2个传递矩阵乘
C        A(4,4)、B(4,4):2个相乘的矩阵
C        输出参数
C      C(4,4): 积矩阵
C ------------------------------------------------------------
      IMPLICIT REAL*8 (A-H,O-Z)
      DIMENSION A(4,4,KL),B(4,4) ,C(4,4)
      DO 10 I=1,4
      DO 10 J=1,4
       C(I,J)=0.0
      DO 10 K=1,4
       C(I,J)=C(I,J)+A(I,K,KL)*B(K,J)
10    CONTINUE
      RETURN
      END
C ------------------------------------------------------------
```

3. 算例

原始数据文件 NCritical.DAT

```
12    30   3   2.06E11      7.843E3
0 0.001 0.081 0.161 0.241 0.321 0.401 0.481 0.561 0.641 0.721 0.722
4.909E-4 4.909E-4 4.909E-4 4.909E-4 4.909E-4 4.909E-4 4.909E-4 4.909E-4
4.909E-4 4.909E-4 4.909E-4
1.9174E-8 1.9174E-8 1.9174E-8 1.9174E-8 1.9174E-8 1.9174E-8 1.9174E-8
1.9174E-8 1.9174E-8 1.9174E-8 1.9174E-8
2  0  0  0  1.E10
5  0  0.03196  8.9  0
11 0  0  0  1.E10
2000 3000
```

------------读语句提示------------

```
READ(5,300) N,KW,KN,EE,GAMA
READ(5,302) (Z(I),I=1,N)
N1=N-1
READ(5,302)  (AA(I),I=1,N1)
READ(5,302)  (AJ(I),I=1,N1)
READ(5,314)  (IAH(J),(AHIMK(I,J),I=1,4),J=1,KN)
READ(5,316)  (NN(I),I=1,2)
```

结果数据文件 NCritical.SOL

N= 12   KW= 30   KN= 3   EE= .2060E+12   ROU=
.7843E+04

特殊站坐标 Z

　.0000　　.1000E-02 .8100E-01 .1610　.2410　　.3210
.4010　　.4810　　.5610　　.6410　　.7210　　.7220

段截面积 A

.4909E-03 .4909E-03 .4909E-03 .4909E-03 .4909E-03 .4909E-03 .4909E-03
.4909E-03 .4909E-03 .4909E-03　.4909E-03

段抗弯模量 J

.1917E-07 .1917E-07 .1917E-07 .1917E-07 .1917E-07 .1917E-07 .1917E-07
.1917E-07 .1917E-07 .1917E-07　.1917E-07

特殊站 5 参数

特殊站号、力矩刚性系数、直径转动惯量、质量和线刚性系数

2	.00000	.00000	.00000	.10000E+11
5	.00000	.31960E-01	8.9000	.00000
11	.00000	.00000	.00000	.10000E+11

求根转速区间

　　2000　　　　3000

反进动　NCRTC(1) = 2306.8　[RPM]

正进动　NCRTC(1) = 2374.5　[RPM]

-------------- STOP --------------------------------

第6章

航空发动机零件的疲劳强度与寿命

【学习要点】
- 构件疲劳破坏的特征。
- 高周疲劳与低周疲劳的特征与区别。
- 应力谱与应力比。
- 构件寿命分析基本概念与方法。
- 航空发动机盘、轴、叶寿命设计与疲劳强度评估流程及要点。

6.1 概　　述

　　航空发动机是人类 20 世纪在机械设计方面取得的最辉煌的成就之一。航空发动机设计的主要任务是为飞机提供高效能、低能耗、长寿命、高可靠性、低价格的发动机产品,其经济效益很大程度上依赖于它的寿命和可靠性,因此在设计时应综合考虑发动机性能和结构强度。发动机的主要性能参数(如涡轮前燃气温度、增压比、推重比等)的选择与发动机的寿命和可靠性密切相关,因此必须根据规定的总寿命和可靠性,对发动机主要性能参数进行优化设计。航空发动机研制方法的变化在一定程度上反映了对发动机研制、试验、使用中的经验教训的认识与总结。只有了解这些知识,才能用寿命、可靠性等评定发动机的主要指标来评定发动机设计是否完善。

　　发动机结构中,经常发生一些突然性的破坏,从静强度分析角度看,其工作应力水平较低,甚至未达到材料屈服,但它们所承受的往往是周期性变化的载荷,这种载荷比静载荷的破坏性要大得多,特别对具有长寿命要求的民用及军用飞机的航空发动机。交变应力下的疲劳强度极限比静应力下的强度极限小得多。疲劳失效与静强度失效有着本质的区别:静强度失效发生在构件的危险截面中产生过大的残余变形的危险点,直至最终断裂;疲劳失效则是由于在构件局部应力最高处较弱的晶粒在交变应力下形成裂纹,并在交变应力下扩展为宏观裂纹导致最终断裂。在静强度设计中,所用的材料强度指标是屈服极限或强度极限,设计的出发点是名义应力(或称基本应力)或最大应力;在疲劳失效设计中所用的材料强度是疲劳强度极限,设计的出发点是控制局部应力幅和平均应力(或峰值应力和应力比)。

疲劳破坏所包括的类型十分广泛。发动机上所遇到的疲劳破坏类型有:高周疲劳(high cycle fatigue, HCF)破坏(如叶片振动破坏);低周疲劳(low cycle fatigue, LCF)破坏(如轮盘破坏);蠕变疲劳(creep fatigue, CF)破坏(如涡轮叶片破坏);热疲劳(thermal fatigue, TF)破坏(如涡轮叶片破坏);接触疲劳破坏,如叶片与轮盘结合处(榫头/榫槽、轴承)等。

为了弄清楚发动机各个部件的寿命,必须对各种疲劳破坏的基本理论和工作中承受的载荷(载荷谱)进行针对性的研究和探索。

疲劳寿命预测是疲劳设计的反问题。疲劳寿命即构件疲劳失效以前所经历的应力或应变循环周次(N),或是在重要部位出现了规定长度的裂纹时的使用寿命,它等于"裂纹萌生寿命"。对于航空发动机寿命控制件,因为其破坏会造成重大影响,因此其疲劳寿命多只考虑裂纹萌生寿命,而将裂纹扩展寿命仅作为疲劳储备的第二道保险。

金属构件的疲劳断裂通常经历微裂纹形核、扩展及近门槛区宏观裂纹扩展等几个阶段。工程构件的表面层是力学行为的敏感区,它对构件的使用寿命(特别是疲劳寿命)有重要影响。材料表面状态的不稳定性主要来自两方面因素:① 微缺口、表面损伤;② 加工形成的表面残余应力。提高构件疲劳抗力可从精细加工降低表面粗糙度和通过表面强化工艺(如喷丸)造成表面残余压应力强化层等方面入手。

前几章已给出了航空发动机轮盘和叶片等零件在一次性载荷作用下的强度分析方法,但这些零件都承受着交变的载荷。在这种交变载荷作用下,往往在零件的槽或孔等应力集中区域出现裂纹,进而裂纹扩展,最终导致零件的破坏。这种现象称为零件的疲劳破坏。

疲劳是一个综合性很强的研究课题,涉及广泛的学术领域。人们可以从不同的角度和尺度对疲劳现象进行研究。图 6-1 表示了在原子、微观力学、宏观力学和结构尺度下材料的疲劳强度寿命相对应的研究学科,从中可以看到不同学科研究疲劳问题的内容和目的有所不同。

在发动机的寿命可靠性研究中,首先应说明航空发动机的寿命,寿命可用小时或循环数表示。现代民用航空发动机,热端部件的规定总寿命约为 20 000 小时,冷端部件为 40 000 小时;对于军用发动机,一般其热端部件的规定总寿命为 1 500 小时,2 000 循环;冷端部件为 3 000 小时,4 000 循环。这个寿命实质上是指裂纹萌生寿命,被定义为结构产生 0.76 mm 裂纹时所对应的寿命。由于航空产品的高可靠性要求,作为动力的航空发动机关键件(如轮盘、主轴等),其寿命的可靠性要求不

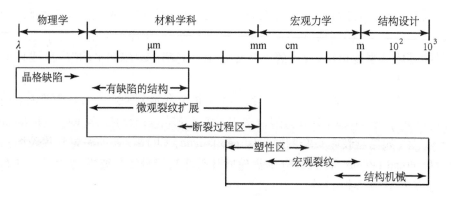

图 6-1 不同学科所研究的缺陷、裂纹尺寸

低于 99.87%。另外,考虑到发动机,特别是战斗机发动机使用载荷谱的复杂性,以标准循环数设计的关键件寿命在设计中要求按照 2 倍的使用寿命设计。英国罗·罗公司的 RB211-22B 发动机的涡轮盘允许使用的循环数(批准寿命,或称安全寿命)为 9 400 次,美国普·惠公司的 PW4056 发动机的涡轮盘允许使用的循环数为 15 000 次。

6.2 疲劳研究的基础

6.2.1 疲劳和疲劳寿命

疲劳是结构件在承受反复的交变应力/应变作用下,经过一定的循环次数以后形成微裂纹,然后发展成宏观裂纹,裂纹继续扩展导致构件最终断裂的破坏过程,也是长寿命构件破坏的主要原因和形式。因交变载荷作用引起的突然破坏都属于疲劳破坏。疲劳破坏具有以下特点:

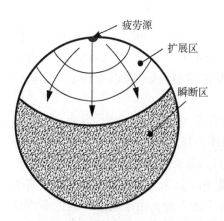

图 6-2 疲劳断口示意图

(1)疲劳破坏是在循环应力/应变作用下的破坏;

(2)疲劳破坏必须经历一定的载荷循环次数;

(3)零件或试样在整个疲劳过程中不发生明显宏观塑性变形,其断裂方式类似脆性断裂;

(4)疲劳断口明显地包含较光滑的疲劳裂纹扩展区和粗粒状的瞬断区两种区域,如图 6-2 所示。

对于疲劳可以从不同的角度进行分类。

如按照疲劳的研究对象、失效周次、应力状态、载荷变化与工况、环境因素等,可将疲劳分为:材料疲劳和结构疲劳;单轴疲劳和多轴疲劳;高周疲劳(HCF)和低周疲劳(LCF);恒幅疲劳、变幅疲劳、随机疲劳;常温疲劳、高/低温疲劳、热疲劳、热-机械疲劳、腐蚀疲劳;接触疲劳、微动磨损疲劳、冲击疲劳等。

疲劳研究主要分为微观和宏观两个领域。

微观(金属材料的疲劳):金属材料的疲劳是机械零部件产生破坏的根源,就微观而言,金属晶粒的取向、晶粒的位错和滑移、晶界的空隙,都是产生疲劳破坏的基础。在不同外界环境(如载荷、温度等)下,疲劳裂纹的萌生条件也各不相同。

宏观(结构的力学特征):结构的载荷不同,其零件产生疲劳破坏的类型也不同。气流脉动之类周期性的高频小载荷可使叶片产生高周疲劳;飞机每个起落循环的低频大载荷变化可使发动机轮盘、机匣等零件产生低周疲劳;长期的飞行大状态高温和大载荷,使零件产生高温蠕变疲劳;工作温度周期性的变化可使热端部件产生热疲劳;周期性的变应力和晶界腐蚀,使涡轮叶片零件产生腐蚀疲劳;两个接触表面的挤压应力,使工作表面产生接触疲劳(如叶片榫头与榫槽、轴承滚珠与滚道之间)。

不同的疲劳类型对零件的寿命影响不同: 在弹性应力范围内作用下的构件高周疲劳寿命,一般用"应力-寿命"关系来表征,常简称为"应力疲劳"(以应力为基本控制参量的疲劳);峰值应力超过屈服极限的低周疲劳寿命,一般用应变-寿命关系来表征,或简称为"应变疲劳"(以应变为基本控制参量的疲劳)。

疲劳寿命是指结构件直至出现工程可检裂纹(如 0.76 mm)所作用循环载荷的次数或时间。影响疲劳强度的主要因素有:形状、尺寸、表面状态、平均应力、应力幅值(或峰值)、加载频率、应力波形和温度等。其中形状因素引起应力集中问题:若用理论应力集中系数 K_t 代表应力提高的倍数(对工作应力而言),用疲劳缺口系数 K_f 代表疲劳强度降低的倍数(对强度而言),一般情况下两者并不相等,且有效应力集中系数 K_r 不等于理论应力集中系数 K_t($K_r < K_t$)。

尺寸效应(疲劳强度随零件和试样的尺寸增大而降低的现象)。引起尺寸效应的因素主要是尺寸比例因素(即绝对尺寸效应)。

应力梯度是决定疲劳缺口系数和尺寸效应的主要因素,其作用机制可用"支持效应"来解释:当零件上的应力分布不均匀、存在应力梯度时,零件外层晶粒的位移可能在某种程度上被其内应力较低、位移较小而对外层有支持作用的晶粒所阻滞。

因本教材篇幅所限,本章仅能给出航空发动机零件寿命分析的入门知识,因此仅涉及一般航空发动机盘、轴、叶构件宏观层面的低周疲劳、高周疲劳、高低周复合疲劳、蠕变持久寿命等基本概念及方法,对更进一步的寿命分析内容可参阅其他相关专著。

6.2.2 疲劳载荷谱

工程结构件的疲劳破坏是在交变载荷(应力或应变)作用下经过一定的循环后发生的。所以研究和确定结构所受的载荷-时间历程是研究结构疲劳破坏和进行寿命估算的基础。

载荷-时间历程称为载荷谱。如发动机转子零件的转速谱、温度谱、表面气动压力谱。不同结构的载荷谱大多是通过分析和实测得到的。由分析和实测获得的载荷-时间历程可采用多种方法(如计数法、谱分析法等)处理成用于结构疲劳分析或试验的载荷谱。

对线性结构,载荷-时间历程可线性换算得到结构考核点的应力(或应变)-时间历程,也称应力(应变)谱。对于材料进入屈服的构件,或包含接触边界的构件,其载荷谱不能线性换算得到结构考核点应力(或应变)谱,这时需要通过有限元法对构件循环加载,获得构件考核点的应力(或应变)谱。应力(应变)谱可分为三种类型,即常幅谱、块谱和随机载荷谱与高低周复合疲劳应力谱。

1. 常幅谱

应力或应变在反复交变过程中,其波峰及波谷值不随时间而改变的谱,称为常幅谱。图 6-3 所示的按正弦曲线规律变化的应力谱即为典型的常幅谱。仅仅在某些受力简单的零件上才作用有这种常幅谱,这种谱常用于材料或试件的疲劳性能试验,也用于疲劳分析方法的研究,有时也用于比较两个结构疲劳性能。经常使用的常幅谱有正弦波、三角波、矩形波和梯形波。

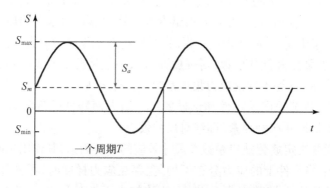

图 6-3 正弦曲线规律变化的应力谱

应力由某一数值开始,经过变化又回到这一数值所经过的时间间隔称为变化周期,用符号 T 表示。在一个周期中,应力的变化过程称为一个应力循环,应力循环一般可用循环中的最大应力 S_{max}、最小应力 S_{min} 和周期 T 来描述。定义平均应力 S_m、应力幅值 S_a、应力比 R 如下:

$$S_m = \frac{S_{\max} + S_{\min}}{2} \tag{6-1a}$$

$$S_a = \frac{S_{\max} - S_{\min}}{2} \tag{6-1b}$$

$$R = \frac{S_{\min}}{S_{\max}} \tag{6-1c}$$

当应力比 $R = -1$，称为对称循环载荷；当 $R = 0$，称为脉动循环。以上 5 个参数中只要知道其中任意 2 个，就可求出其他 3 个参数。相比于静强度问题分析需要知道一个最大应力参数，疲劳问题分析至少需要以上 5 个应力参数中的 2 个参数进行高周疲劳强度或寿命分析。

对于应变谱，只要把式（6-1）中应力 S 改写为应变符号 e（局部应变 ε）就具有类似的定义及公式。

试件承受常幅应力谱的试验称为控制应力试验；试件承受常幅应变谱的试验称为控制应变试验，可由液压伺服疲劳试验机（如 INSTRON 8802）实现。

2. 块谱

块谱也称为程序块谱，如图 6-4 所示。它如阶梯般加载，离心式调速器的载荷情况就属于这种。控制参数是应力（或应变），但在给定的一个程序中只能是一种控制参数。图 6-4 中，对于每一个给定的应力水平，循环数用同一个角标表示。如表示第一个应力水平 σ_1 下的循环次数为 n_1。如果有几个应力水平，按照固定的顺序循环。如图 6-4 中 σ_1、σ_2 和 σ_3 三个应力水平的组合就称为一个程序块。在第一个块循环完毕后，进入第二个块，一直重复循环至断裂。这就意味着程序块也可以像循环次数一样来描述疲劳寿命。试验结果表明，当整个寿命期内块谱的块数较少时，如只有几块，那么块的不同编排对疲劳寿命有较大的影响；而当块数较多时，则不管如何编排块谱，疲劳寿命基本相同。通常将飞机一个起落过程中发动机零件的典型载荷（转速、温度等）谱近似处理成一个块谱，用于零件寿命分析及试验。

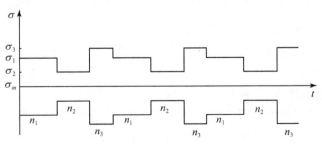

图 6-4　典型应力程序块谱

美国普·惠公司研制的 F100 军用涡扇发动机是世界上投入使用最早的推重比 8 的发动机,为了考核发动机的可靠性和耐久性需要进行加速任务试验(accelerated mission testing, ATM)。在 F100 - PW - 100 进行加速任务试验时,按照飞机的飞行任务剖面,归纳出发动机的载荷谱(一个程序块)如图 6 - 5 所示[22]。

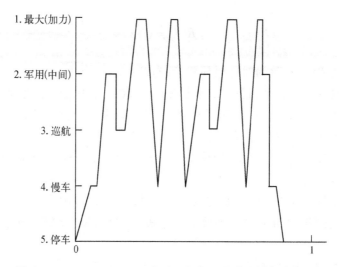

图 6 - 5   F100 - PW - 100 发动机加速任务试验转速载荷块谱

块谱也可以以表格的形式给出,如表 6 - 1 为某飞机结构细节 100 飞行小时所受到的某任务剖面的应力谱。这一应力谱可以直接用于疲劳寿命的分析计算。

表 6 - 1   某飞机结构细节 100 飞行小时某任务的飞行载荷谱

级 数	1	2	3	4	5	6	7	8	9
S_{max}/MPa	78.5	80.0	80.5	110.0	105.0	150.5	128.5	118.0	82.0
S_{min}/MPa	20.0	11.0	0.0	20.0	0.0	20.0	30.0	0.0	9.5
循环次数	530	110	20	3.5	12.0	0.1	0.8	1.6	8.0

3. 随机载荷谱与高低周复合疲劳应力谱

发动机转子构件在使用状态下所承受的载荷往往是复杂的。

航空发动机的载荷谱取决于飞机的飞行任务剖面。图 6 - 6 是 CFM56 发动机的飞行任务剖面,图 6 - 7 是 CFM56 发动机的飞行高度谱。

按照部件或零件的载荷谱来确定零件的应力或应变-时间历程,简称零件的载荷谱。航空发动机的热端零件(如涡轮转子叶片、涡轮盘),除了承受离心应力外(图 6 - 8 是 CFM56 发动机右发高压转子转速随时间的变化图),还承受由不均匀

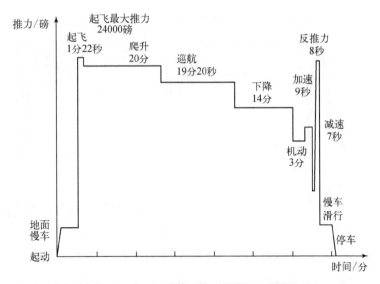

图 6-6　CFM56 发动机的典型工作循环

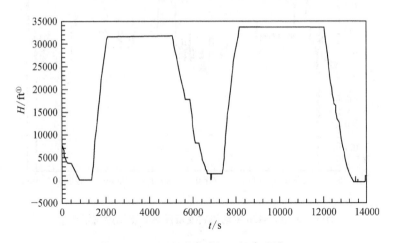

图 6-7　CFM56 发动机飞行高度谱

温度场产生的热应力(图 6-9 是 CFM56 发动机右发低压涡轮出口燃气温度谱)。除了稳态热应力以外,由于发动机的加速和减速,在零件的局部区域承受着拉压交变的瞬态热应力。这就为确定零件的载荷谱造成很大的困难,其难点是零件瞬态温度场仿真及应力分析工作。通常需要建立发动机的一维总体特性分析模型,计算获得发动机主要截面的温度等气动参数,再通过部件性能计算模型获得叶片或涡轮盘的瞬态温度场。图 6-9 的发动机特殊点实测温度则提供了标定计算温度场的重要作用。

———————————————
① 1 ft = 0.304 8 m。

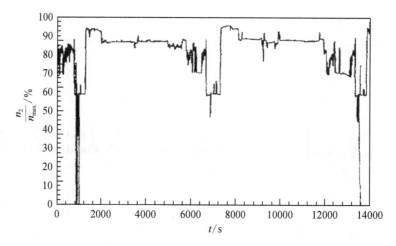

图 6-8　CFM56 发动机右发高压转子转速谱

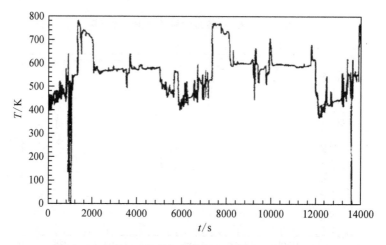

图 6-9　CFM56 发动机右发低压涡轮出口燃气温度谱

　　为了便于学习,以下将以简化的发动机转子构件高低周复合疲劳应力谱为典型实例,给出发动机构件的高低周疲劳寿命分析方法。最常见的如:在"开车提转速-中间状态-降转速停车"转速循环产生的低周脉动应力谱上叠加由振动引起的高周疲劳应力谱。

　　例如,在飞机的一次典型起落过程中,发动机经历"开车提转速-中间状态-降转速停车"转速循环的低周载荷作用,其对应的转子叶根截面离心应力叠加由振动引起的典型高周应力-时间历程应力块谱如图 6-10 所示。同样对发动机主轴也经历了由"开车提扭矩-最大扭矩状态-降扭矩停车"的典型扭矩循环的低周梯形载荷谱作用,主轴考核点作用有扭转低周应力梯形谱叠加由振动引起的高周应力谱-时间历程典型应力块谱也可以用图 6-10 表示。

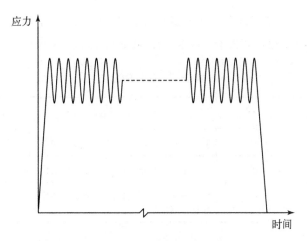

图 6－10　转子叶片低周最大稳态离心应力
叠加振动高周应力简化谱

6.2.3　金属材料的常用疲劳寿命模型

为了评价和估算发动机转子构件疲劳寿命,需要建立应力(应变)和寿命之间的关系分析模型。疲劳设计的基本数据主要有:供评定材料应力疲劳的 S－N(应力-寿命)曲线、考虑平均应力影响的疲劳等寿命图(古德曼图)、供评定材料应变疲劳用的 $\Delta\varepsilon$－N(应变-寿命)曲线。

1. 用于高周疲劳寿命估算的 S－N 曲线

图 6－11 是一条完整的 S－N 曲线,它以应力幅 S_a(或峰值应力)作纵坐标、寿命 N 作横坐标。可把这条曲线分成三段,包括低周疲劳(LCF)区、高周疲劳(HCF)区和亚疲劳极限(SF)区。$N=1/4$,即静拉伸,所对应的疲劳强度即静载或单调拉伸的强度极限 S_b;$N=10^6\sim10^7$ 所对应的破坏应力即材料的持久疲劳极限

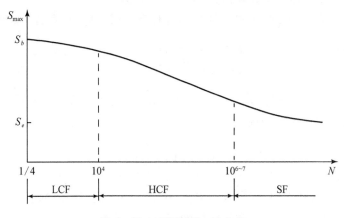

图 6－11　完整的 S－N 曲线

S_e。 通常,$R=-1$ 时疲劳极限的数值最小,用 S_{-1} 表示 $R=-1$ 时材料的持久疲劳极限(即最大应力)。也可将图 6-11 按照表格的形式划分见表 6-2。

表 6-2　疲劳的分类

疲劳类型	寿命	应力-应变关系	应力-寿命关系
LCF	小于 10^4	应力进入屈服,迟滞回线包含较大面积	非线性关系
HCF	$10^4 \sim 10^{6\sim7}$	应力未进入屈服,迟滞回线呈线性变化	近似对数线性关系
SF	大于 $10^{6\sim7}$	应力未进入屈服,迟滞回线呈线性变化,变化范围较小	近似为水平直线

由于 S-N 曲线的分散性很大,且有些材料的 S-N 曲线没有渐近线,因此寻求统一的 S-N 曲线是很困难的。描述 S-N 曲线在 HCF 区的这一段对数直线或 HCF 区、SF 区的 S-N 曲线经验公式有许多,下面给出常用的几种。

（1）指数函数公式:

$$Ne^{\alpha S} = C_0 \tag{6-2}$$

式中, e = 2.718 2;α、C_0 为材料常数。

（2）幂函数公式:

$$S^\beta N = C_1 \tag{6-3}$$

式中,β 和 C_1 为材料常数。

（3）Basquin 公式:

$$S_a = \sigma'_f (2N)^b \tag{6-4}$$

式中, σ'_f、b 为疲劳强度系数和指数;N 为实验常数。

（4）Weibull 公式,Weibull 提出的包含疲劳极限的应力-寿命公式如下:

$$N = S_f (S_a - S_e)^b$$
$$\lg N = a + b \lg (S_a - S_e) \tag{6-5}$$

式中, S_f、b 和 S_e 为材料参数,其中 $b < 0$;S_e 为理论应力疲劳极限幅值。

（5）另一个三参数公式:

$$S = S_e \left(1 + \frac{C}{N^\alpha}\right) \tag{6-6}$$

式中,C 和 α 为材料常数,其中 $\alpha > 0$;S_e 为理论应力疲劳极限幅值。

疲劳极限是长寿命构件和结构抗疲劳设计的基本数据,在对称循环时,疲劳极

限 S_{-1} 和强度极限 σ_b 的经验关系有：$S_{-1} \approx 0.35\sigma_b$（对于镁、铜和镍合金）；$S_{-1} \approx 0.5\sigma_b$（对于 $\sigma_b < 1\,800\,\text{MPa}$ 钢）；$S_{-1} \approx 1.49\sigma_b^{0.63}$（对于铝合金），可见，疲劳极限比强度极限要低很多。

如图 6－12 是航空发动机盘、叶片常用钛合金材料锻件 450℃ 的 $K_t = 1$ 和 $K_t = 3$ 疲劳 S－N 曲线。从图中可以看出，当寿命 N 值大到一定的数值后曲线斜率趋于水平，与此水平线相对应的最大应力称为"持久疲劳极限"。但对有些材料，如钛合金、铝、镁等的 S－N 曲线在 10^7 循环没有这种明显的水平渐近线，虽然 N 值很大时 S－N 曲线的斜率很小，可是它仍然有下降趋势。因此一般会规定一个足够大的循环次数 N_L，以确定该 N_L 条件下的"持久疲劳极限"，称为材料的"持久条件疲劳极限"。N_L 的大小通常规定为：对钛合金，早期试验数据是截止至 10^7 或 5×10^7，随着试验手段的提高，现在开始要求用延续到 10^9 循环的高周疲劳数据进行钛合金叶片疲劳寿命设计；对结构钢和其他铁基合金是 10^7；对非铁基合金是 10^8。从图 6－12 可以大体估计出钛合金材料在不同应力比、不同应力集中下的持久疲劳极限 $\sigma_{-1,7}$，下角标"7"表示 10^7 循环时的条件疲劳极限。

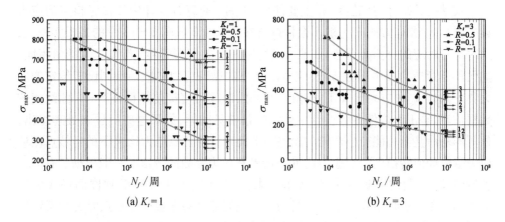

(a) $K_t = 1$　　　　　　　　　　(b) $K_t = 3$

图 6－12　某钛合金锻件 450℃疲劳 S－N 曲线[17]

在高周疲劳区通常以控制应力试验来得到金属材料的疲劳强度，而在低周疲劳区，则以控制应变试验来得到金属材料的疲劳强度。通过试验得到的 S－N 曲线通常有较大的分散性（图 6－12），图 6－12 中绘出的实线是采用最小二乘法回归得到的存活率 $P = 50\%$ 概率下的中值寿命线，其中大体有一半的试件寿命达不到实线预估的寿命。为了保证必要的寿命可靠度，常常需要按数理统计方法得到给定高可靠度下的 S－N 曲线，如图 6－13 中给出存活率 $P = 99.87\%$ 的 P－S－N 曲线。工程构件疲劳设计中可根据需要选择适当的材料 P－S－N 曲线。

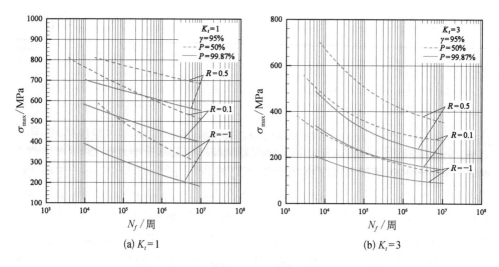

图 6–13　某钛合金锻件 450℃疲劳 P–S–N 曲线[17]

2. 用于不同应力比疲劳极限(疲劳强度)转换的等寿命图(古德曼图)

发动机关键件(如轮盘)和重要件(如叶片)的疲劳设计中往往考核点的应力集中系数 K_t 和应力比 R 一般不会恰好落在图 6–12 或图 6–13 中的某根实线上,这时实际对应的材料疲劳极限 S_e (或给定寿命的疲劳强度)与实线上的值不同。如何将任意应力集中系数 K_t 和应力比 R 下的循环应力参数转换到已有给定的应力集中系数 K_t 和应力比 R 下循环应力参数,以便可直接使用已有 S–N 曲线疲劳数据估寿,是工程构件疲劳设计中面临的最常见问题,如果这些问题未处理得当,估算的寿命甚至可能产生数倍的误差。下面先给出任意应力比 R 下的考核点循环应力参数如何转换到给定应力比 R 下的循环应力参数的方法。一般根据已有的材料疲劳 S–N 曲线数据应力比,常将考核点循环应力比转换至对称循环应力比 $R = -1$,或脉动循环应力比 $R = 0$(为了避免疲劳试验在载荷过零点时的加载链反向间隙,实际的脉动循环 S–N 疲劳数据往往采用应力比 $R = 0.1$ 或 $R = 0.05$,如图 6–12 所示)。

(1) 不同应力比等寿命疲劳强度模型。

将不同应力比 R 时的疲劳极限(或给定寿命的强度)画在以平均应力 σ_m 为横坐标,以应力幅 σ_a 为纵坐标的图上。通过试验测定不同应力比时的疲劳极限(或给定寿命的强度)代价较高,因此工程上提出了一些经验模型去估算不同应力比时的疲劳极限 σ_{-1} 或记作 $\sigma_{-1,7}$,代表对应应力比 $R = -1$ 循环数达 10^7 时的疲劳持久强度,或给定寿命 N 时的疲劳强度 $\sigma_{-1,N}$。常用的模型有下面四种。

古德曼(Goodman)直线模型:假设疲劳极限(或给定寿命的强度)曲线是经过对称循环交变应力幅的疲劳极限 A 点,以及静强度极限 σ_b 的 B 点的一条直线

（图 6-14），其方程为

$$\sigma_a = \sigma_{-1}\left(1 - \frac{\sigma_m}{\sigma_b}\right) \qquad (6-7)$$

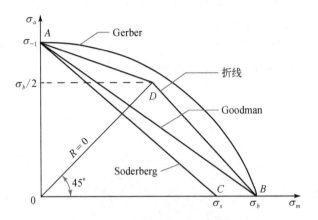

图 6-14　疲劳极限图近似模型

索德倍尔（Soderberg）直线模型：假设疲劳极限曲线是经过对称循环交变应力的疲劳极限 A 点，以及屈服极限 σ_s 的 C 点的一条直线（图 6-14），其方程为

$$\sigma_a = \sigma_{-1}\left(1 - \frac{\sigma_m}{\sigma_s}\right) \qquad (6-8)$$

戈倍尔（Gerber）抛物线模型：假设疲劳极限曲线是经过对称循环交变应力的疲劳极限 A 点，以及静强度极限 σ_b 的 B 点的抛物线（图 6-14），其方程为

$$\sigma_a = \sigma_{-1}\left[1 - \left(\frac{\sigma_m}{\sigma_b}\right)^2\right] \qquad (6-9)$$

折线模型：设由试验得到的应力比 $R=0$ 的疲劳极限为 σ_0，其方程为

$$\sigma_a = \sigma_{-1} - \frac{2\sigma_{-1} - \sigma_0}{\sigma_0}\sigma_m, \quad R \leqslant 0 \qquad (6-10)$$

$$\sigma_a = \frac{\sigma_m - \sigma_0}{\sigma_0 - 2\sigma_b}\sigma_0, \quad R > 0 \qquad (6-11)$$

在以上四种模型中，Gerber 抛物线模型和折线模型比较复杂，用起来不甚方便，且有时结果偏于危险；Soderberg 直线模型太保守，故最简单而在工程中常用的为 Goodman 直线模型。按照以上步骤，也可以将 σ_{-1} 用不同寿命 N（如 10^5、10^6、10^7 和 ∞）对应的疲劳强度 $\sigma_{-1,N}$ 替换，就可以得到不同应力比条件下的给定寿命

N 的疲劳强度一簇等寿命曲线。采用三个应力比下疲劳 S - N 数据(图 6 - 12)和静强度极限,分段绘出的某钛合金锻件 450℃不同疲劳寿命 N 对应的等寿命疲劳强度 Goodman 图如图 6 - 15 所示。图 6 - 15 中的等寿命疲劳强度可以在(应力幅 σ_a,平均应力 σ_m)倾斜 45°的坐标系下读出,也可以在(最大应力 σ_{max},最小应力 σ_{min})的水平垂直坐标系下读出。

在已知构件考核点应力幅 σ_a、平均应力 σ_m,或最大应力 σ_{max}、最小应力 σ_{min} 时,设计者可以通过图 6 - 15 读出构件的疲劳寿命。

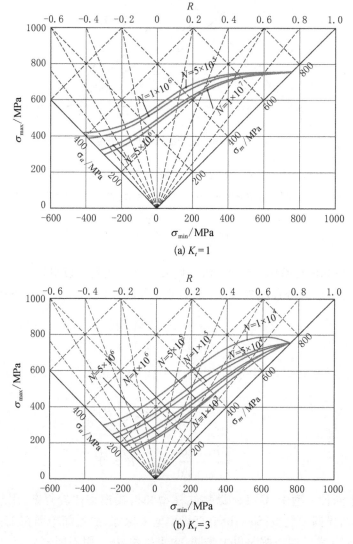

图 6 - 15　某钛合金锻件 450℃不同疲劳寿命 N
对应的等寿命疲劳强度图[17]

　　在未建立类似图 6 - 15 等寿命疲劳强度图的条件下,通常的一个简单估寿途径是将任意应力比条件下循环应力参数转换到已知应力比条件下的循环应力参数,然后利用如图 6 - 12 或图 6 - 13 读取疲劳寿命。下面将给出不同应力比循环应力参数之间的转换公式,其基本原理还是应用 Goodman 图的等寿命强度线性关系,如图 6 - 16 所示。

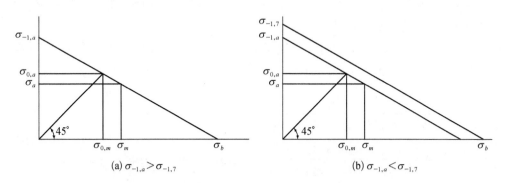

(a) $\sigma_{-1,a} > \sigma_{-1,7}$　　　　　　　　　　(b) $\sigma_{-1,a} < \sigma_{-1,7}$

图 6 - 16　任意应力比循环应力参数转换 Goodman 图

　　(2) 任意应力比循环应力参数转换为 $R = -1$ 的循环应力参数。

　　特别是当只有一条 $R = -1$ 的 S - N 曲线时,当已获得循环应力的应力幅 σ_a 和平均应力 σ_m,通过 Goodman 公式(6 - 7)的变形式(6 - 12),可获得等寿命时的等效对称循环应力幅值 $\sigma_{-1,a}$。

$$1 = \frac{\sigma_a}{\sigma_{-1,a}} + \frac{\sigma_m}{\sigma_b}, \quad \sigma_{-1,a} = \frac{\sigma_a}{1 - \sigma_m/\sigma_b} > \sigma_{-1,7} \qquad (6 - 12)$$

此时 $R = -1$ 时的峰值应力与应力幅值相等 $\sigma_{-1,\max} = \sigma_{-1,a}$。当 $\sigma_{-1,\max}$ 大于图 6 - 12(a) $R = -1$ 时的 S - N 曲线的 10^7 循环条件疲劳极限 $\sigma_{-1,7}$,可直接查出对应的疲劳寿命;当 $\sigma_{-1,\max} < \sigma_{-1,7}$ 时,意味着此时的疲劳寿命大于 10^7,(若认为此时 S - N 曲线斜率水平)寿命趋于无穷大,此时可由式(6 - 13)求出对应 10^7 循环寿命时的疲劳强度储备系数 n。

$$\frac{1}{n} = \frac{\sigma_a}{\sigma_{-1,7}} + \frac{\sigma_m}{\sigma_b}, \quad n = \frac{\sigma_{-1,7}}{\sigma_{-1,a}} = \frac{\sigma_{-1,7}}{\sigma_a + \sigma_{-1,7}\sigma_m/\sigma_b} > 0, \quad \text{当} \ \sigma_{-1,a} < \sigma_{-1,7}$$

$$(6 - 13)$$

　　(3) 任意应力比循环应力参数转换为 $R = 0$ 时的脉动循环应力参数。

　　特别是当只有一条 $R = 0$ 的 S - N 曲线时,或由转速产生的主循环应力接近脉动应力(旋转件离心应力多数属于脉动应力)时,当已获得循环应力的应力幅 σ_a 和平均应力 σ_m,可通过 Goodman 公式(6 - 7)的变形式(6 - 14),获得等寿命时的等效脉动循环应力幅值 $\sigma_{0,a}$。

$$1 = \frac{\sigma_a}{\sigma_{0,a}} + \frac{\sigma_m - \sigma_a}{\sigma_b}, \ \sigma_{0,m} = \sigma_{0,a} = \frac{\sigma_a}{1 - (\sigma_m - \sigma_a)/\sigma_b}, \quad \text{当} \sigma_{0,\max} = \sigma_{0,a} + \sigma_{0,m} > \sigma_{0,7}$$

$$(6-14)$$

当 $R = 0$ 时的峰值应力 $\sigma_{0,\max} = \sigma_{0,a} + \sigma_{0,m} > \sigma_{0,7}$ 时,直接代入图 $6-12(a)$ $R = 0$ 时的 $S-N$ 曲线读出寿命。

当 $\sigma_{0,\max} < \sigma_{0,7}$ 时,意味着此时的疲劳寿命大于 10^7,此时可由式$(6-15)$求出 10^7 循环寿命时的疲劳强度储备系数 n。

$$\frac{1}{n} = \frac{\sigma_{0,a}}{\sigma_{0,7}/2} = \frac{\sigma_a}{\sigma_{0,7}/2} + \frac{\sigma_m - \sigma_a}{\sigma_b}$$

$$n = \frac{\sigma_b \sigma_{0,7}/2}{\sigma_b \sigma_a + (\sigma_m - \sigma_a)\sigma_{0,7}/2}, \quad \text{当} \sigma_{0,\max} = \sigma_{0,a} + \sigma_{0,m} < \sigma_{0,7}$$

$$(6-15)$$

$$\sigma_{0,m} = \sigma_{0,a} = \sigma_a + (\sigma_m - \sigma_a)\sigma_{0,7}/(2\sigma_b)$$

3. 用于低周疲劳寿命估算的 $\Delta\varepsilon - N$ 模型

在低循环疲劳区域,用控制应变进行材料试验更能反映材料的低循环疲劳性能,从而得到应变寿命曲线。该寿命曲线通常用总应变范围 $\Delta\varepsilon$ 为纵坐标,以到破坏的循环数 N 为横坐标。$\Delta\varepsilon - N$ 曲线多数以应变比 $R_\varepsilon = -1$ 时的应变幅为参数描述材料的疲劳寿命特性;当 $R_\varepsilon \neq -1$ 时,再对该曲线进行模型修正。常用的 $\Delta\varepsilon - N$ 曲线为 Manson – Coffin 公式,可用下式表示:

$$\frac{\Delta\varepsilon}{2} = \frac{\Delta\varepsilon_e}{2} + \frac{\Delta\varepsilon_p}{2} = \frac{\sigma_f'}{E}(2N)^b + \varepsilon_f'(2N)^c$$

$$(6-16)$$

式中,$\Delta\varepsilon_e$ 为弹性应变范围;$\Delta\varepsilon_p$ 为塑性应变范围;E 为材料的弹性模量;$2N$ 为到破坏的反复数(N 是到破坏的循环数);σ_f' 为疲劳强度系数;b 为疲劳强度指数;ε_f' 为疲劳延性系数;c 为疲劳延性指数。

在双对数坐标中,式$(6-16)$表示一条曲线,见图 $6-17$。由式$(6-16)$不能直接绘出图 $6-17$ 并确定材料疲劳参数,而需要将弹性应变或塑性应变分量区分开表示就方便多了。弹性线和塑性线可分别表示为

$$\frac{\Delta\varepsilon_e}{2} = \frac{\sigma_f'}{E}(2N)^b$$

$$(6-17)$$

$$\frac{\Delta\varepsilon_p}{2} = \varepsilon_f'(2N)^c$$

$$(6-18)$$

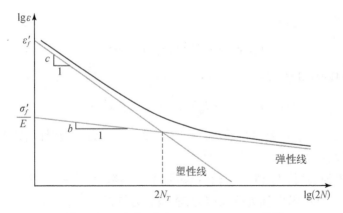

图 6 - 17　应变-寿命 Manson - Coffin 曲线

将试验测得的应力应变回线区分出弹性应变和塑性应变,再分别按式(6-17)和式(6-18)取对数后线性回归获得四个材料参数。进而可绘出图 6-17。弹性线和塑性线的交点所对应的寿命 N_T 称为转变寿命。高于 N_T 时弹性应变分量造成的损伤主控,可近似用式(6-17)描述其疲劳性能;低于 N_T 时塑性应变分量造成的损伤主控,可近似用式(6-18)描述其疲劳性能。

实际结构循环载荷基本上都是非对称应变载荷。因此当 $R_\varepsilon \neq -1$ 时,必须考虑平均应力 σ_m 或平均应变 ε_m 的影响,需要对式(6-16)进行修正,修正的方法已经提出许多,工程上应用较多的是对平均应力进行修正。考虑平均应力影响的应变-寿命 Morrow 公式如式(6-19)所示。

$$\frac{\Delta\varepsilon}{2} = \frac{\sigma_f' - \sigma_m}{E}(2N)^b + \varepsilon_f'(2N)^c \qquad (6-19)$$

4. 用于蠕变持久寿命估算公式[16]

当材料的使用温度超过材料熔点温度的 40% 时,材料蠕变的影响不能忽略。通常对航空发动机的热端部件要考虑蠕变的影响。常用的蠕变持久寿命模型主要有以下几种,具体选用时取决于构件材料的蠕变持久试验数据与模型的拟合匹配度选择适当的模型。典型蠕变持久寿命模型的图形如图 6-18 所示。

Larson - Miller 方程:

$$\lg t = c + \frac{b_1}{T} + \frac{b_2 x}{T} + \frac{b_3 x^2}{T} + \frac{b_4 x^3}{T} \qquad (6-20)$$

Ge - Dorn 方程:

$$\lg t = c + \frac{b_1}{T} + b_2 x + b_3 x^2 + b_4 x^3 \qquad (6-21)$$

Mason – Succop 方程：

$$\lg t = c + b_1 T + b_2 x + b_3 x^2 + b_4 x^3 \qquad (6-22)$$

Mason – Hafered 方程：

$$\lg t = c + (T - T_a)(b_1 + b_2 x + b_3 x^2 + b_4 x^3) \qquad (6-23)$$

其中，c 为回归常数；b_i 为回归系数$(i = 1, 2, 3, 4)$；t 为断裂时间；T 为绝对温度；$x = \lg \sigma$ 为对数应力。

为使用方便，常将上述四个方程以热强综合参数-应力曲线形式表达，参见图 6-19。图 6-19 中纵坐标为持久应力，横坐标为热强综合参数。对应上述四个持久方程，相应的热强综合参数 P 分别如下。

Larson – Miller 方程：

$$P = T(\lg t + c)$$

Ge – Dorn 方程：

$$P = \lg t - c/T$$

Mason – Succop 方程：

$$P = \lg t + cT$$

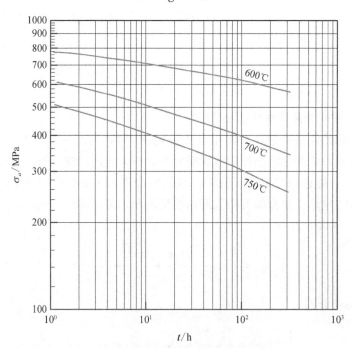

图 6-18   持久(蠕变)应力-寿命曲线

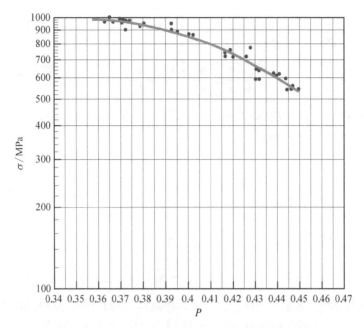

图 6-19　**Larson-Miller 热强综合参数-应力曲线**

Mason-Hafered 方程：

$$P = (\lg t - \lg t_a)/(T - T_a)$$

热强综合参数-应力曲线形式可统一表示为

$$\lg \sigma = a_0 + a_1 P + a_2 P^2 + a_3 P^3 \tag{6-24}$$

6.2.4　Miner 线性累计损伤理论

疲劳破坏是一个累积的过程。也就是说：应力（或应变）每循环一次,造成材料一次损伤,随着循环的增加,损伤不断地累积。这种损伤累积到某一极限值,发生疲劳破坏。工程结构的失效是由一系列的循环载荷所产生的疲劳损伤而造成的。疲劳累积损伤理论就是研究结构在变幅疲劳载荷作用下疲劳损伤的累积规律和疲劳破坏的准则,在估算结构的疲劳寿命时有十分重要的作用。在工程中最常用的线性疲劳累积损伤理论是由 Palmgrent 在 1924 年提出并由 Miner 在 1945 年发展的,故常称为 Palmgrent-Miner 理论。

Miner 理论的基本假设是：各级交变应力（应变）引起的疲劳损伤可以分别计算,然后再线性叠加起来。而某级应力水平 S_i 造成的疲劳损伤与该应力水平所施加的循环数 n_i 和在同一应力水平下直至发生破坏时所需的循环数 N_i 的比值（n_i/N_i）成正比。将比值 n_i/N_i 称为“损伤比”。很显然,如果是单级加载,则损伤比等于 1 时即出现破坏;如果是多级加载,则总损伤等于各损伤比的总和,且当总损伤等于 1 时发生破坏。可表示为式(6-25)。

$$\sum \frac{n_i}{N_i} = \frac{n_1}{N_1} + \frac{n_2}{N_2} + \frac{n_3}{N_3} = 1 \qquad (6-25)$$

若按程序块循环加载(图6-4),若循环 L 个程序块构件破坏,则线性累计损伤的理论公式为式(6-26):

$$L \sum \frac{n_i}{N_i} = 1 \qquad (6-26)$$

或

$$L = \frac{1}{\sum \dfrac{n_i}{N_i}} \qquad (6-27)$$

式中,n_i 为程序块内某个应力(应变)下的循环数;L 为以程序块循环数为单位的寿命。

当需同时考虑蠕变损伤时,式(6-25)和式(6-27)可改写为

$$\sum \frac{n_i}{N_i} + \sum \frac{t_i}{t_{ci}} = 1 \qquad (6-28)$$

$$L = \frac{1}{\sum \dfrac{n_i}{N_i} + \sum \dfrac{t_i}{t_{ci}}} \qquad (6-29)$$

式中,t_i 为(程序块内)某大应力下的保载时间;t_{ci} 为(程序块内)某个大应力下的持久寿命(时间)。

线性疲劳累积损伤理论存在着一些缺点,它没有考虑在一个复杂的载荷谱中各级载荷加载次序的相互影响,而实际上加载次序对疲劳寿命有一定影响,对此已有了大量的试验研究;另外,它不能计及低于疲劳极限的低应力所造成的损伤,也不能计及高应力引起的残余应力以及应变硬化(或软化)等因素的影响等。必然导致理论计算结果与实际寿命间产生不同程度的偏差。但由于其公式简单、便于工程应用、有一定的估算精度,所以目前在工程上仍得到广泛的应用。

6.2.5　载荷谱雨流计数

运用累积损伤理论来分析构件承受如图6-5所示的实测载荷谱时的疲劳寿命,困难在于如何确定某一应力或应变水平下的循环次数,解决此问题的方法叫循环计数法。其方法可分成两大类:单参数计数法和双参数计数法。

双参数计数法可以记录载荷循环中的两个参量。由于载荷循环中有两个独立

参量(载荷幅值和载荷均值),因此双参数计数法可以记录载荷循环的全部信息,是一种较好的计数方法,以下重点介绍双参数计数法。在国内外工程界使用最广泛的双参数计数法是雨流计数法,该法在计数原则上有一定的力学依据、易于实现程序自动化,并具有相当高的合理性。国内外一些试验结果表明:使用雨流计数法编制的载荷谱所作出的疲劳试验寿命与随机载荷历程做出的疲劳寿命比较接近。

雨流计数法使用规则如下[3]:

(1) 重新安排载荷历程,以最高峰为起点;

(2) 从最高峰向下进到下一个反向点,然后沿水平方向进到下一个下行范围,如果从所停留的谷的水平看没有下行范围,那就向上进到下一个反复点;

(3) 以上行代替下行而重复同一过程,并将这些步骤进行到底;

(4) 对于先前过程中未使用的各个范围的某些部分重复这种过程。

用图 6-20 说明雨流计数法的原理和方法。图 6-20(a)为原始的载荷谱,将该载荷谱重新排列成以最高峰为起点的载荷谱如图 6-20(b)所示,按照雨流计数规则可得到第一个循环 60~-40~60;剩下的载荷范围如图 6-20(c)所示,从该图可得到三个循环 20~52~20、-30~30~-30、50~-20~50;剩下最后一对未使用过的范围,如图 6-20(d)所示。总的载荷循环如下:

$$60\sim-40\sim60,20\sim52\sim20、-30\sim30\sim-30、50\sim-20\sim50,30\sim0\sim30$$

雨流计数法与应力应变分析结合使用时特别有利。这样,一旦在计数过程中鉴别了每个循环,就可以计算其损伤,然后可以略去相应的反复点。这种方法之所以称为"雨流计数法"是因为可以将图 6-20(b)的载荷谱图顺时针旋转 90°,然后

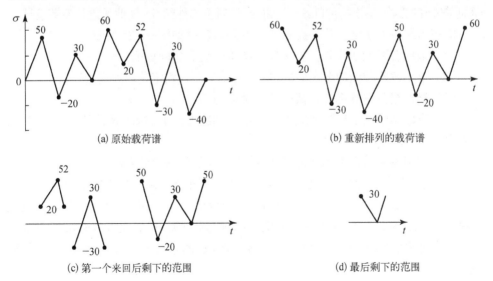

(a) 原始载荷谱

(b) 重新排列的载荷谱

(c) 第一个来回后剩下的范围

(d) 最后剩下的范围

图 6-20 雨流计数法示意图

① 在"宝塔"顶点外侧滴雨水,此时雨水流过的路径就是取出的第一个单向载荷;
② 在雨滴离开宝塔的折返点内侧接着放雨滴继续流动,直至反向流到下一个折返点,取出沿雨水流过的路径作为第一个单向载荷的反向载荷,构成一个往复循环;
③ 取出雨流主循环后剩下的载荷谱如顺时针翻转 90° 的图 6-16(c),接着直接取出已构成循环的载荷谱 20~52~20、-30~30~-30;④ 对剩下的复杂谱(如 50~-20~30~0~50)继续以①②③过程处理,直至处理完毕。

按照雨流计数法,可将图 6-5 的发动机载荷谱简化为三循环简化载荷谱:0-最大-0(1 个);最大-慢车-最大(3 个);中间-巡航-中间(2 个)。该载荷谱可以用于发动机转子部件的寿命估算。

6.3　发动机零件的疲劳强度和寿命

6.3.1　发动机零件疲劳寿命估算方法

疲劳设计即按零件疲劳设计准则要求使构件寿命达到二倍的使用寿命进行设计,其中重要的支持手段要求方法能正确地预估构件寿命。国内外现行的疲劳预估方法有:名义应力法、局部应力-应变法、损伤容限设计法、概率疲劳寿命设计法等。本节主要介绍前两种方法,第一种主要用于高周疲劳寿命预估,第二种主要用于低周疲劳寿命预估。

1. 名义应力法[3]

名义应力法是一种以构件危险截面名义应力为基本设计参数的抗疲劳设计方法。该方法设计思路是,从材料的 S-N 曲线出发,再考虑各种因素(如应力集中、表面加工等)的影响,得出构件的 S-N 曲线,然后按构件的 S-N 曲线进行疲劳设计。

应用名义应力法估算构件疲劳寿命的基本步骤如图 6-21 所示:

(1) 采用有限元法或其他方法确定结构的疲劳危险截面;

(2) 求出危险截面的名义应力,并根据几何形状确定其应力集中系数;

(3) 根据载荷谱确定危险截面的名义应力谱;

(4) 应用插值法求出当前应力集中系数和应力比下的 S-N 曲线,查 S-N 曲线求出各子循环谱下的寿命;

(5) 应用疲劳损伤累积理论,确定结构危险部位的疲劳寿命。

实际上,零构件的 S-N 曲线不同于光滑试样的 S-N 曲线,它们的不同点是:

(1) 由于零件的结构特点,不可避免地存在着台阶、钉孔以及螺纹等几何突变的地方。当结构受力时,在这些区域就会出现"应力集中"。大量疲劳破坏事故和试验研究都表明,疲劳源多出现在应力集中区域,使结构的疲劳寿命大大降低,即存在着缺口效应;

(2) 零部件的几何尺寸都比试样大,大尺寸的零件的疲劳强度低于小尺寸的

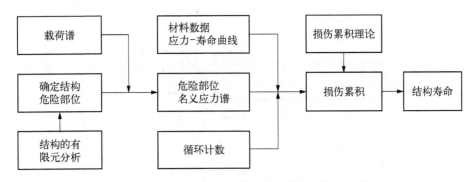

图 6 - 21 名义应力法估算构件疲劳寿命的流程图

疲劳强度,零件尺寸越大,疲劳强度降低越多,即存在着尺寸效应;

（3）零件的表面加工质量（粗糙度及残余应力）对零件的疲劳强度有显著影响;

（4）零件工作的环境,如温度、腐蚀等会明显降低材料的疲劳强度。

零件的疲劳极限小于试件的疲劳极限,如何求得零件的疲劳极限是极为复杂的,因为一些因素的影响往往具有随机的性质。现推荐几种经验方法。

（1）俄罗斯的谢列辛（C. B. Cepehceh）等建议用下式修正:

$$S'_e = \frac{S_e}{K_\sigma} \tag{6-30}$$

式中, $K_\sigma = \left[\dfrac{1+\lambda(K_t-1)}{\varepsilon_\sigma} + \dfrac{1}{\beta_q} - 1\right]\dfrac{1}{\beta_q}$,K_t 为理论应力集中系数, λ 为缺口敏感系数, ε_σ 为绝对尺寸及剖面形状影响系数, β_σ 为表面质量系数, β_q 为强化系数。

（2）英国罗·罗公司在斯贝发动机应力标准[1]中采用寿命分散系数 f_x 和疲劳缺口系数 α_x 来修正零件的疲劳极限 S'_e ,即

$$S'_e = S_e/(\alpha_x \cdot f_x) \tag{6-31}$$

其中,疲劳强度分散系数 f_x 和疲劳缺口系数 α_x 取法可参见图 6-22 和图 6-23 及如下公式。

疲劳强度储备系数 f_x 。 实质上是当以修正疲劳强度来考虑寿命的分散性时,疲劳强度的减少倍数。一般情况下它不仅是寿命的函数,而且是应力比的函数,S-N 线的应力（强度）最大向下修正 $1/f_5$ 倍。

当循环的作用次数小于 10^4 或大于 10^5 时,设完全对称循环（ $R=-1$ ）下 f_x 为常数。在 $10^4 \sim 10^5$ 之间假设 f_x 随对数寿命 $x=\log N$ 成线性变化。

f_x 和 $x=\log N$ 之间的关系可以分段表示: ① 若 $x\leqslant 4, f_x=f_4$; ② 若 $4 < x < 5$, $f_x = f_4 + (f_5 - f_4)(x-4)$; ③ 若 $5\leqslant x$, $f_x = f_5$ 。

当应力比 $R=-1$ 时,通常 f_4 和 f_5 采用表 6-3 的值。

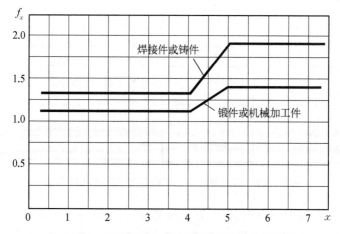

图 6 - 22　疲劳强度储备系数 f_x 与对数寿命关系

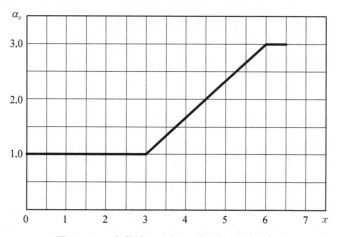

图 6 - 23　疲劳缺口系数 α_x 与对数寿命关系

表 6 - 3　疲劳强度储备系数 f_4 和 f_5 的值

	f_4	f_5
锻件或机械加工件	1.1	1.4
焊接件或铸件	1.3	1.9

　　疲劳缺口系数 α_x。在考虑如焊缝、孔和缺口等几何上的不连续性,对完全对称循环的疲劳强度引入疲劳缺口系数 α_x。假定疲劳缺口系数的值在小于 10^3 循环时为 1.0,大于 10^6 循环时为常数,寿命 N 在 $10^3 \sim 10^6$ 之间的值随 $x = \log N$ 呈线性变化,它们之间的关系可以分段表示:① 若 $x \leqslant 3, \alpha_x = 1.0$;② 若 $3 < x < 6, \alpha_x =$

$1.0 + \dfrac{(\alpha_6 - 1.0)(x - 3)}{3}$；③ 若 $6 \leqslant x$，$\alpha_x = \alpha_6$。$\alpha_x = 3$ 时随 x 的变化画在图 6-23 上。

缺口敏感度 λ、理论应力集中系数 K_t 和疲劳缺口系数 α_x（或 K_f）之间的关系如下式所示：

$$\lambda = \frac{\alpha_6 - 1}{K_t - 1} \qquad (6-32)$$

其中，理论应力集中系数 K_t 可查手册[23]或通过有限元计算获得。缺口敏感系数 λ 如下式表示：

$$\lambda = \frac{1}{1 - \dfrac{a}{r}}$$

其中，r 为缺口根部半径；a 为材料常数。当材料常数 a 缺少数据不能确定时，可近似取 $\lambda = 1$，即近似用理论应力集中系数代替疲劳缺口系数，即 $\alpha_6 = K_t$。

2. 局部应力-应变法[3]

名义应力法存在以下两点不足之处。

（1）一个重要缺点是不适用于局部区域的应力超过屈服极限而使材料进入塑性状态的问题。例如，一个设计得比较好的有缺口的零件，其理论应力集中系数可能在 3 左右，于是局部应力超过屈服极限。由于局部屈服会导致残余应力，这就对承受变幅载荷结构的疲劳寿命有着重要的影响。如单个高峰载荷或间歇性高峰载荷会有效地延长结构的疲劳寿命，而名义应力法却不能考虑这种影响，这是它的最本质的缺点。

（2）对于航空发动机盘或叶片结构，其危险部位的应力集中系数与在实验室所采用缺口试棒的应力集中系数之间的对应关系很难确定。

基于以上原因，特别是针对问题（1），提出了局部应力-应变法。

采用某些方法计算构件危险部位的局部应力-应变历程，再结合材料相应的疲劳特性曲线进行寿命估算的方法称为"局部应力-应变法"。该方法假定同种材料制成的构件的危险部位的最大应力-应变历程与一个光滑试件的应力-应变历程相同，则它们的疲劳寿命相同。

局部应力-应变法计算疲劳裂纹萌生寿命的基本思路如图 6-24 所示。

局部应力-应变法计算疲劳裂纹萌生寿命的主要步骤：

（1）构件应力应变分析，确定结构中的疲劳危险部位；

（2）计算危险部位局部应力应变谱；

（3）查当前应力应变水平下的应变-寿命曲线；

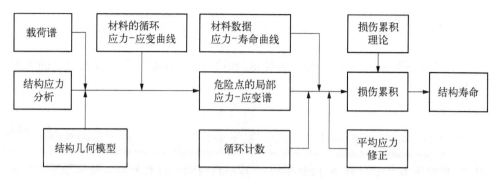

图 6 - 24　局部应力-应变法流程图

（4）应用疲劳损伤累积理论,求出危险部位的疲劳寿命。

计算局部应力-应变的较精确的方法是弹塑性有限元法,这种方法的优点是精度高,适用于任何复杂构件及复杂载荷。关于有限元法有专门的教材和课程进行介绍,在此不再叙述。

3. 高低周复合疲劳寿命设计评估方法

高低周复合疲劳寿命设计评估方法主要适用于必须考虑高周振动载荷的发动机主轴、转子叶片等构件。以下以发动机主轴疲劳寿命设计评估方法[1,24,25]为例,给出发动机构件高低周复合疲劳寿命设计评估方法。

主轴主要载荷如下。

低循环载荷: ① N 个梯形扭矩谱 $0—T_{max}—0$; ② N 个梯形拉力谱 $0—F_{max}—0$。高循环载荷: ① 10^7 次扭转振动三角载荷谱为 $(1-5\%)T_{max}—(1+5\%)T_{max}—(1-5\%)T_{max}$; ② 10^7 次拉伸振动三角载荷谱为 $(1-5\%)F_{max}—(1+5\%)F_{max}—(1-5\%)F_{max}$。

主轴高低周疲劳寿命评估方法主要步骤如下。

1）截面名义应力计算

（1）计算主轴名义扭转剪应力 τ:

$$\tau = \frac{16TD'}{\pi(D^4 - d^4)} \qquad (6-33)$$

式中, D、d 分别为截面最小外径、最大内径; T 为扭矩; D' 为剪应力计算点直径。主轴特殊截面的内外径选取示意如图 6 - 25 所示。

（2）计算轴向名义拉应力 S:

$$S = \frac{4F}{\pi(D^2 - d^2)} \qquad (6-34)$$

按照上式计算主轴拉应力,在主轴有键槽及内花键时结果偏于保守,因按空心圆计算的面积偏小,好在主轴的拉应力分量相对扭转应力占比小,对结果影响不大。

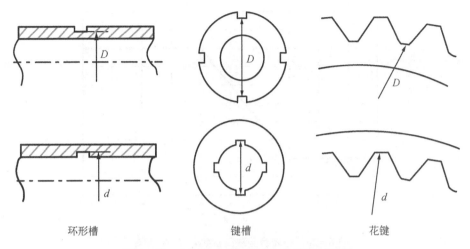

环形槽　　　　　　　　　键槽　　　　　　　　　花键

图 6-25　主轴特殊截面的内外径选取示意图

（3）计算花键周向应力 S_θ：

$$S_\theta = \frac{2T\tan\theta}{\pi D_p L(D-d)} \tag{6-35}$$

计算当量剪应力时，对于外花键引起的周向应力，此值取负；内花键则取正。

（4）计算 Mises-Hencky 当量名义剪应力 τ_{eq}：

$$\tau_{eq} = \sqrt{\frac{S^2 + S_\theta^2 - SS_\theta}{3} + \tau^2} \tag{6-36}$$

2）扭转疲劳缺口系数 α_N 确定

扭转疲劳缺口系数 α_N 与 N 的关系如图 6-26 所示。

疲劳缺口系数 α_6 确定：

$$\lambda = \frac{\alpha_6 - 1}{K_t - 1} \tag{6-37}$$

其中，理论集中系数 K_t 可查表[23]或通过有限元计算获得。

疲劳缺口敏感度 λ：

$$\lambda = \frac{1}{1 + a/r} \tag{6-38}$$

其中，r 为缺口根部半径；a 为常数。

3）主轴疲劳强度 $\tau'_{-1,7}$ 尺寸修正

$$\tau'_{-1,7} = \tau_{-1,7} \frac{1 + 0.653/D}{1 + 0.653/D_s} \tag{6-39}$$

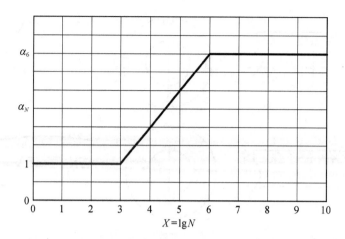

图 6 − 26　扭转疲劳缺口系数 α_N 与 N 的关系

式中,D 为主轴考核截面外径,单位是 mm; D_s 为试件直径,单位是 mm。

4) 主轴 S − N 曲线

由于材料扭转疲劳试验数据比拉伸试验数据少得多,在缺乏材料扭转疲劳数据 $\tau-N$ 曲线时,可利用 10^6 次对称循环扭转疲劳极限 $\tau_{-1,6}$ 和 τ_b 数据建立 $\tau-N$ 曲线,如图 6 − 27 所示。

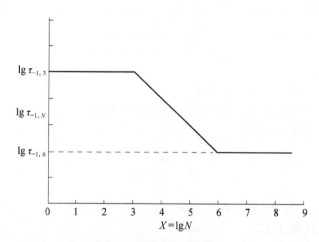

图 6 − 27　对称循环扭转剪切疲劳强度 $\tau_{-1,N}$ 与 N 的关系

缺乏材料疲劳数据 $\tau_{-1,3}$ 时可采用 $\tau_{-1,3}=0.9\tau_{b2}$。

5) 主轴当量弹性扭转强度 τ_{b2} 计算

轴截面当量弹性扭转强度 τ_{b1}:

$$\tau_{b1}=\frac{4(D^3-d^3)}{3(D^4-d^4)}D\tau_b \tag{6-40}$$

式中，τ_b 为材料塑性扭转极限强度。

多轴应力时修正的轴截面当量弹性扭转强度 τ_{b2}：

$$\tau_{b2} = \tau_b + \frac{\tau}{\tau_{eq}}(\tau_{b1} - \tau_b) \tag{6-41}$$

6）主轴低循环应力 $\alpha_N\tau_{eq}$ 等效当量稳态应力 T_1

$$T_1 = \frac{\tau_{eq}}{2}\left(1 + \frac{\tau_{b2}\alpha_N}{\tau_{-1,N}}\right) \tag{6-42}$$

$\alpha_N\tau_{eq}$ 转换成当量稳态剪应力 T_1 的古德曼图如图 6-28 所示。

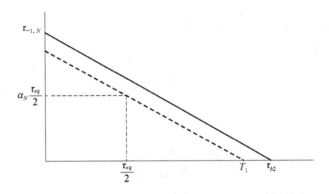

图 6-28　$\alpha_N\tau_{eq}$ 转换成当量稳态剪应力 T_1 的古德曼图

7）主轴低循环疲劳寿命评估

将主轴在设计寿命下主循环的当量稳态应力 T_1 与材料的当量弹性扭转强度 τ_{b2} 进行比较，求得主轴截面安全系数 n。其中安全系数下限应根据寿命 N 按图 6-18 确定的寿命分散系数确定，取安全系数下线 $RF_{min} = 1.4$。

$$N = \frac{\tau_{b2}}{T_1} \geqslant RF_{min} \tag{6-43}$$

或疲劳储备系数 RF：

$$RF = \frac{n}{RF_{min}} \geqslant 1.0 \tag{6-44}$$

给定寿命 N 安全。

8）高循环应力 $0.05 \times \alpha_6\tau_{eq}$ 叠加 T_1 等效当量稳态应力 T_2

$$T_2 = T_1 + 0.05 \times \alpha_6\tau_{eq}\frac{\tau_{b2}}{\tau'_{-1,7}} \tag{6-45}$$

$0.05 \times \alpha_6\tau_{eq}$ 转换成当量稳态剪应力 T_2 的古德曼图如图 6-29 所示。

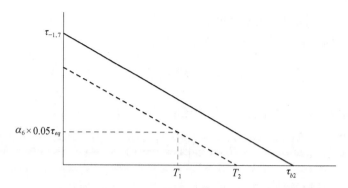

图 6 - 29 $0.05 \times \alpha_6 \tau_{eq}$ 转换成当量稳态剪应力 T_2 的古德曼图

9）主轴高低周复合疲劳寿命评估

计算安全系数 n：

$$n = \frac{\tau_{b2}}{T_2} \geqslant 1.4 \qquad (6-46)$$

或疲劳储备系数 RF：

$$RF = \frac{n}{RF_{\min}} \geqslant 1.0 \qquad (6-47)$$

主轴满足安全寿命设计要求。

以上主轴高低周复合疲劳寿命评估方法是罗·罗公司在 20 世纪 70 年代就用于航空发动机主轴的疲劳寿命设计评估的方法[24]。它是解决了材料疲劳数据极度缺乏,如仅有两个材料参数（τ_b，τ_{-1}），同时可以在不需要对计算条件要求较高的有限元应力分析条件下,进行主轴高低周复合疲劳寿命设计评估问题,同时还考虑了寿命分散性、高低周复合疲劳、构件尺寸影响、应力集中、不同应力比转换等诸多疲劳寿命特殊问题,在今天对我们理解构件疲劳设计评估的诸多细节问题该方法仍具有非常重要的借鉴意义。

6.3.2   构件安全寿命与可靠度

发动机轮盘、主轴均是关键件,叶片是重要件,它们除了有疲劳寿命要求外,还有极高的可靠度要求,一般关键件、重要件寿命可靠要求高达 99.87%[1, 26, 27]。下面将讨论采用不同寿命曲线计算的构件疲劳寿命可靠度,以及如何获得发动机关键件、重要件具有 99.87%可靠度的安全寿命。

（1）按照航空发动机设计准则[4, 5]要求,对轮盘寿命分析,采用如图 6 - 12 材料中值寿命线估算的构件疲劳计算寿命除以寿命分散系数 5 得到具有 99.87%可靠度的构件安全寿命,或采用如图 6 - 13 材料-3σ 寿命线估算的计算寿命除以寿命分散系数 2 得到构件具有 99.87% 可靠度的安全寿命。

（2）在缺乏材料疲劳数据、没有 -3σ 寿命线时，工程上有时也采用将中值寿命线向下平移"$1/f_5$"倍近似代替 -3σ 寿命线的处理方法[1, 22, 24]，其中 f_5 为疲劳强度储备系数（参见 6.3.1 节），如 6.3.1 节中取主轴疲劳强度储备系数 1.4，相当于取寿命分散系数为 5.92（计算寿命除以 5.92 得 -3σ 寿命），此时相当于默认双对数坐标下的 S-N 曲线的斜率为 $\lg 5.92/\lg 1.4 = 5.28$。而在轮盘疲劳寿命试验评估中[1, 22, 26]，一般取疲劳强度储备系数为 1.3，相当于取疲劳寿命分散系数为 4（试验寿命除以 4 得 -3σ 寿命），此时仍相当于默认双对数坐标下的 S-N 曲线的斜率为 $\lg 4/\lg 1.3 = 5.28$。

（3）航空发动机设计用材料手册[16, 17]中一般多会给出应力比分别为 0.5、0.1（或 0.05）、-1 的三根 S-N 寿命线，如图 6-12 所示。采用不同 S-N 曲线所得寿命结果可能相差一倍（参见表 6-8），甚至更多。这时需要根据具有最大损伤的主循环应力比选择具有最接近应力比的 S-N 线。比如对大部分处于线弹应力状态下的转子构件轮盘、主轴、叶片，由扭矩谱或转速谱产生的循环应力谱基本是脉动循环，因此建议优先选择应力比 $R = 0$ 的 S-N 曲线为基准，将其他应力比下的次循环应力转化至基准应力比下的循环应力，然后再计算其疲劳寿命，这样的循环应力转换将使疲劳寿命预估误差相对较小。遗憾的是因为疲劳试验过程中过零点的疲劳载荷会产生疲劳机加载链的反向间隙，容易出现闭环载荷控制在 0 点附近控制的不稳定。因此脉动载荷疲劳试验多选用近似脉动的应力比如 $R=0.1$ 或 $R=0.05$。这时会产生任意应力比循环应力向基准应力比循环应力等效转化时不方便，或用 $R=0.1$（或 $R=0.05$）应力比时的 S-N 曲线代替 $R=0$ 时的 S-N 曲线估算疲劳寿命时产生的附加误差。

（4）以 $R=-1$ 材料疲劳数据为基准，在构件疲劳寿命计算或疲劳强度评估中，将疲劳强度值减小 $1/f_5$ 倍与将应力幅值放大 f_5 倍效果是等价的，因为它们两者在寿命计算/评估公式中总是以比值的形式出现的［参见式（6-12）和式（6-13）］。在主轴寿命试验评估中[1, 22, 24]，常采用将低周载荷放大 1.1 倍、高周载荷放大 1.4 倍，完成的试验寿命直接被用作构件安全寿命。而在主轴疲劳寿命评估中，则采用取疲劳强度储备系数 1.4 的方法来保证主轴寿命具有至少 99.87% 的可靠度[2, 24, 25, 28]。

（5）名义应力法原本更适用于那些采用常规方法也可以方便获得构件危险截面名义应力的构件疲劳寿命预估，如主轴截面的扭转、弯曲、拉伸名义应力均可以采用材料力学方法获得。在考虑主轴变截面、开孔等应力集中情况下，用应力集中系数或疲劳影响系数修正名义应力而获得构件最大应力，然后可通过应力-寿命曲线获得构件寿命。但对于难以用常规方法获得考核点名义应力的轮盘、叶片结构，目前常采用有限元分析直接获得构件考核点最大循环应力，这相当于已跳过用名义应力×应力集中（或疲劳缺口）系数 = 局部最大循环应力的计算过程。在中短寿命段直接采用局部最大应力计算构件寿命将得到偏于保守的寿命结果，因为此时应注意到图 6-21 或图 6-24 中疲劳缺口系数 α_N 是寿命的函数,在长寿命段可直接取理论应力集中系数代替,而在大应力的低循环疲劳寿命段 ($N < 10^3$),6.3.1 节中的 $\alpha_N = 1$。 换句话说,在大应力的短寿命段,是直接用名义应力计算构件疲劳寿命,因为这时结构已进入屈服,最大应力点应力不再线性增加,甚至基本保持不变。

6.4 算 例

6.4.1 压气机叶片的寿命预测

图 6-30 为某小型发动机压气机叶片的示意图,该叶片选材为 TC11,材料的密度为 4 480 kg/m³、弹性模量为 93 GPa、屈服强度为 586 MPa,拉伸极限强度为 σ_b = 757 MPa,由图 6-12 可查得 TC11 在考核点工作温度下的 σ_{-1} = 300 MPa。 假设发动机一次飞行载荷谱(图 6-5)。试根据该载荷谱确定压气机叶片的疲劳寿命。

图 6-30 某航空发动机压气机某级叶片叶身实体模型

可按照雨流计数法对该发动机转速谱(图 6-5)进行统计如表 6-4 所示。

按照有限元方法计算叶片的不同转速状态下的叶片最大应力,其考核点计算结果列于表 6-5 的第 2 列和第 3 列。不同循环下的平均应力和应力幅值见表 6-5 的第 4 列和第 5 列。

表 6-4 某发动机转子一次飞行的载荷谱

循环载荷级数	最大转速/(r/min)	最小转速/(r/min)	循环次数
1	15 000	0	1
2	15 000	6 000	3
3	12 000	8 000	2

表 6-5 压气机叶片不同转速下的考核点拉伸应力

循环载荷级数	σ_{max}/MPa	σ_{min}/MPa	σ_m/MPa	σ_a/MPa
1	550	0	275	275
2	550	88	319	231
3	352	156.5	254.3	97.75

　　由于各级循环载荷为非对称循环,若应力-寿命曲线为应力比 $R=-1$ 的曲线,需将非对称循环转化为对称循环,按照 Goodman 公式将平均应力和应力幅代入式 (6-12),得到对称循环下的应力幅(最大应力)结果见表 6-6 第 2 列。

　　由叶片材料 $R=-1$ 时的 S-N 曲线(图 6-12)可以查得不同最大应力下的寿命循环数,写入表 6-6 的第 4 列中。再计算各类载荷造成的损伤写入表 6-6 的第 5 列中。

表 6-6　将非对称循环应力转化为对称循环的结果

载荷级数	$\sigma_{-1,a}$/MPa	循环次数	S-N/P=0.5		P-S-N/P=0.998 7	
			疲劳寿命/周	疲劳损伤	疲劳寿命/周	疲劳损伤
1	431.9	1	3×10^5	3.33×10^{-6}	4×10^3	2.5×10^{-4}
2	399.24	3	6.5×10^5	4.62×10^{-6}	8×10^3	3.75×10^{-4}
3	147.2	2	1.0×10^9	2.0×10^{-9}	7×10^7	2.86×10^{-8}

　　最后,由 Miner 线性累积损伤原理求叶片计算疲劳寿命:

$$N = 1/(3.33 \times 10^{-6} + 4.62 \times 10^{-6} + 2.0 \times 10^{-8}) = 125\,470 \text{ 次飞行}。$$

　　因计算采用图 6-12 中值 S-N 寿命线,由此计算的叶片寿命除以 5 得到具有 99.87% 可靠度的安全寿命 25 094 次飞行。

　　类似采用图 6-13 中 $P=0.998\,7$ 的 P-S-N 曲线,查得的循环寿命见表 6-6 第 6 列,损伤见第 7 列,由 Miner 线性累积损伤原理求叶片的计算疲劳寿命:

$$N = 1/(2.5 \times 10^{-4} + 3.75 \times 10^{-4} + 2.86 \times 10^{-8}) = 3\,996 \text{ 次飞行}。$$

　　因计算采用图 6-13 中 $P=0.998\,7$ 的 S-N 寿命线,由此计算的叶片寿命除以 2 得到具有 99.87% 可靠度的安全寿命 1 998 次飞行。

　　因叶片主循环是脉动载荷,故可以直接将各种循环应力按式(6-14)转换为脉动循环应力,然后由图 6-15 按 $R=0$ 应力比寿命线读取各子循环中值寿命,由图 6-13 中 $R=0.1$ 的 S-N 曲线直接读出各子循环 -3σ 寿命,然后按损伤累加求叶片起落计算寿命。

　　最后,由 Miner 线性累积损伤原理求叶片的计算疲劳寿命:

$$N = 1/(1.43 \times 10^{-6} + 1.5 \times 10^{-6} + 1.0 \times 10^{-8}) = 340\,136 \text{ 次飞行}。$$

　　因计算采用图 6-12 中值 S-N 寿命线,由此计算的叶片寿命除以 5 得到具有 99.87% 可靠度的寿命 68 027 次飞行。

　　类似采用图 6-13 中 $P=0.998\,7$ 的 P-S-N 曲线,查得的循环寿命见表 6-7 第 6 列,损伤见第 7 列,由 Miner 线性累积损伤原理求叶片的计算疲劳寿命:

$$N = 1/(5 \times 10^{-5} + 7.5 \times 10^{-5} + 2 \times 10^{-9}) = 8\,000 \text{ 次飞行。}$$

因计算采用图 6 - 13 中 $P = 0.998\,7$ 的 S - N 寿命线，由此计算的叶片寿命除以 2 得到具有 99.87% 可靠度的叶片安全寿命为 4 000 次飞行。

表 6 - 7　将各循环应力转化为脉动循环的结果

载荷级数	$\sigma_{0,\max}$/MPa	循环次数	S - N/P=0.5		P - S - N/P=0.998 7	
			疲劳寿命/周	疲劳损伤	疲劳寿命/周	疲劳损伤
1	550	1	7×10^5	1.43×10^{-6}	2×10^4	5×10^{-5}
2	522.8	3	2×10^6	1.5×10^{-6}	4×10^4	7.5×10^{-5}
3	246.5	2	$\gg1.0\times10^7$	1.0×10^{-8}	1.0×10^9	2.0×10^{-9}

将采用不同寿命线估计得到的叶片安全寿命汇总于表 6 - 8。

表 6 - 8　不同 S - N 曲线压气机叶片安全寿命/次起落

S - N 曲线	$R = -1$	$R = 0$
中值线/5	25 094	68 027
-3σ 线/2	1 998	4 000

关于压气机叶片安全寿命预估结论的几点讨论。

（1）航空发动机设计用材料手册一般多会给出应力比分别为 0.5、0.1（或 0.05）、-1 的三根 S - N 寿命线，如图 6 - 12 所示。由表 6 - 8 叶片安全寿命结果可见，采用不同 S - N 曲线所得寿命结果可能相差一倍，甚至差一个量级。这时需要根据具有最大损伤的主循环应力比选择最接近的应力比做基准的 S - N 线。比如对上例，建议选择应力比 $R_\sigma = 0.1$ 的寿命线为基准。因为处于线弹应力状态的叶片，主循环应力基本是脉动应力，即应力比 $R_\sigma = 0$。将其他应力比的次循环转换至 $R = 0$ 的应力循环，然后再计算不同循化下的寿命，这样的应力转换使寿命预估误差相对较小。由表 6 - 8 寿命结果可见：采用 $R = 0$ 的 S - N 曲线估计的寿命一般比采用 $R = -1$ 寿命线估计的寿命大一倍。

（2）表 6 - 8 中采用 -3σ 寿命线估计叶片的安全寿命要比采用中值 S - N 线估计的寿命低约一个量级。这主要是因为图 6 - 12 钛合金材料疲劳试验数据寿命分散大，多数在 13~100 倍之间，因此为了保证叶片的高可靠度，由概率统计推得的图 6 - 13 中 -3σ 寿命线被人为拉低，由此估计的 -3σ 寿命也就较低，这与钛合金材料表面敏感有关。

6.4.2　某高压一级涡轮盘的寿命预测[29]

某航空发动机高压一级涡轮盘,材料为 GH4133,弹性模量 E = 199.2 GPa,泊松比 μ = 0.35,密度为 8.21×10^3 kg/m³。试验温度为恒温为 350℃,转速为 2 000 - 12 710 - 2 000 r/min 的三角谱。根据此条件计算该涡轮盘的疲劳寿命。

根据对称条件,取出含半个销钉孔的 1/32 轮盘扇形段进行应力计算,扇形段的实体结构和有限元模型如图 6 – 31 所示。根据轮盘试验和有限元分析结果,盘轴连接销钉孔边是最薄弱环节,孔边容易萌生径向裂纹,有限元计算时盘上榫齿凸台部分已经去掉,代以叶片和榫齿凸台离心力等效面载荷 $82.13\omega^2 \times 10^{-6}$,其中 ω 表示角速度,单位是 rad/s。

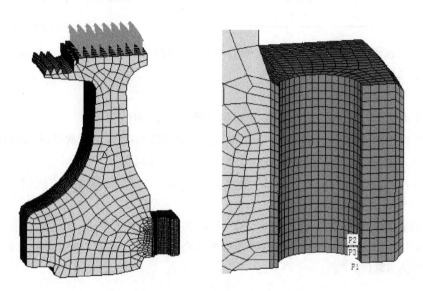

图 6 – 31　某高压一级涡轮盘的 1/32 扇段和有限元模型

GH4133 合金盘锻件 350℃时循环应力应变曲线:

$$\frac{\Delta\varepsilon}{2} = \frac{\Delta\sigma}{2E} + \left(0.000\ 494 \times \frac{\Delta\sigma}{2}\right)^{9.105}$$

GH4133 合金盘锻件 350℃应变比 $R_\varepsilon = -1$ 应变寿命曲线:

$$\frac{\Delta\varepsilon}{2} = 0.020\ 96(2N_f)^{-0.170\ 2} + 14.0(2N_f)^{-1.117}$$

如平均应力 $\sigma_m > 0$,采用 Morrow 法进行平均应力修正,得到:

$$\frac{\Delta\varepsilon}{2} = \left(0.020\ 96 - \frac{\sigma_m}{E}\right)(2N_f)^{-0.170\ 2} + 14.0(2N_f)^{-1.117}$$

通过模拟轮盘地坑低周疲劳实验环境下的工作转速循环(2 000 - 12 710 - 2 000 r/min 三角谱),应用有限元计算获得销钉孔处 3 个考察点的轮盘周向应变变程和平均应力和中值寿命,如表 6 - 9 所示。

表 6 - 9   轮盘销钉孔应力应变寿命计算结果

考察点	$\Delta\varepsilon$ 应变变程/%	平均应力/ MPa	中值寿命(循环)
P1	0. 904 2	155	5 733
P2	0. 888 0	275	5 528
P3	0. 879 2	310	5 567

由上表可见,该涡轮盘的疲劳中值寿命为 5 528 循环,99. 87%可靠度的安全寿命为 1 105. 6 循环。

6.4.3   某高压涡轮轴的高低周复合疲劳寿命评估[24, 25, 28]

某高压涡轮轴低周载荷: N = 6 000 次低循环疲劳脉动梯形载荷谱;峰值扭矩 T = 19 772. 375 N·m,峰值轴向拉力 F = 206 797. 874 N。

某高压涡轮轴高周载荷:以上述峰值载荷为平均载荷,叠加 10^7 次(1±5%)T 和(1±5%)F 的振动载荷。

轴剖面图及考核截面如图 6 - 32 所示,各关键截面特征尺寸及参数见表 6 - 10。采用本章 6.3 节主轴高低周复合疲劳寿命评估方法所得该高压主轴寿命评估结果见表 6 - 11。

表 6 - 10   某高压涡轮轴关键截面参数

截　面	D/mm	d/mm	特殊结构	特　殊　说　明
1	102. 40	92. 329	外花键	截面外径 D 取外花键根径,D_P = 106. 205 mm,L = 30. 48 mm,θ = 30°
2	100. 965	92. 329	外台阶	截面位置:外台阶倒圆下切点
3	108. 814	92. 329	孔	截面位置:孔轴线,n = 1,d_h = 7. 938 mm
4	105. 41	97. 155	外台阶	截面位置:外台阶倒圆下切点
5	108. 84	97. 155	孔	截面位置:孔轴线,n = 6,d_h = 11. 11 mm
6	108. 84	97. 155	外台阶	截面位置:外台阶倒圆下切点
7	119. 03	98. 529	孔	截面位置:孔轴线,n = 8,d_h = 14. 29 mm

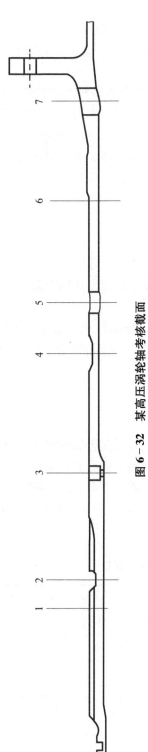

图 6-32　某高压涡轮轴考核截面

表 6-11　某高压涡轮轴疲劳寿命评估结果

截面		温度/℃	τ_b/MPa	$\tau_{-1,7}$/MPa	轴的直径		名义应力				疲劳缺口系数		T_2/MPa	τ_{b2}/MPa	RF
					D/mm	d/mm	τ/MPa	σ/MPa	σ_θ/MPa	τ_{eq}/MPa	10^7循环	6 000循环			
涡轮轴	1	184	752.76	335.92	102.40	92.329	276.59	134.26	-222.92	330.23	1.87	1.23	520.60	784.19	1.08
	2	184	752.76	335.92	100.965	92.329	325.38	157.73	—	337.89	1.68	1.18	513.16	784.14	1.09
	3	194	749.71	334.39	108.814	92.329	166.45	81.45	—	172.97	2.25	1.32	295.50	805.37	1.95
	4	272	732.91	323.70	105.41	97.155	308.89	157.46	—	321.99	1.10	1.03	433.02	760.76	1.25
	5	272	732.91	323.70	108.84	97.155	269.43	137.77	—	280.92	2.25	1.32	478.33	771.20	1.15
	6	327	713.06	316.07	108.84	97.155	213.92	109.39	—	223.05	1.06	1.02	297.96	750.31	1.80
	7	377	688.63	305.38	119.03	98.529	169.14	88.71	—	176.72	2.25	1.32	303.36	746.51	1.76

高压涡轮轴评估结果。计算所得最危险截面为截面 1,此截面上疲劳储备系数的计算值为 1.08,满足主轴 6 000 次低周循环叠加 10^7 高周($1 \pm 5\%$)T 和($1 \pm 5\%$)F 的振动载荷的疲劳寿命设计要求。

本章给出了航空发动机旋转件盘、轴、叶片疲劳强度和寿命预测的基本概念和方法。作为发动机的关键件、重要件,它们有高的可靠性和寿命要求,它们通常是发动机的寿命控制件,是发动机制定大修期、总寿命的重要依据,也是航空发动机安全性的重要保证。本章重点给出了发动机转子盘、轴、叶片疲劳寿命预估、评估方法,并给出了相应算例。感兴趣的读者可在这些入门知识引导下,参考相关资料,开展进一步的深入研究。

【案例部分】

压气机叶片振动应力许用值的确定例。

方法 1:对某些型号的叶片,根据经验直接给定叶片振动应力许用上限值,如取 $[\sigma_v]$ = 58~80 MPa[30]。

方法 2:通常压气机叶片振动应力许用值可通过 Goodman 图将离心应力的峰值作为静应力,由 Goodman 图上查取或应用以下公式计算其允许的极限交变振动应力幅值:

$$\sigma_a = \sigma_{-1}\left(1 - \frac{\sigma_m}{\sigma_b}\right)$$

然后除以适当的高周疲劳强度储备系数。根据是否军机、叶片是否属前两级、振动最大应力是否处于叶片下部 1/4 区,分别选取相应的高周疲劳强度储备系数 1.7~4.2[2](参见表 6-12),获得叶片在给定离心峰值应力下的振动应力许用值,不同叶片位置、不同转速离心峰值应力对振动疲劳强度储备的影响是通过不同的高周疲劳强度储备系数体现的。

表 6-12 压气机转子叶片和伸根高周疲劳强度储备

发动机工作状态	压气机转子叶片类型	振型或最大振动应力部位	高周疲劳强度储备	
			民用	军用
转速大于或等于 0.95 最大转速起飞状态	无防振凸肩前两级动叶	在叶身下部 1/4 区	4.2	3.5
	所有其他级叶片		3.5	3.2
	所有叶片	所有其他区	2.8	2.1
转速小于 0.95 最大转速起飞状态最大及加力状态	所有叶片	在叶身下部 1/4 区	3.2	2.8
	所有叶片	所有其他区	2.8	2.1

发动机工作状态	压气机转子叶片类型	振型或最大振动应力部位	高周疲劳强度储备	
			民用	军用
持久(中间)状态	钛合金风扇叶片	高频振型	3.6	2.7
		其他振型	2.8	2.1
	所有其他叶片	所有振型		
过渡性工作状态	所有叶片	所有振型	2.1	1.7

方法 3：如图 6 - 33 所示某压气机叶片叶根附近考核点在标准循环梯形谱峰值稳态应力下叠加振动应力的应力谱，根据军标压气机叶片的安全寿命按 4 000 循环的二倍设计。试确定该叶片在此转速下的振动应力许用值。叶片选材为 TC11，材料的密度为 4 480 kg/m³、弹性模量为 93 GPa、屈服强度为 586 MPa，拉伸极限强度为 $\sigma_b = 757$ MPa，由图 6 - 12 可查得 TC11 在考核点工作温度下的中值 $\sigma_{-1} = 300$ MPa，中值 $\sigma_{-1,N} = 650$ MPa，中值 $\sigma_{-1,6} = 350$ MPa。假定考核点的稳态峰值离心应力是材料屈服应力的 1/1.33 倍，由于屈服强度为 586 MPa，得考核点稳态离心峰值应力为 $\sigma_{max} = 440$ MPa。

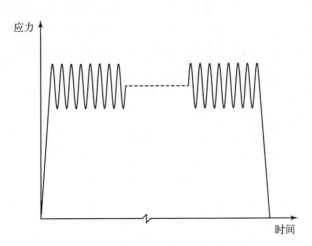

图 6 - 33　转子叶片低周最大稳态离心应力
叠加振动高周应力-时间简化谱

参考公式(6 - 42)和式(6 - 45)得

$$T_1 = \frac{\sigma_{max}}{2}\left(1 + \frac{\sigma_b}{\sigma_{-1,N}}\right) \qquad (6 - 48)$$

$$T_2 = T_1 + R_{H/L}\sigma_{\max}\frac{\sigma_b}{\sigma_{-1,7}} \tag{6-49}$$

$$RF = \frac{\sigma_b}{T_2 RF_{\min}} \geqslant 1.0 \tag{6-50}$$

其中，$R_{H/L}$ 为高周振动应力幅相对低周峰值稳态应力的比值。

由以上三公式计算的振动应力许用值见表 6-13(方法 3)。由表 6-13 结果可见，当取复合疲劳强度储备系数下限 $RF_{\min}$ 为 1.4 时，在不同的离心峰值应力及叶片不同考核位置，所得振动应力幅值的许用值是不同的。比如，在 100% 转速下叶根附近所允许的最大振动应力为 25.5MPa，而在 80% 转速下叶根附近所允许的最大振动应力可达 93.4MPa；而采用方法 2 及表 6-12 的压气机转子叶片高周疲劳强度储备系数所得的振动应力许用值见表 6-13(方法 2)。两种方法获得的振动应力许用值较接近，说明采用高周疲劳储备系数的方法 2 与采用高低周复合疲劳寿命评估方法所获得的叶片不同位置、不同转速工况下的振动应力许用值总体协调，数值上互相验证，可以互相补充。采用方法 3 可以量化叶片不同位置、在不同工作转速下叶片的振动应力许用值的相对关系。采用类似主轴高低周复合疲劳强度储备系数下限 $RF_{\min}=1.4$ 用于叶片振动应力许用值确定总体合理。

表 6-13　压气机叶身考核点主循环峰值转速下振动应力许用值

相对转速/%	考核位置	$\sigma_{\max}$/MPa	T_1/MPa	T_2/MPa	$RF_{\min}$	相对振幅	$[\sigma_v]$/MPa	
							方法 3	方法 2
100	近叶根	440	476.2	540.6	1.4	0.058	25.5	35.8
100	叶中	330	357.1	540.3	1.4	0.22	72.6	80.5
90	近叶根	356.4	385.7	540.4	1.4	0.172	61.3	56.7
90	叶中	267.3	289.3	540.2	1.4	0.372	99.4	92.4
80	近叶根	281.6	304.8	540.7	1.4	0.332	93.4	—
80	叶中	211	228.3	540.4	1.4	0.586	123.6	—
过渡 80	近叶根	281.6	304.8	540.4	1.4	0.387	109.0	129.2
过渡 80	叶中	211	228.3	540.5	1.4	0.694	146.4	148.4

【小结】

(1) 疲劳破坏的特征：① 疲劳破坏是在循环应力/应变作用下的破坏；② 疲劳破坏必须经历一定的载荷循环次数；③ 零件或试样在整个疲劳过程中不发生明显宏观塑性变形，其断裂方式类似于脆性断裂；④ 疲劳断口明显地包含较光滑的疲劳裂纹扩展区和粗粒状的瞬断区两种区域。

（2）低循环疲劳与高循环疲劳的特征与主要区别可从以下几方面加以判定：① 循环寿命数是否大于 $10^4 \sim 10^5$；② 循环应力是否大于屈服应力；③ 估寿公式分别采用 S-N 曲线或用 $\Delta \varepsilon - N$ 曲线估寿；④ 载荷循环频率较慢（如起落循环）还是很快（如振动引起应力）。

（3）应力循环谱与应力比。疲劳寿命分析用应力谱涉及 5 个参数：最大应力、最小应力、平均应力、应力幅、应力比，其中只有任意 2 个参数是独立的。

（4）构件寿命分析基本概念与方法。寿命分析方法重点介绍了名义应力法和局部应力应变法，它们分别主要用于高周和低周疲劳寿命预估。Goodman 图用于等寿命，特别是寿命进入亚疲劳极限（振动问题）的构件寿命预估，如主轴和压气机叶片。

（5）航空发动机盘、轴、叶寿命设计与疲劳强度评估流程及要点。① 涡轮盘因为局部应力集中可能进入屈服，所以其寿命预估通常采用局部应力应变法估寿。采用 $\Delta \varepsilon - N$ 模型估寿对精度影响最大的问题是平均应力的影响，针对这一问题提出的寿命模型也很多，感兴趣的读者可参阅文献[31,32]等文献资料。因为军用发动机转子关键件（如轮盘）、重要件（如叶片）安全寿命在几千量级，均值寿命在万量级，因此轮盘、叶片中值寿命介于高周和低周疲劳寿命之间，也可以用 S-N 曲线来估寿。对温度较高的轮盘（不含）喉道半径以外的考核部位以及涡轮叶片，除了低循环疲劳损伤外，还需要考虑蠕变持久损伤，可以采用线性累积损伤模型综合评估。采用不考虑松弛的弹塑性有限元分析获得的盘最大应力加保载损伤，所得的疲劳蠕变寿命偏于安全[33-35]；② 压气机叶片设计因为较大的静强度储备系数，叶片最大应力一般不进入屈服，因此常采用 S-N 曲线估寿，且多数情况直接采用由有限元分析获得的单点最大应力及最小（零）应力参数估寿，而没有采用名义应力乘以疲劳修正系数的方式获得最大应力来估寿，但寿命结果是偏安全的。压气机叶片一般低周疲劳寿命裕度较大，可以理解为是给振动应力留的疲劳强度储备。叶片的振动应力许用值可以采用高低周复合疲劳寿命预估或评估的方法获得；③ 主轴的疲劳寿命设计与疲劳强度评估较多采用本章 6.3 节中高低周复合疲劳强度评估的办法。主轴疲劳寿命设计的低周疲劳寿命裕度较大。振动引起的高周疲劳损伤是必须考虑的，振动应力的大小在没有实测数据的情况下取最大稳态应力的 $\pm5\% \sim \pm10\%$。最后要注意的是：未考虑疲劳强度储备计算的寿命不能直接用于批准发动机关键件的安全寿命，还要分别除以相应的寿命分散系数（可参见 6.3 节的构件安全寿命与可靠度内容）。

【习题】

1. 思考题

（1）描述应力（应变）谱的参数有哪些？计算构件疲劳寿命至少需要几个应力

参数?

（2）什么是低循环（低周）疲劳？什么是高循环（高周）疲劳？它们主要特征是什么?

（3）什么情况宜于使用应力-寿命曲线？什么情况宜于使用应变幅-寿命曲线?

（4）线性损伤累积公式主要用于求何种载荷谱的寿命问题？写出其表达式。

（5）发动机轮盘在转速谱作用下的疲劳问题属于何种疲劳问题？静子叶片振动问题属于何种疲劳问题？转子叶片在转速谱及振动应力作用下的疲劳问题属于何种疲劳问题?

2. 计算题

（1）某钛合金材料 200℃ 时的 $\sigma_{-1} = 400$ MPa，$\sigma_b = 1\,000$ MPa，试以 Goodman 曲线形式绘出 σ_a-σ_m 坐标系下的等疲劳寿命曲线。如转子叶片叶根离心拉伸应力为 500 MPa，振动应力幅值为 80 MPa，试用 Goodman 图方法计算叶片高周疲劳安全系数（要求安全系数大于 1.4），并评估叶片的抗高周疲劳设计。

（2）已知 30CrMnSiNi2A 材料在 $N = 10^4$ 时的等寿命 Goodman 图（直线形式）如图 6-34 所示，试确定该材料在此寿命下，当应力循环比 $r = -1$、-0.5、0、0.5、1 时的疲劳强度。

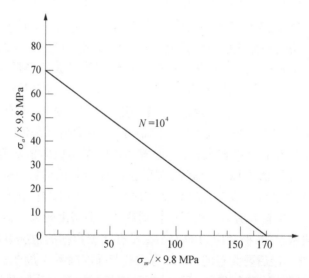

图 6-34　30CrMnSiNi2A 材料在 $N = 10^4$ 时的等寿命曲线

参考文献

[1] R. R. 公司. SPEY MK202 发动机应力标准(EGD-3)[M]. 北京: 国际航空编辑部,1979.

[2] 饶寿石. 航空涡喷、涡扇发动机结构设计准则(研究报告),第三册叶片[R]. 中国航空工业总公司发动机系统工程局,1997.

[3] 吕文林. 航空发动机强度计算[M]. 北京: 国防工业出版社,1988.

[4] 吕文林. 航空涡喷、涡扇发动机结构设计准则(研究报告),第二册轮盘[R]. 中国航空工业总公司发动机系统工程局,1997.

[5] PRICE J L. Development of turbine engine structural design critrria-final report[R]. AFAPL-TR-76-104,1977.

[6] 吴大观. 航空涡轮喷气和涡轮风扇发动机通用规范(GJB241A—2007)[S]. 北京: 国防科工委军标出版发行部,2007.

[7] 吴大观. 航空涡轮螺旋桨和涡轮轴发动机通用规范(GJB242A—2007)[S]. 北京: 国防科工委军标出版发行部,2007.

[8] 宋兆泓. 航空燃气涡轮发动机强度设计[M]. 北京: 北京航空学院出版社,1988.

[9] 陆山,李伦未. 航空发动机高负荷涡轮盘双辐板结构优化设计[J]. 推进技术,2011,32(5): 631-636.

[10] 李伦未,陆山. 基于 ANSYS 平台的多辐板风扇盘结构优化设计技术[J]. 航空动力学报,2011,26(10): 2245-2250.

[11] 陆山,鲁冯杰. 基于 ANSYS 的整体叶盘结构优化设计[J]. 航空动力学报,2012,27(6): 1218-1224.

[12] 陶冶,陆山. 涡轮盘/榫整体结构优化设计方法[J]. 航空动力学报,2012,27(6): 1249-1254.

[13] 陆山,赵磊. 双辐板涡轮盘/榫结构优化设计方法[J]. 航空动力学报,2014,29(4): 875-880.

[14] 由于,陆山. 双辐板涡轮盘/榫结构强度及寿命可靠性优化设计方法[J]. 航空动力学报,2016,32(6): 1388-1393.

［15］　余学冉,陆山. 整体叶盘结构强度减振一体化优化设计方法［J］. 航空动力学报,2013,28(10):2235－2239.

［16］　北京航空材料研究所. 航空发动机设计用材料数据手册［R］. 中国航空发动机总公司,1997.

［17］　《航空发动机设计用材料数据手册》编委会. 航空发动机设计用材料数据手册(第三册)［M］. 北京:航空工业出版社,2008.

［18］　United States Department of Defense. Military standard engine structure integrity program (ENSIP)［R］. Department of Defence, 1984.

［19］　United States Department of Defense. 某国军用标准发动机结构完整性大纲(ENSIP)［R］. 岳承熙,宋克强,译. 北京:航空发动机规范办公室,1988.

［20］　航空航天工业部高效节能发动机文集编委会. 高效节能发动机文集(第三分册)［M］. 北京:航空工业出版社,1991.

［21］　刘小利. 等厚圆盘固有特性分析方法研究［D］. 西安:西北工业大学,2009.

［22］　陈光. 航空发动机结构设计分析［M］. 北京:北京航空航天大学出版社,2006.

［23］　航空工业部科学技术委员会. 应力集中系数手册［M］. 北京:高等教育出版社,1990.

［24］　R. R. 公司. SPEY MK202 fatigue stresses in S/CMV HP turbine shaft［R］. R. R. 公司,1965.

［25］　陆山,陈倩,陈军. 航空发动机主轴疲劳寿命预测方法研究［J］. 航空动力学报,2010,25(1):148－151.

［26］　Ministry of Defense. General specification, for aircraft gas turbine engine［S］. Ministry of Defense, 2006.

［27］　苏清友. 航空涡喷、涡扇发动机主要零部件定寿指南［M］. 北京:航空工业出版社,2004.

［28］　陆山,陈军,陈倩. 某发动机高低压轴寿命强度分析［R］,2007.

［29］　唐俊星,陆山. 某涡轮盘低循环疲劳概率寿命数值模拟［J］. 航空动力学报,2006,21(4):706－711.

［30］　《航空发动机设计手册》总编委会. 航空发动机设计手册第18册叶片轮盘及主轴强度分析［M］. 北京:航空工业出版社,2001.

［31］　姚卫星. 结构疲劳寿命分析［M］. 北京:科学出版社,2019.

［32］　鲁华平,陆山,唐俊星. 非对称循环疲劳寿命研究及涡轮盘可靠寿命分析［J］. 机械强度,2007,29(1):92－96.

［33］　范婕,陆山,高鹏. 考虑应力松弛的涡轮盘蠕变-疲劳寿命分析快速算法

[J]. 科学技术与工程,2008,8(6):1496-1500.

[34] 陆山,高鹏. 考虑应力松弛的涡轮盘蠕变-疲劳寿命可靠性分析方法[J]. 推进技术,2009,30(3):352-354.

[35] 夏毅锐,徐可君,王永旗. 基于某型航空发动机飞行参数的涡轮转子叶片疲劳/持久寿命分析[J]. 应用力学学报,2011,28(2):177-184.